高职高专物联网应用技术
专业系列教材

物联网项目规划与实施

主　编　刘佳玲　冯　筠

副主编　张慧娟

参　编　丁　杰

西安电子科技大学出版社

内 容 简 介

本书基于杭州海康威视数字技术股份有限公司的萤石智能家居和综合安防系统产品，以"智能家居系统""智慧园区综合安防系统"为例，紧扣物联网项目规划和实施主题，对物联网项目规划和实施的整体流程进行详细介绍，帮助学习者掌握物联网项目规划和实施中的思路、方法和常用技术。全书由智能家居系统安装与调试和智慧园区综合安防系统安装与调试两个项目组成，将每个项目划分为多个任务，按照任务描述、知识准备、任务实施等部分展开介绍。

本书可作为职业院校物联网、电子信息及相关专业的教材，也可作为相关从业人员的培训和学习用书。

图书在版编目（CIP）数据

物联网项目规划与实施 / 刘佳玲，冯筠主编. -- 西安：西安电子科技大学出版社, 2025. 4. -- ISBN 978-7-5606-7621-0

Ⅰ. TP393.4；TP18

中国国家版本馆 CIP 数据核字第 20255D10X3 号

策　　划　李鹏飞
责任编辑　李鹏飞
出版发行　西安电子科技大学出版社（西安市太白南路 2 号）
电　　话　（029）88202421　88201467　　　　邮　　编　710071
网　　址　www.xduph.com　　　　　　　电子邮箱　xdupfxb001@163.com
经　　销　新华书店
印刷单位　陕西日报印务有限公司
版　　次　2025 年 4 月第 1 版　　　　2025 年 4 月第 1 次印刷
开　　本　787 毫米×1092 毫米　1/16　　　印　　张　17.5
字　　数　417 千字
定　　价　49.00 元
ISBN 978-7-5606-7621-0
XDUP 7922001-1
*** 如有印装问题可调换 ***

前　言

本书依托内蒙古电子信息职业技术学院与行业龙头企业杭州海康威视数字技术股份有限公司共建的"智能物联网产教融合实践中心"，以企业真实的产品作为教学载体，引入社会生产、生活中的"智能家居系统""智慧园区综合安防系统"真实物联网项目案例及应用场景，融入产品的新技术、新工艺和新规范。本书强调技能训练，实用性和操作性极强，注重培养物联网项目规划与实施中的方案设计能力、设备安装调试能力、工程实施能力以及标准意识与规范操作能力。本书将理论与实践紧密结合，各项目按照需求分析、系统设计和系统实施的逻辑思路，将物联网项目规划与实施各知识点融合在多个任务中，通过项目导入→任务描述→知识准备→任务实施→任务拓展这一主线展开。

全书包括两个项目。项目一是智能家居系统安装与调试，主要介绍智能家居系统的设计以及视频监控子系统、智能入户子系统、智能护卫子系统、智能看护子系统、智能照明子系统的设计、产品选型、安装与调试；项目二是智慧园区综合安防系统安装与调试，主要介绍综合安防系统的设计以及视频监控系统、门禁系统、出入口系统、入侵报警系统的设计、产品选型、安装与调试。各项目对应知识点见下表：

项　目	内　容	知　识　点
项目一 智能家居 系统安装 与调试	智能家居系统设计	智能家居的定义、主要功能；智能家居系统的组成、分类；智能家居产品
	视频监控子系统	视频监控系统的功能、结构；视频监控常用设备；需求分析、设计、连线图绘制、设备安装与调试
	智能入户子系统	智能入户系统的功能、结构；智能入户常用设备；需求分析、设计、连线图绘制、设备安装与调试
	智能护卫子系统	智能护卫系统的功能、结构；智能护卫常用设备；需求分析、设计、连线图绘制、设备安装与调试
	智能看护子系统	智能看护系统的功能、结构；智能看护常用设备；需求分析、设计、连线图绘制、设备安装与调试
	智能照明子系统	智能照明系统的功能、结构；智能照明常用设备；需求分析、设计、连线图绘制、设备安装与调试

项　目	内　容	知　识　点
项目二 智慧园区综合安防系统安装与调试	综合安防系统设计	综合安防系统设计的目标；系统设计依据；编写系统设计报告；绘制系统布线拓扑结构图
	视频监控系统	视频监控系统的定义、结构；前端编码设备、后端存储设备、中心传输显示设备、解码设备的安装
	门禁系统	门禁系统的定义、结构；读卡器、门禁主机、电子锁等设备；门禁系统实施规范、布线、安装、接线
	出入口系统	出入口系统的定义、结构；识读设备、管理/控制设备、执行设备；出入口系统实施流程、勘测、设计、布线、安装、接线和调试
	入侵报警系统	入侵报警系统的定义、结构；前端探测设备、报警主机、执行设备；入侵报警系统实施流程、勘测、设计、布线、安装、接线和调试

　　本书由内蒙古电子信息职业技术学院刘佳玲、冯筠任主编，内蒙古电子信息职业技术学院张慧娟任副主编，杭州海康威视数字技术股份有限公司丁杰参与编写。刘佳玲确定教材大纲，规划各章节内容及统稿全书。具体编写分工为：刘佳玲编写项目一，冯筠编写项目二的任务 1、任务 2、任务 3，张慧娟编写项目二的任务 4 和任务 5，丁杰编写项目学习目标和项目考核内容。

　　感谢杭州海康威视数字技术股份有限公司内蒙古业务中心贺柱柱、句云龙、孟武鹏工程师为本书编写提供的项目实施经验和技术支持。感谢所有为本书编写、审校、出版付出辛勤努力的同仁以及给予我们支持与鼓励的读者朋友。

　　由于编者水平有限，书中难免存在不足之处，恳请广大读者批评指正。

编　者
2025 年 1 月

目 录

CONTENTS

项目一

智能家居系统安装与调试

📖 [学习目标]

▲ 知识目标

1. 了解智能家居的定义、功能及系统组成。
2. 了解目前智能家居系统的主流模式。
3. 了解智能家居系统中视频监控、智能入户、智能护卫、智能看护和智能照明等子系统的功能。
4. 熟悉智能家居系统中视频监控、智能入户、智能护卫、智能看护和智能照明等子系统常用的设备。
5. 熟悉智能家居网络架构和产品。

▲ 能力目标

1. 能够向用户介绍智能家居系统产品。
2. 能够对用户需求进行分析，对智能家居系统进行规划。
3. 能够对视频监控、智能入户、智能护卫、智能看护和智能照明等子系统进行设备选型。
4. 能够安装摄像机、各种传感器、智能锁、智能猫眼等智能家居设备。
5. 能够使用网关连接各种传感器。
6. 能够使用手机 APP 添加设备和场景，设置联动。

▲ 素养目标

1. 提升获取新技术应用资讯的能力。
2. 培养团队合作意识。
3. 遵守操作规范、提高劳动意识。

[项目导入]

有一套 108 m^2 的两室两厅一卫户型(见图 1-0-1)，两室分别为主卧和次卧，两厅为客厅和餐厅，业主家里有小孩、老人，三代人一起居住。业主夫妻俩对智能家居非常感兴趣，希望用有限的预算实现住宅基础的智能化，包括灯光、环境控制、安防等，侧重智能家居的舒适、方便和安全、陪护功能。项目要求利用萤石智能家居系统产品，实现该用户家居的智能化。

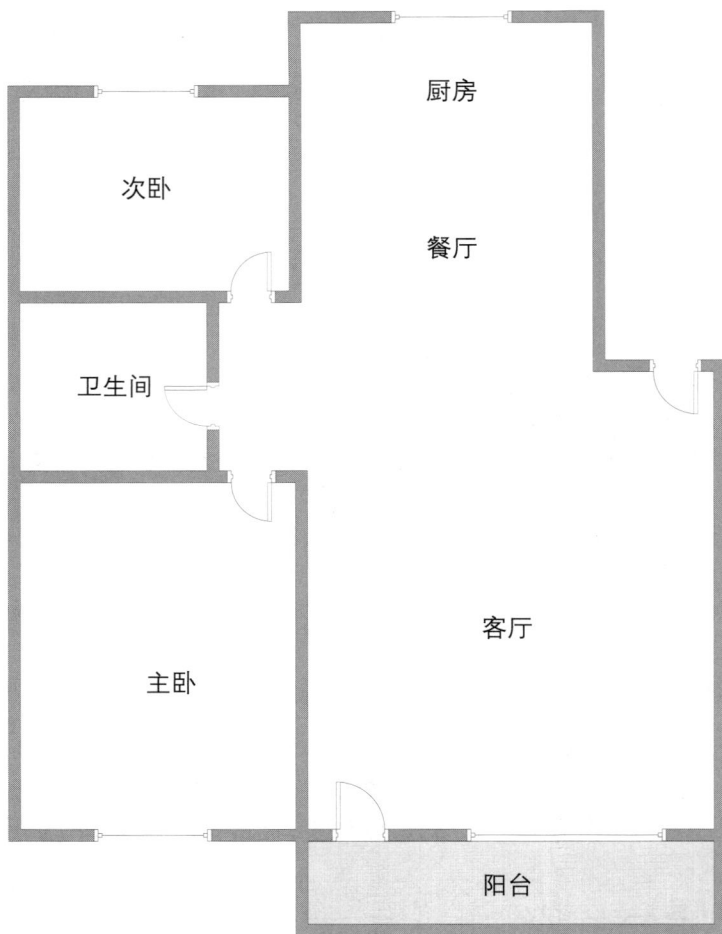

图 1-0-1   108 m^2 户型示意图

任务 1　智能家居系统设计

[任务描述]

根据用户对智能家居的需求，设计适合用户的智能家居系统，并进行系统规划。

[知识准备]

一、智能家居简介

智能家居是以住宅为平台，通过物联网技术等将与家居生活相关的设施、设备连接在一起，以实现智能化的系统。智能家居系统能提供各种智能操控，如家电控制、照明控制、窗帘控制等，具有安防监控、能源管控、可视对讲、居家办公、健康养老等功能，这些功能可共同提升生活品质，让生活更加便捷、舒适、安全、高效和环保。智能家居的目的和任务就是让人们过上智能生活，也可以说智能家居就是一个电子版本的管家和保姆。

二、智能家居的主要功能

由于智能家居与住宅大小、家庭成员结构、生活方式等有关，因此不同的家庭会有不同的功能需求。总结起来，智能家居的功能主要有以下 10 个方面：

(1) 安防监控与安全报警。家庭安防监控与安全报警系统配备 3D 人脸识别智能锁、智能云摄像机、人体红外传感器、无线门磁传感器、无线烟雾探测器、无线可燃气体探测器、无线水浸传感器、智能 SOS 呼救器等智能终端，可以确保用户的生命财产安全，能及时发现安全隐患，发出报警信号并及时进行自动处理。

(2) 一键触控，居家省心。全屋智能家居中"最强大脑"帮用户管家，集中管理家中所有智能设备，如家用电器、照明灯具、娱乐设施等。喊一声语音指令即可控制家中所有电器，给生活带来更舒适的体验。

(3) 无主灯智能照明。无主灯智能照明聚焦在"智慧光与健康光"的应用，满足用户在不同空间、不同时间从事不同活动时所需要的"智慧光与健康光"，实现"互联网+智能照明+健康照明"的创新照明新时代，让灯光"懂你更懂生活"。

(4) 家电联网，便捷舒适。随着 5G、AI、数据算法等前沿技术在全屋智能家居中的应用，智能家电能连接互联网，通过生态服务平台引入多方资源，共同为用户提供便捷舒适的生活场景。

(5) 环境监控，净化空气。居家环境监控系统可以在客厅、卧室、阳台等不同地方放置温湿度传感器，监测家里不同区域的温度和湿度，这些数据可以作为条件来控制家里的空调和加湿器。安装空气检测仪、空气净化器等可以实时检测室内的细颗粒物(PM2.5)、可吸入颗粒物(PM10)、室内总挥发性有机化合物(TVOC)和二氧化碳(CO_2)的数据，根据这些数据可以控制空气净化器进行处理。

(6) 健康监测，提出预警。居家健康监测主要通过智能穿戴设备(智能手表、智能手环等)、智能马桶(尿液监测)、智能呼吸监测仪、智能体重计、智能健身器材、智能电冰箱、智能油烟机等对人的睡眠饮食、活动、生活习惯、身体体征等进行实时记录、统计和分析，对不健康的生活方式提出预警，提供健康生活指导。

(7) 绿色低碳，节能减排。全屋智能家居可以实现家庭能源管控，从多维度进行节能减排。节能减排可以在落实绿色低碳目标的同时降低能源费用的支出。在家庭用电上，通过监测能耗，可以有效避开用电高峰期，在电费较低时段集中使用家用电器；若监测到设备处于长期无人使用的情况，可根据用户使用习惯自主进行设备管理，如切换设备至节能模式，或彻底关闭设备等。

(8) 移动互联，远程遥控。全屋智能家居设有稳定的家庭网络，通过智能无线网关连接外部移动互联网或光纤网络，用户通过智能手机APP可远程遥控，对于出门在外时管理家庭非常方便，如回家前可以提前关上窗户、打开空调或地暖设备、调好热水器，回家后就能享受温度适宜的舒适生活环境。

(9) 家庭影院，背景音乐。家庭影院和背景音乐是家庭娱乐的多媒体平台，它运用先进的微计算机技术、无线遥控技术和红外遥控技术，在程序指令的精确控制下，把数字电视机顶盒、网络电视机顶盒、计算机、影音服务器、高清播放器等多路信号源根据用户需求发送到每一个房间的电视机、音响等终端设备上，实现一机共享客厅多种视听设备的功能。在任何一间屋子，如客厅、卧室、厨房或卫生间等，均可布上背景音乐线，通过一个或多个音源让每个房间都流淌美妙的背景音乐。

(10) 居家养老，关怀老人。智能家居在居家养老的智能终端设备中植入传感器与电子芯片装置，使老人的日常生活处于远程监控状态。如果老人走出房屋或摔倒，智能手表或智能手环能立即通知医护人员或亲属，使老人及时得到救助；智能家居的医疗服务中心会提醒老人准时吃药等，并给出平时生活中的各种健康提示。

三、智能家居系统的组成

智能家居系统由硬件和软件两部分组成。硬件包括各种传感器、网关、执行器、路由器、家庭网络、控制面板等。软件按照硬件、网络和应用终端的不同，一般分为智能家居硬件设备上的嵌入式软件、后台服务器上的软件和智能手机端APP等。

根据人们对家居生活品质的功能需求，智能家居系统包含控制管理系统、照明控制系统、安防系统、环境监控系统、家电控制系统、背景音乐系统、健康监控系统等子系统，如图1-1-1所示。其中控制管理系统、照明控制系统、安防系统一般是必需的，其他子系统根据生活需求可以组合。

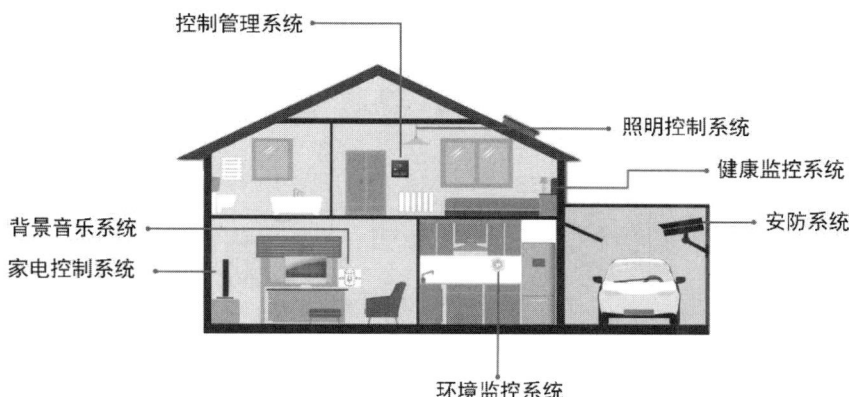

图 1-1-1 智能家居系统的组成

目前智能家居依然存在较大的用户需求问题，不同用户需求的智能家居系统的设计方向也会有所差别，有的系统适合独栋建筑，有的系统适合智能大厦，有的系统适合公寓住宅，这些都是由市场决定的。

四、智能家居系统的分类

智能家居系统按照通信技术分为有线智能家居系统和无线智能家居系统。

有线智能家居系统采用 RS-485、RS-232、Modbus、KNX 等有线通信技术实现信息传输，信号衰减几乎为零，不受墙、金属物件、室内装修的影响，抗干扰能力强，稳定性好，但在装修之前需要提前布线，施工难度较大，安装技术门槛较高，造价较高，后期改造不灵活。有线智能家居系统由工业控制演变而来，适用于图书馆、博物馆等大型公建项目和酒店、别墅会所、大平层以及准备装修的住宅等，代表品牌有快思聪、Control4 等。

无线智能家居系统采用 ZigBee、Wi-Fi、蓝牙 Mesh 等无线通信技术实现信息传输，易受干扰，稳定性稍差，但灵活性高，功能可随意设置，增加功能只需要添加设备即可，施工简单，安装方便，价格亲民，适用于面积不是太大的家庭环境、装修完入住的住宅，代表品牌有萤石、小米、华为和欧瑞博等。

智能家居系统的选择要根据用户自己的需求及使用环境决定。大户型或别墅全宅智能、带音频和视频矩阵等高端系统，需要集成多家国际顶尖厂商的产品，系统越大、越复杂且不计成本时，可以选择有线智能家居系统。独栋别墅等超大户型对可靠性要求极高，可以选择有线智能家居系统，其他情况都可以选择无线智能家居系统。目前，国内无线智能家居系统是主要趋势。

五、智能家居产品

目前市场上的智能家居系统已经呈现平台化，智能家居产品包含的内容非常广泛，除了基本的各种传感器、网关、执行器，还有冰箱、洗衣机、机器人、门锁、猫眼等，如图 1-1-2 所示。

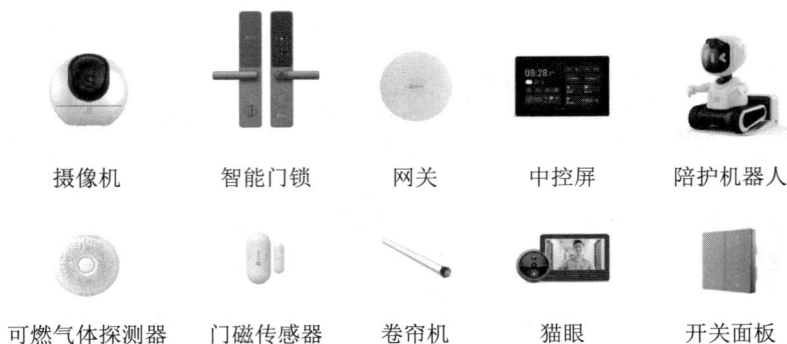

| 摄像机 | 智能门锁 | 网关 | 中控屏 | 陪护机器人 |
| 可燃气体探测器 | 门磁传感器 | 卷帘机 | 猫眼 | 开关面板 |

图 1-1-2   智能家居产品

目前，国内智能家居品牌产品处于快速发展时期，品牌层出不穷，市场竞争较为激烈，产品迭代升级迅速，其中较好的品牌有萤石、小米等。萤石是海康威视旗下的子品牌，该品牌利用智能硬件、互联网云服务、AI 和机器人等技术，努力为用户打造一个智能化的工作、生活和学习环境，让人们在智能技术营造的安全、便捷和绿色的居住环境中享受科技带来的轻松、舒适和愉悦的生活。

萤石智能家居的"1＋4＋N"智能家居生态如图 1-1-3 所示。它以安全为核心，以萤石云为中心，搭载包括智能家居摄像机、智能入户、智能控制、智能服务机器人在内的四大自研硬件，开放接入环境控制、智能影音等子系统生态，实现家居及类家居场景的全屋智能化。

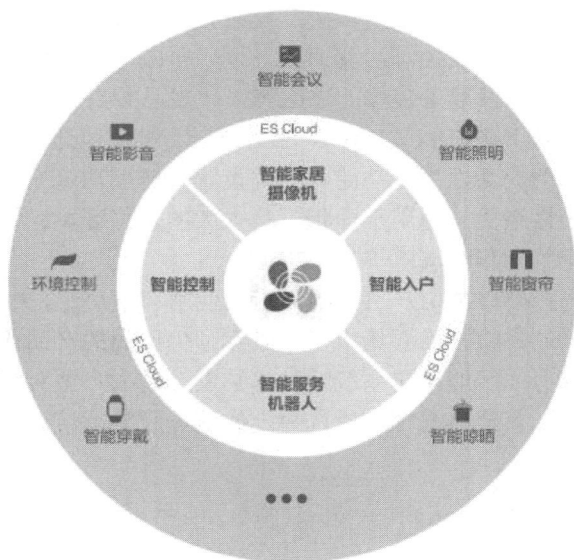

图 1-1-3   萤石智能家居生态

萤石智能家居产品主要有智能家居摄像机、智能入户、传感与控制、智能屏幕、全区网络、智能服务机器人、智能养老、智能照明、智能穿戴、智能电器等，如图 1-1-4 所示。

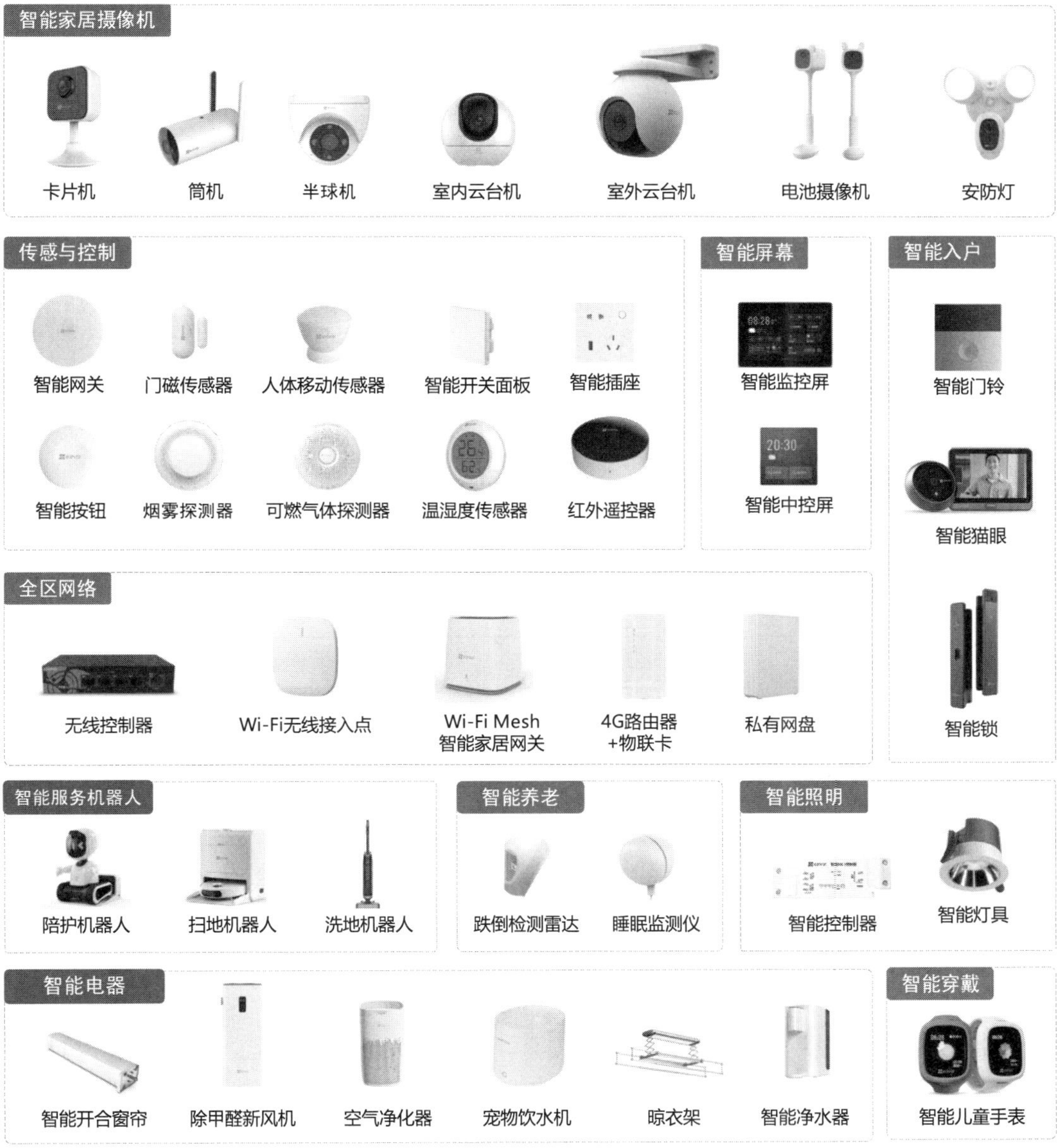

智能家居摄像机
卡片机　　筒机　　半球机　　室内云台机　　室外云台机　　电池摄像机　　安防灯

传感与控制
智能网关　　门磁传感器　　人体移动传感器　　智能开关面板　　智能插座
智能按钮　　烟雾探测器　　可燃气体探测器　　温湿度传感器　　红外遥控器

智能屏幕
智能监控屏
智能中控屏

智能入户
智能门铃
智能猫眼
智能锁

全区网络
无线控制器　　Wi-Fi无线接入点　　Wi-Fi Mesh 智能家居网关　　4G路由器+物联卡　　私有网盘

智能服务机器人
陪护机器人　　扫地机器人　　洗地机器人

智能养老
跌倒检测雷达　　睡眠监测仪

智能照明
智能控制器　　智能灯具

智能电器
智能开合窗帘　　除甲醛新风机　　空气净化器　　宠物饮水机　　晾衣架　　智能净水器

智能穿戴
智能儿童手表

图 1-1-4 　萤石智能家居产品

[任务实施]

　　智能家居系统设计需要先分析用户的智能家居需求；然后对智能家居系统包含的子系统进行设计；最后根据住宅实际情况进行网络、产品、数量等的规划。智能家居系统设计任务实施流程如图 1-1-5 所示。

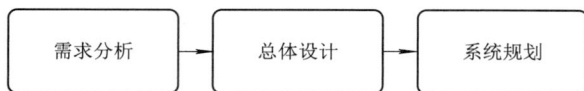

图 1-1-5　智能家居系统设计任务实施流程

一、需求分析

1. 用户住宅情况

一套 108 m^2 的平层，两室两厅一卫户型，两室分别为主卧和次卧，两厅为客厅和餐厅。用户住宅已装修，家里有小孩、老人，三代人一起居住，业主夫妻俩白天外出工作，老人和小孩在家。了解用户住宅、居住人口的基本情况，并将基本情况记录到表 1-1-1 中。

表 1-1-1　用户信息登记任务单

工作内容	与用户沟通，了解用户家庭信息，对用户基本信息进行登记				
工作人员					
住宅类型		住宅面积		居住人数	
老人		小孩		宠物	
是否已装修					

2. 入户实地勘测

到用户家实地勘测住房结构、房间尺寸、家具摆设、窗户位置、卫生间布局等具体情况。在争得用户允许的情况下，拍摄能反映现场全貌的场景照片，结合现场实际情况绘制勘测草图，方便后续制定施工方案和输出施工图纸。

3. 用户需求

用户因为工作很忙，白天很少待在家里，家中有小孩和老人，想通过视频实时看到家中的情况，以此来确保家庭财产和人员的安全。家人经常忘记带钥匙，希望通过智能锁进行指纹或人脸识别开锁。家人也可以通过手机 APP 远程控制门锁和查看状态。当外卖员、快递员等陌生人在门外时，室内家人可以在屏幕上看到门外情况，其他家人也可以远程查看门外情况。用户非常重视家居安全问题，需要具备火灾、燃气泄漏、漏水等方面的预警功能，能够及时监测和报告风险。因为家中有小孩和老人，家中温度、湿度和空气中的有害物质都会直接影响居住的舒适度和身体健康，所以需要有检测居住环境的检测系统。小孩和老人都需要看护，希望有智能设备能够与小孩和老人进行交互式沟通，如给小孩讲故事等，也能让在外的家人通过视频、语音来陪伴小孩。对于老人来说，跌倒摔伤比较危险，家人没办法贴身照顾老人，除了安装的监控，还需要有专门看护老人是否跌倒摔伤的智能监测设备。住宅已装修，用户预算有限，全屋的灯光在不更换灯具和走线的情况下，希望能实现用手机远程控制。

分析用户需求后，列出具体功能，填入表 1-1-2 中。

表 1-1-2 智能家居功能需求列表

序 号	具 体 功 能
1	
2	
3	
4	
5	
6	
7	
8	
9	
10	

根据对用户家居生活的舒适度、便利性的需求分析，确定用户智能家居系统包括安全防护、入户智能化、家居环境防护、人员陪护、灯光控制等方面的需求。

二、总体设计

根据对安全防护、入户智能化、家居环境防护、人员陪护、灯光控制方面的需求，结合萤石智能家居系统产品，将智能家居系统设计为视频监控子系统、智能入户子系统、智能护卫子系统、智能看护子系统和智能照明子系统。具体子系统的作用如下：

(1) 视频监控子系统：利用摄像机对家中情景进行 24 小时实时视频监控。

(2) 智能入户子系统：对家中入户门、入户周围情况进行控制和监控。

(3) 智能护卫子系统：对家中环境、安防进行采集和控制。

(4) 智能看护子系统：对家中老人和小孩进行陪伴和看护。

(5) 智能照明子系统：对家中主要照明灯具进行手动、自动和远程控制。

三、系统规划

1. 网络方面

针对用户住宅面积不是太大的家庭环境，选择采用无线智能家居系统。用户家的 Wi-Fi 无线网络可以直接利用。在客厅布置一台无线路由器可以基本保证全屋网络覆盖。

2. 网关方面

客厅、餐厅连为一体，使用一个网关即可。网关放到客厅餐桌附近，大约在整个住宅的中心，主要区域基本能覆盖。

3. 视频监控方面

家里有小孩和老人需要照顾，要监控在家的动态，可以在客厅、走廊、小孩和老人居住的卧室各布置一个摄像机，还能进行隔空通话。

4. 灯光方面

对于已经居住的住宅，灯、电线基本不再修改，可以使用智能墙壁开关实现手机远程控制、自动控制灯光。在卫生间设置人体传感器，实现灯光联动控制。

5. 安防方面

消防安全检测火灾、烟雾的情况，在厨房和走廊之间设置一个烟雾探测器；天然气直接进入厨房，在厨房设置可燃气体探测器；厨房和卫生间都是用水重地，有漏水的风险，各设置一个水浸传感器；入户门处使用智能锁和智能猫眼，使用指纹、密码开锁，猫眼可视化展示门外情况。

6. 陪护方面

小孩和家长有分离焦虑，家中设置可移动陪护机器人，小孩可以通过视频、语音与家长沟通。老人有摔倒的风险，设置跌倒检测雷达，配合摄像机，检测老人是否摔倒。

根据规划，智能家居系统设备清单如表 1-1-3 所示。

表 1-1-3   智能家居系统设备清单

设备种类	功　能
无线路由器	提供全屋 Wi-Fi 覆盖
网关	智能家居联网控制中枢
摄像机	视频监控
人体移动传感器	感受人体移动控制其他设备
陪护机器人	陪护老人和小孩、视频对话、人形跟随
墙壁开关	控制客厅灯具电源
智能插座	控制设备电源
温湿度传感器	检测室内温度、湿度
可燃气体探测器	探测是否天然气泄漏
烟雾探测器	探测是否发生火灾
水浸传感器 1	探测厨房是否发生漏水
水浸传感器 2	探测卫生间是否发生漏水
智能锁	通过指纹、密码等方式控制入户门
智能猫眼	查看门前情况可视通话
门磁传感器	探测入户门是否开启
跌倒检测雷达	检测老人是否跌倒
智能按钮	紧急呼救、场景控制开关

任务 2　视频监控子系统

（图标）[任务描述]

本任务首先通过分析视频监控需求设计视频监控子系统架构；然后进行设备选型和设备部署；最后对视频监控子系统进行安装与调试。

（图标）[知识准备]

一、视频监控系统

随着居民经济收入的提高、生活条件和质量的改善，人们越来越重视家人安全和财产安全，由此对人、家庭以及住宅小区的安全提出了更高的要求。视频监控系统属于安防的重要部分，是一种安全系数较高、防范能力较强的综合系统，主要由摄像机组成。通过云端与物联网技术，可以让用户通过网络在手机、电脑等设备实时查看家里的情况，为了能实时分析、跟踪、判别监控对象，并在异常事件发生时提示、上报，视频监控子系统可与安防报警机制联动。

二、视频监控设备——智能家居摄像机

智能家居中的视频监控设备主要是智能家居摄像机。智能家居摄像机其实就是用于监控家庭环境的摄像机。智能家居摄像机可以有效保护贵重物品，监控家庭成员的行为，并提高安全性。它能够捕捉到任何不当行为或入侵。此外，室内监控还有助于家庭管理者更好地管理资源和人员。

目前国内比较知名的家用监控摄像机品牌有海康威视萤石、大华乐橙、TP-LINK、小米、360、华为等。萤石智能家居摄像机是国内安防行业的龙头厂商海康威视的产品。海康威视在家用监控摄像机方面拥有完整的产品线，处于行业领先地位。

1. 智能家居摄像机的分类

智能家居摄像机可以按照外形、应用环境、供电方式和联网方式来分类。

1) 按照摄像机外形分类

智能家居摄像机按照外形可分为枪机、球机、半球机、云台机等，如图 1-2-1 所示。

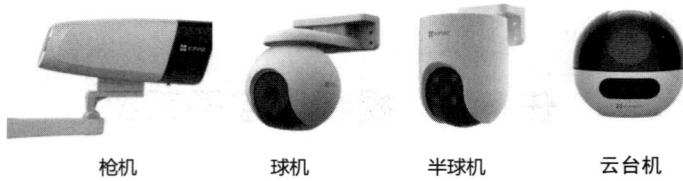

枪机　　　　球机　　　　半球机　　　　云台机

图 1-2-1　按照外形分类的摄像机

(1) 枪机：外观呈长方形或圆筒形，监控位置固定，防水等级高，焦距可选范围广，既可以实现远距离监控又可以用来做广角监控，适用于光照度低、别墅、平房等室外环境。

(2) 球机：外观呈球形，通常集成摄像机、变焦镜头、云台、解码器、防护罩等功能于一体，功能全面，可以水平 360° 旋转，适用于室外开阔区域的监控。

(3) 半球机：外观呈半球形，体积小巧，美观隐蔽，多用于住宅楼道、别墅酒店、室外房梁等位置比较固定的场所。

(4) 云台机：带有云台的监控摄像机，可以使摄像头进行水平和垂直两个方向转动，从而最大程度扩展监控范围，某些智能摄像头还具备自动追踪功能，多用于室内房间。

2) 按照摄像机应用环境分类

智能家居摄像机按照应用环境可分为室内摄像机、室外摄像机和其他摄像机，如图 1-2-2 所示。

室内云台摄像机　　室外云台摄像机　　庭院灯摄像机　　卡片摄像机

图 1-2-2　按照应用环境分类的摄像机

(1) 室内摄像机：主要用于监控房间内部、店铺和办公室等室内环境的监控。室内摄像机不仅能够捕捉到住宅内不当行为或入侵，还有助于家庭成员更好地照看小孩、老人等。目前室内摄像机大多采用云台机，安装方便，可吊装也可随意放置，操控更为灵活。

(2) 室外摄像机：主要用于庭院周围、廊亭等室外环境的监控。室外摄像机不仅可以监控家庭室外活动，帮助警方识别犯罪嫌疑人，改善住宅安全，还可以监控天气状况、自然灾害以及其他重要的公共事件。由于室外摄像机通常需要满足监控范围大、夜视要求高、无惧风雨等复杂的外部条件，因此在选择时要更为细致。

(3) 其他摄像机：有一些不常见的类型，比如枪球机、云台枪机等变形组合，鱼眼机、卡片机等特殊类型，都是针对某些特定需求的产物。

3) 按照供电方式分类

智能家居摄像机按照供电方式可分为电源供电、网线供电、电池供电、太阳能供电等，如图 1-2-3 所示。

图 1-2-3 按照供电方式分类的摄像机

(1) 电源供电：利用家中 220 V 电源外接 12 V/24 V 电源适配器为摄像机供电，这也是最传统、最常用的供电方式，缺点是在某些环境下可能存在拉电不便和不美观的情况。

(2) 网线供电：也称为 POE (Power Over Ethernet)供电，通过一根网线连接支持以太网供电的 POE 交换机为监控摄像机供电，同时实现监控数据传输。POE 供电可以支持更远的传输距离，但由于一般家用的光猫或者路由器都不支持网线供电，因此需要额外配置支持以太网供电的 POE 交换机或 POE 硬盘录像机，成本会相对提高。

(3) 电池供电和太阳能供电：其优点是不破坏原有装修，没有网线与电源线的干扰束缚，无须考虑布线问题，使用更便捷，安装简单；缺点是成本高，稳定性一般。

4) 按照联网方式分类

智能家居摄像机按照联网方式可分为网线联网、Wi-Fi 无线联网和流量卡联网 3 种，如图 1-2-4 所示。

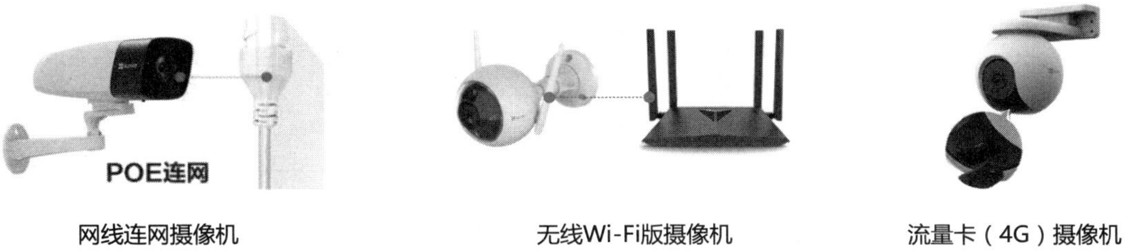

网线连网摄像机　　　　　　无线Wi-Fi版摄像机　　　　　流量卡（4G）摄像机

图 1-2-4 按照联网方式分类的摄像机

(1) 网线联网：网速相对更为稳定，一般网线的数据传输距离能达到约 100 m，不过需要额外布线，也不太美观。

(2) Wi-Fi 无线联网：使用简单，无须布线，但是受路由器 Wi-Fi 覆盖范围的限制，而且容易被干扰，导致不稳定。

(3) 流量卡联网：使用更简单，插入 4G 上网卡后，只要有电就可以远程监控，但是使用 4G 上网卡会有月租成本，且支持 4G 上网的摄像机的价格较高，一般用于无网络信号的情况。

网线联网和 Wi-Fi 无线联网都需要基于家中宽带才能使用，网线联网稳定可靠，Wi-Fi 联网简洁方便，而流量卡则需要另外使用单独的 4G 上网卡。目前主流家用监控摄像机多数都支持 Wi-Fi 无线联网，有些监控摄像机还提供自带 Wi-Fi 热点功能，无须联网也可以通过 APP 直连查看，具体可以根据家中情况综合考虑。

2. 智能家居摄像机的选择考虑因素

1) 摄像头分辨率

摄像头分辨率指的是摄像头能够拍摄到的最高像素数。分辨率越高，像素值越高，摄像头就能够呈现出更多的细节和更清晰的图像。通常会用 200 万、300 万、400 万、500 万、800 万像素来表示分辨率，800 万以上的像素可称为 4K 高清。总的来说，分辨率越高，像素值越高，图像也就越清晰。

对于家用摄像机来说，并不是分辨率越高越好。分辨率越高所需要的存储空间也就越多，对家庭网络带宽的占用也就越高，成本相应也会提高。目前市面上主流的智能家居摄像机的分辨率一般为 200 万～400 万像素，在室内环境下已经足够看清楚人脸和动作表情。如果预算充足，对监控视频的清晰度和监控距离有更高的要求，可以根据需要选择更高分辨率的摄像机。

2) 镜头焦距

监控摄像机的镜头是其最核心的部分，决定了监控的角度范围和监控距离。通常镜头焦距越大，看得越远，视角范围越小；焦距越小，看得越近，视角范围越大。目前市面上监控摄像机的镜头焦距一般为 2.8～12 mm，镜头焦距、视场角对比如图 1-2-5 所示。

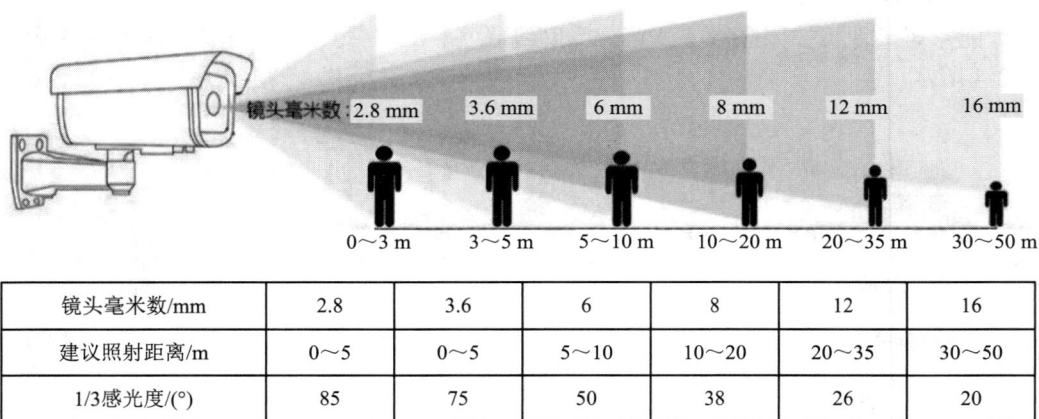

镜头毫米数/mm	2.8	3.6	6	8	12	16
建议照射距离/m	0～5	0～5	5～10	10～20	20～35	30～50
1/3 感光度/(°)	85	75	50	38	26	20

图 1-2-5 摄像机镜头焦距、视场角对比

(1) 2.8 mm 焦距的镜头多用于储藏间等狭小空间的监控环境中，最佳监控距离 3 m 以内。

(2) 3.6 mm 的镜头可用于室内较大的环境，比如客厅、小型商铺等，最佳监控距离为 3～5 m。

(3) 6 mm 的镜头可用于家庭庭院、阳台、门口等场景，最佳监控距离为 5～10 m。

(4) 8 mm 的镜头可用于室外的道路、胡同等场景，最佳监控距离为 10～20 m。

另外，还有一些摄像机的镜头是可变焦的，可以根据监控场景范围来调整镜头大小，更为灵活方便，但是成本也会相应增加。

目前家用室内摄像机大多使用 2.8～4 mm 镜头，配合云台，可以实现水平 360°无死角监控。

3）夜视功能

目前市面主流的摄像机都支持红外夜视功能，除此以外还有星光夜视、全彩夜视、黑光夜视等功能。

(1) 红外夜视：指在无光或者微光的环境下，摄像机利用红外发射装置主动将红外光投射到物体上，红外光经物体反射后进入镜头从而得到影像画面，也是目前最常用的夜视方式。红外夜视距离一般都能达到 10 m 左右，有些摄像机通过增大发射功率可让夜视距离达到 30～50 m。红外夜视的画面是黑白的，无法呈现更多的细节。

(2) 星光夜视：指摄像机在微光环境下仍然可以呈现彩色画面。一般采用大光圈镜头、高灵敏度传感器，使得进光量更多，感光更好，夜视效果相较普通红外夜视摄像机，看得更清楚，画面更细腻。但是当外界光照度低于星光摄像机红外切换的阈值时，星光摄像机还是会切为红外夜视，成为黑白画面。

(3) 全彩夜视：指摄像机在低照度甚至无光情况下，也能时刻呈现彩色清晰的拍摄画面，当所处环境光照低甚至无光时，会自动开启补光灯，从而实现日夜全彩。全彩夜视功能由于会开启补光灯，不太适合安装在室内，比较适合在较暗或无光环境下仍需要高清画质的场所，比如自家庭院、道路、仓库等。

4）存储容量

目前家用摄像机一般使用内存卡和云存储两种方式进行视频录像文件的存储。

摄像机产生视频容量多少与视频的分辨率、码流、帧率、压缩格式等多种因素都有关系，其中最重要的一个参数是码流。码流也称码率，是用来表示视频数据在单位时间内的数量大小的参数，相同分辨率和帧率下，码流越大，视频画面质量越高，占用的存储空间就越大，反之，则视频画面质量越低，占用存储越小。

摄像机录像一天的存储容量以 Gb 为单位，计算公式如下：

$$一天的存储容量 = \frac{\dfrac{码流(Mb/s)}{8}}{1024} \times 3600(s) \times 24(h)$$

以 200 万像素 H265 压缩格式为例，默认码流设置为 2 Mb/s，那么不间断录像情况下每天需要的存储空间为 21 GB，计算过程为

$$存储容量 = \frac{\dfrac{2Mb/s}{8}}{1024} \times 3600 \times 24 \approx 21 \text{ Gb}$$

300 万像素默认码流为 2.5 Mb/s，每天存储空间约为 26 GB。400 万像素默认码流为 3.75 Mb/s，每天存储空间约为 40 GB。

根据摄像机的分辨率和期望存储周期进行简单计算，就能大概估算出所需的空间大小。表 1-2-1 为海康威视 H265 压缩格式存储参考对比。

表 1-2-1   海康威视 H265 压缩格式硬盘存储对比

像素	1 TB 存储天数/天	2 TB 存储天数/天	3 TB 存储天数/天	4 TB 存储天数/天
200 万	50	100	150	200
300 万	32	64	96	128
400 万	24	48	72	95
500 万	19	38	57	76
800 万	12	24	36	48

不同品牌的摄像机视频编码和计算方式都不一样，码流本身也可以在摄像机设置里面进行调整，调小码流可以节约内存卡空间。

5) 智能功能

随着 AI 的发展普及，很多智能 AI 技术也被应用到了摄像机上，包括人形检测、人脸识别、移动跟踪、哭声检测、对话等功能。智能家居摄像机除了基础的视频录像功能外，往往都会融合智能功能，大大提升生活便利性，如图 1-2-6 所示。

人脸识别
本地人脸识别技术，可快速识别陌生人进入，同步推送告警提醒。

极速追踪
提升人形检测帧率，搭配高速电机，强化追踪速度，追踪更高效。

挥手识别
可通过挥手识别，进行拍照响应或从摄像机端呼叫手机APP。

宠物检测
支持宠物识别，能抓拍录制宠物动态，替主人关注宠物在家情况。

异光感知
可识别异常光照，如光线强烈闪烁、暗夜环境下的强光、火光等。

异声感知
可识别异声，如婴儿啼哭声、高分贝噪声等，时刻关注异常声响。

图 1-2-6   摄像机融入 AI 功能

(1) 人形检测功能：能精准判断家中是否有人闯入，不会有任何风吹草动都产生无意义告警，使得告警功能更为实用。

(2) 哭声检测功能：看娃利器，检测到宝宝哭声就会立刻发出报警信息，家人可以及时打开 APP 查看现场情况，还可以通过远程语音安抚宝宝。

（3）移动追踪功能：当发现有陌生人进入时，摄像头会自动跟踪拍摄到更多闯入者的行为动作，方便取证，还能通过灯光和语音喊话驱使闯入者离开。

6）其他

其他需要考虑的因素有安装方式、防水功能、隐私保护等，可以根据自己的喜好自行选择。

（1）安装方式。常用的安装方式有摆放、吊装、壁装、抱杆装等，如图 1-2-7 所示。

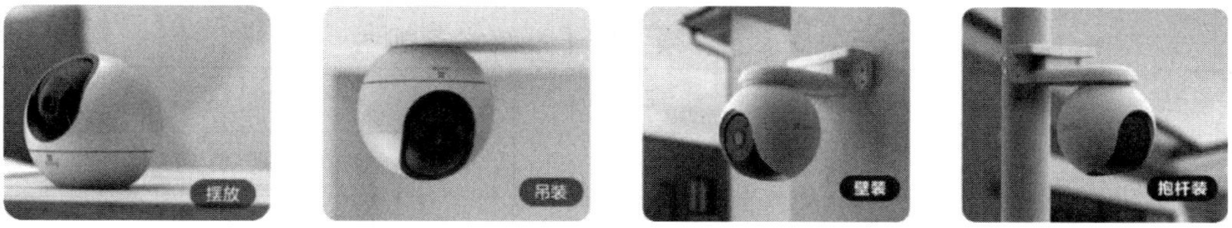

图 1-2-7　摄像机安装方式

（2）防水功能。室内监控摄像机通常对防水功能不作要求。关于防水等级，将在后文详细说明。

（3）隐私保护。有些摄像机具备自定义遮罩功能，可通过 APP 控制摄像头进行隐藏。若注重安全隐私，则可以关注这个功能。

[任务实施]

视频监控子系统安装与调试需要先分析用户对视频监控的需求；其次进行子系统详细设计(包括子系统拓扑图、设备选型)；再次安装设备；最后进行子系统调试。视频监控子系统任务实施流程如图 1-2-8 所示。

图 1-2-8　视频监控子系统任务实施流程

一、视频监控子系统需求分析

根据用户因为工作很忙，白天很少待在家里，家中有小孩和老人，要保证家庭财产和人员的安全，想通过视频实时看到家中情况的前期诉求，用户对视频监控系统的基本要求具体如下：

（1）通过安装摄像机，能够监控家中大部分区域。

（2）摄像机要 24 小时工作，全天监控家庭财产和人员安全。

（3）家中有小孩和老人，用户可以通过手机 APP 实现远程实时查看小孩和老人在家中的状况。

（4）摄像机监控视频能够存储，可以存储在本地或云端。

二、视频监控子系统设计

考虑到市场定位、用户视频监控的基本要求和预算等，制定用户视频监控子系统设计思路：使用家庭已有的 Wi-Fi 网络，客厅要安装摄像机，摄像机 24 小时工作，并且具有夜视功能。作为固定安装摄像机的补充，布置一个可以随便移动的电池摄像机，方便监控局部、特定区域，如儿童床、写字桌等。

视频监控子系统设备规划如表 1-2-2 所示。

表 1-2-2　视频监控子系统设备规划

场所	设备种类	预计数量	功　能
客厅	无线路由器	1	提供全屋 Wi-Fi 覆盖
	摄像机	1	视频监控
其他区域	电池摄像机	1	特定区域灵活监控

1. 视频监控子系统拓扑图

视频监控子系统网络架构包含家庭 Wi-Fi 网络、摄像机和智能屏。摄像机 Wi-Fi 无线接入家庭 Wi-Fi 网络，通过光猫到互联网云平台。手机 APP 可以通过互联网查看监控画面和管理摄像机。视频监控子系统拓扑图如图 1-2-9 所示。

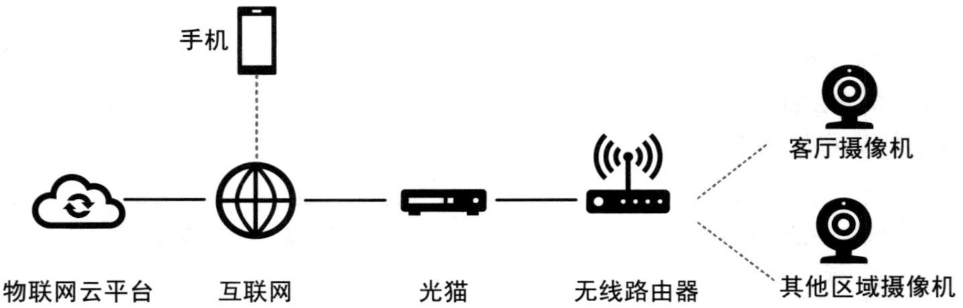

图 1-2-9　视频监控子系统拓扑图

2. 设备选型

按照视频监控子系统设计思路，选择合适的智能家居产品，实现视频监控子系统功能。

1) H6c 室内云台摄像机

萤石 H6c 室内云台摄像机搭配 200 W 像素超清摄像头；支持有线和 Wi-Fi 无线两种网络，可以通过内存卡存储，同时也支持云存储；双灯红外智能夜视，夜视距离最高达 10 m，当监控中出现物品移动或人走过等动态变化时，摄像头自动发出强烈声音警告并进行跟拍，第一时间给主人推送信息；5 m 远程拾音，支持双向语音，可搭配萤石猫眼和门锁。

(1) H6c 室内云台摄像机正面有镜头、指示灯、红外灯和麦克风。上翻摄像机镜头，可以看到隐藏在背后的 Micro SD 卡槽和 RESET 键。背面有网络接口、电源接口和扬声器，如图 1-2-10 所示。

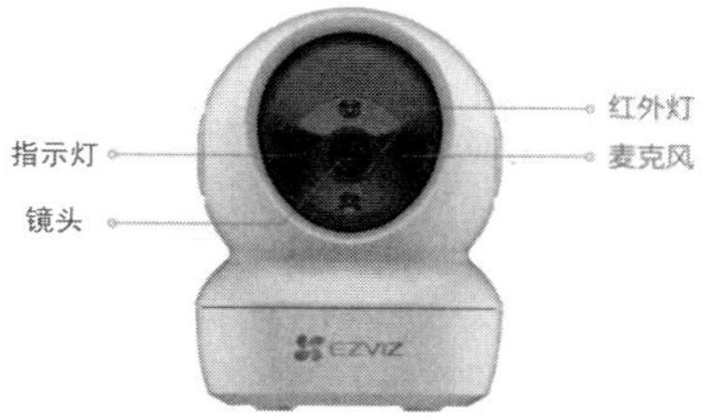

(a) 正面 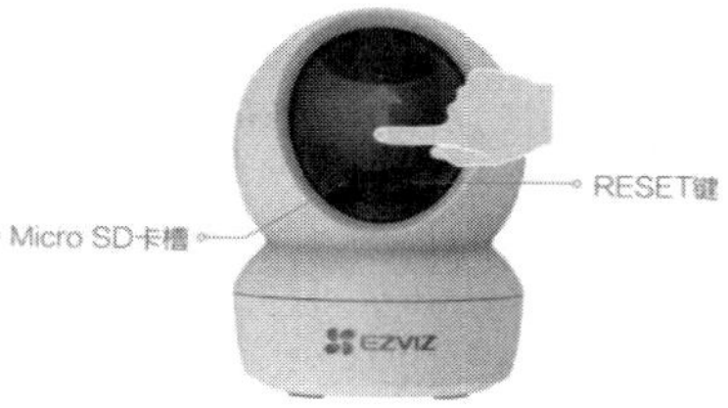   (b) 上翻

(c) 背面

图 1-2-10 H6c 室内云台摄像机结构

(2) H6c 室内云台摄像机按键、指示灯及其他器件说明如表 1-2-3 所示。

表 1-2-3 H6c 室内云台摄像机主体器件说明

器件名称	说 明
指示灯	▬▬红色常亮：启动中
	● ●红色慢闪：网络故障
	●●●●红色快闪：设备故障
	▬▬蓝色常亮：客户端正在访问摄像机
	● ●蓝色慢闪：正常工作
	●●●●蓝色快闪：配网模式
Micro SD 卡槽	插入 Micro SD 卡(建议使用萤石 SD 卡)，并登录"萤石云视频"初始化后再使用
RESET 键	长按 5 s，设备重启并恢复出厂设置

(3) H6c 室内云台摄像机主要技术参数如表 1-2-4 所示。

表 1-2-4 H6c 室内云台摄像机主要技术参数

技 术	参 数
无线标准	IEEE 802.11b，802.11g，802.11n
频率范围	2.4~2.4835 GHz
云台旋转角度	水平 0°~350°，垂直 55°
日夜转换模式	ICR 红外滤片式
电源接口	Micro USB 接口
有线网口	一个 RJ45，10 M/100 M 自适应以太网口
智能应用	移动侦测/人形检测/智能跟踪
红外照射距离	10 m(因环境而异)
电源供应	DC 5 V/1 A

2) CB2 电池摄像机

萤石 CB2 电池摄像机是全无线设计，可通过 Wi-Fi 联网，电池供电，没有网线与电源线的烦扰束缚；配备双向磁力底座，不破坏原有装修；可以毫秒级极速抓拍，200 万像素超清呈现，具有双向语音通话功能。CB2 电池摄像机适用于吸附在玄关或门口、书房客厅随心摆放、童房婴幼儿看护、装修区域灵活监工、临街商铺区域看护和摆地摊等应用场景，如图 1-2-11 所示。

吸附在玄关或门口　　书房客厅随心摆放　　童房婴幼儿看护

装修区域灵活监工　　临街商铺区域看护　　摆地摊

图 1-2-11　CB2 电池摄像机应用场景

(1) CB2 电池摄像机由摄像机主体和磁吸底座组成，如图 1-2-12 所示。

(a) 摄像机主体　　　　　(b) 磁吸底座

图 1-2-12　CB2 电池摄像机组成

CB2 电池摄像机主体包含镜头、红外灯、指示灯、麦克风、光敏、PIR、Micro SD 卡槽、RESET 键、电源接口、电源键和扬声器，如图 1-2-13 所示。

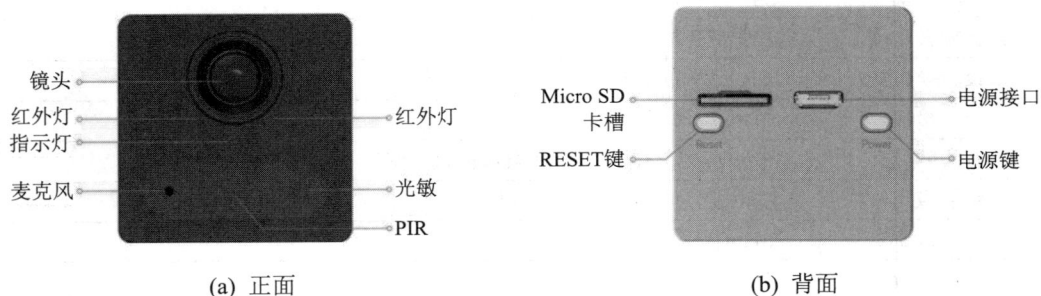

镜头　红外灯　指示灯　麦克风　红外灯　光敏　PIR

Micro SD 卡槽　RESET键　电源接口　电源键

(a) 正面　　　　　(b) 背面

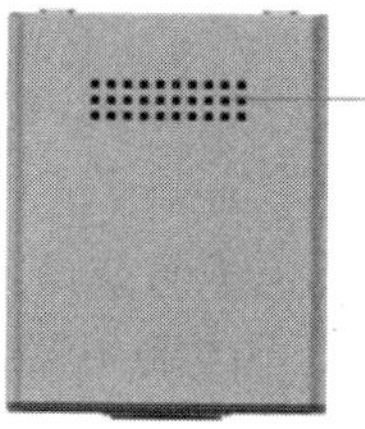

（c）顶面

图 1-2-13　CB2 电池摄像机主体

(2) CB2 电池摄像机主体上按键、指示灯及其他器件说明如表 1-2-5 所示。

表 1-2-5　CB2 电池摄像机主体器件说明

器件名称	说　　明
指示灯	蓝色常亮：客户端正在访问设备或设备启动中
	蓝色快闪：配网模式
	蓝色慢闪：正常工作中
	红色快闪：故障
	红色慢闪：网络断开
	红、蓝交替闪烁：无网直连模式
	绿色常亮：充满电
	绿色慢闪：充电中
Micro SD 卡槽	插入 Micro SD 卡，并登录"萤石云视频"初始化后再使用
RESET 键	设备运行时，长按 RESET 键 4 s，设备重置并进入配网模式
电源键	长按 2 s：设备开机
	长按 4 s：设备关机

(3) CB2 电池摄像机的主要技术参数如表 1-2-6 所示。

表 1-2-6　CB2 电池摄像机的主要技术参数

技　　术	参　　数
无线标准	IEEE 802.11b，802.11g，802.11n
频率范围	2.4～2.4835 GHz
接口协议	萤石云私有协议
存储	支持 Max 512 GB 本地 SD 存储
音频输入	内置高灵敏度麦克风
图像	200 万像素
日夜转换模式	ICR 红外滤片式
PIR 感应	支持：感应角度水平 88°，感应距离可调
电源供应	DC 5 V±10%/1 A(需自备)

三、视频监控子系统连线图

1. 系统设备部署

视频监控子系统设备部署是根据视频监控子系统设计、设备规划和设备选型，按照用户 108 m² 两室两厅一卫户型的实际情况，将无线路由器、H6c 室内云台摄像机、CB2 电池摄像机部署到房间合适的位置。

无线路由器为智能家居提供 Wi-Fi 网络，是智能家居的中心，尽量要部署到 108 m² 的中心，实现全屋 Wi-Fi 覆盖。无线路由器需要电源持续供电，平常也不移动，放置到靠墙有电源插座的地方。H6c 室内云台摄像机要尽量选择能够监控家中更大视角范围的地方，用户的客厅、餐厅和厨房是连到一起的，客厅还连接两个卧室，在客厅角落放置摄像机可以同时监控餐厅和厨房，也能监控两个卧室与客厅连接的地方。家中有老人和小孩，根据老人和小孩阶段性的活动范围，CB2 电池摄像机可以在家中移动放置。视频监控子系统设备部署如图 1-2-14 所示。

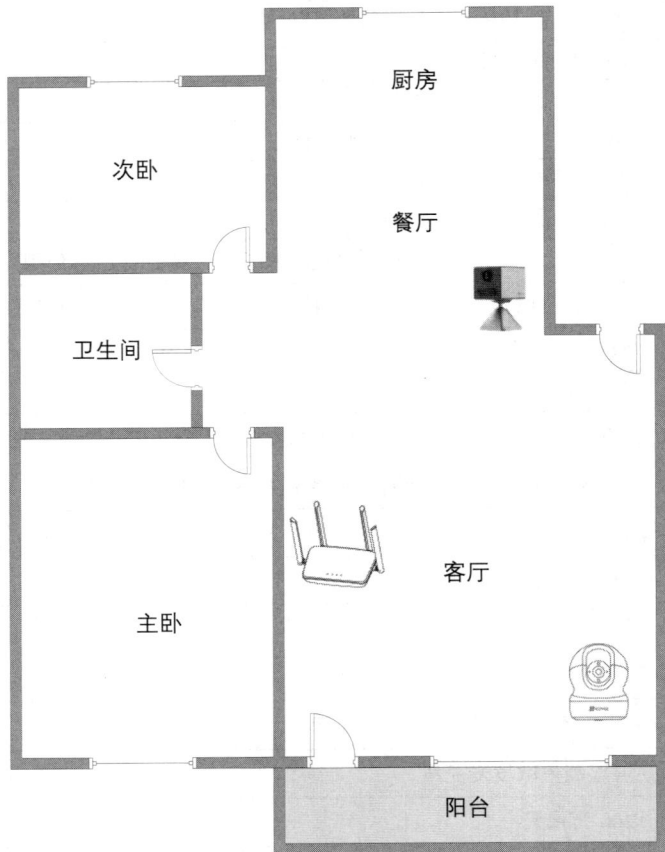

图 1-2-14　视频监控子系统设备部署

2. 子系统连线图

由于智能家居系统选用无线方式为主，系统接线较少。按照所选设备的供电方式和通信方式，绘制出视频监控子系统的连线图，如图 1-2-15 所示。

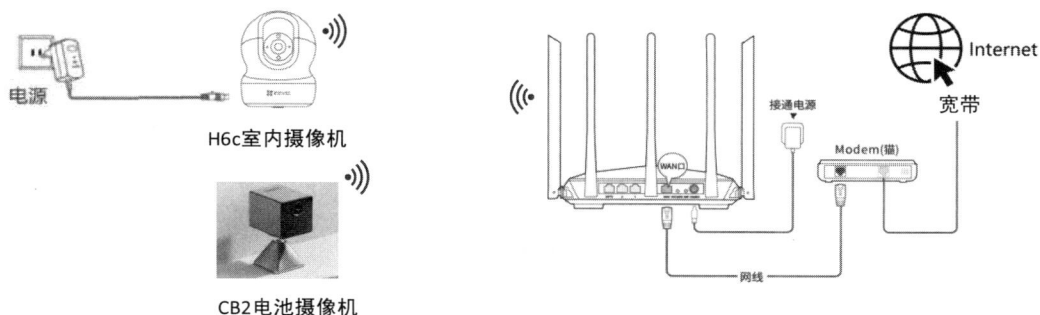

图 1-2-15 视频监控子系统连线图

在表 1-2-7 中填写视频监控子系统所选设备在系统中的上下级逻辑关系。

表 1-2-7 视频监控子系统设备逻辑关系表

设　备	预计数量	上级节点设备
无线路由器	1	
H6c 室内云台摄像机	1	
CB2 电池摄像机	1	

四、视频监控子系统设备安装

视频监控子系统中的摄像机都采用 Wi-Fi 接入网络，设备小巧，比较好安装，但对安装位置、取电方式各有要求。

1. H6c 室内云台摄像机上电与安装

H6c 室内云台摄像机供电是采用电源线和适配器供电。H6c 室内云台摄像机安装比较简单，直接放置在桌面或固定在房顶。

1) H6c 室内云台摄像机上电

H6c 室内云台摄像机出厂配有电源线和适配器。给设备上电时，将电源线、适配器与设备背面的电源接口连接，如图 1-2-16 所示。

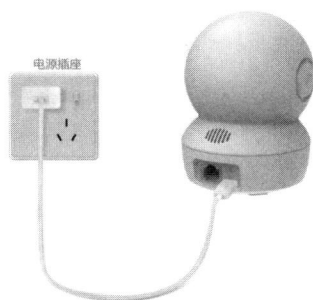

图 1-2-16 H6c 室内云台摄像机连接电源

2) H6c 室内云台摄像机安装

H6c 室内云台摄像机安装包含插入 Micro SD 卡和固定设备。固定设备是必需的，但 Micro SD 卡在设备使用中不是必需的，根据用户需求可以选用。

(1) 安装 Micro SD 卡(可选)。将球体向上拨(若镜头朝前)，露出 Micro SD 卡槽，将 Micro SD 卡插入 Micro SD 卡槽，插入时卡的缺口朝左，如图 1-2-17 所示。需要注意的是，Micro SD 卡在使用前要在"萤石云视频"客户端中初始化。

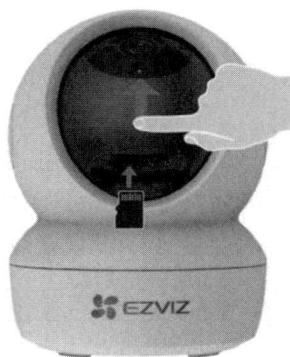

图 1-2-17   Micro SD 卡的安装

(2) 固定设备。H6c 室内云台摄像机支持两种固定方式，分别是桌面放置的正装和房顶固定的倒装，如图 1-2-18 所示。

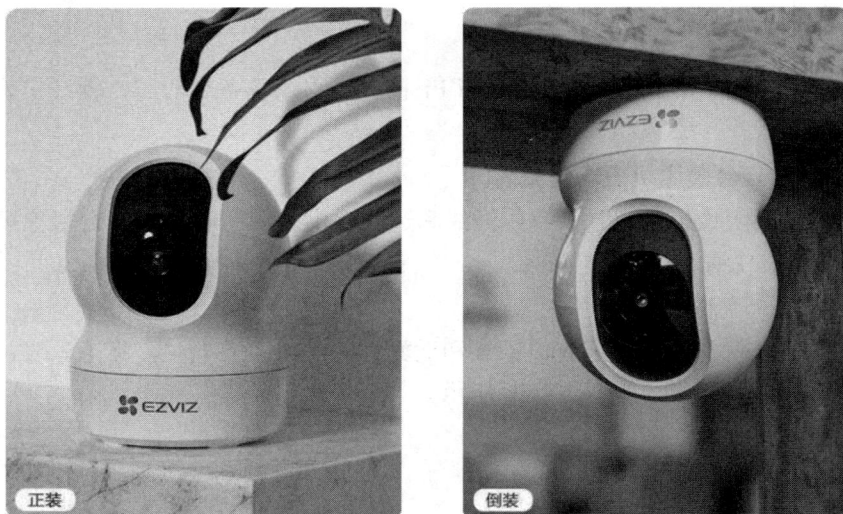

图 1-2-18   H6c 室内云台摄像机安装方式

正装是直接将设备放置到要放置的桌面、台面即可。H6c 室内云台摄像机只要选择合适的位置放置即可。倒装是倒置安装到墙面，先固定底座，再将机身安装到底座上。安装墙面应具备一定的厚度，并且至少能承受 3 倍于设备的重量。倒装具体操作步骤如下：

① 固定底座，在墙面粘贴安装贴纸，钻孔并安装膨胀螺丝，用金属螺钉固定底座，如图 1-2-19 所示。

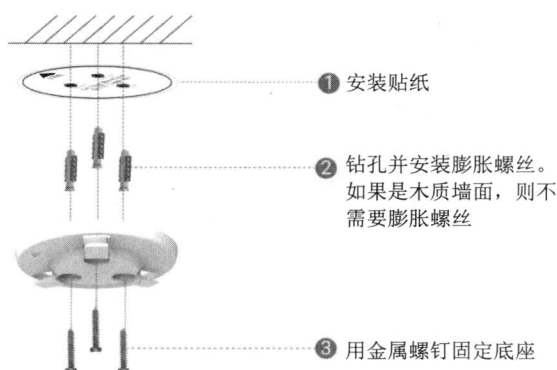

图 1-2-19　固定底座操作示意图

②　安装机身,对准底座上的 3 个卡位将机身安装到底座上,握住机身顺时针旋转拧紧,直到听到"咔哒"一声,表明机身已完全安装到底座上,如图 1-2-20 所示。

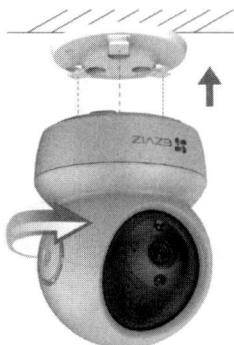

图 1-2-20　安装机身操作示意图

2. CB2 电池摄像机上电与安装

CB2 电池摄像机是电池供电,设备内置可充电电池。安装比较简单,直接放置在桌面或固定在墙壁。

1) CB2 电池摄像机上电

CB2 电池摄像机内置电池,但设备出厂时只含部分电量,所以使用前要用电源线和适配器(5 V/2 A)为设备充满电,充电连线如图 1-2-21 所示。充电状态指示灯绿色慢闪表示充电中,绿色常亮表示充满电。正常情况下大约需要 3 h 可以充满电。

图 1-2-21　CB2 电池摄像机电池充电

在设备关机状态下，长按电源键 2 s，直到听到设备已开机，表示设备启动完成，上电操作如图 1-2-22 所示。

图 1-2-22　CB2 电池摄像机上电操作

2) CB2 电池摄像机安装

CB2 电池摄像机安装包含插入 Micro SD 卡和固定设备。固定设备是必需的，但 Micro SD 卡在设备使用中不是必需的，根据用户需求可以选用。

(1) 安装 Micro SD 卡(可选)。将 Micro SD 卡插入 Micro SD 卡槽，插入时卡的缺口朝右，如图 1-2-23 所示。

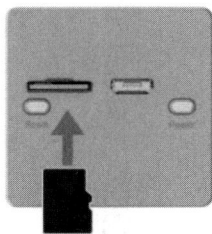

图 1-2-23　安装 Micro SD 卡

(2) 固定设备。CB2 电池摄像机支持摆放和壁装两种方式固定设备，如图 1-2-24 所示。

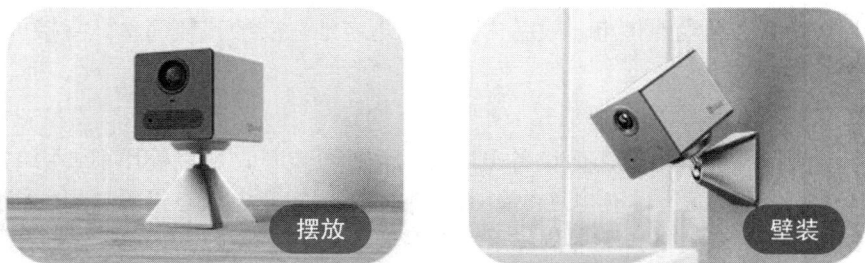

图 1-2-24　CB2 电池摄像机

CB2 电池摄像机是免安装的摄像机，所以只要选择合适的位置直接放置即可。

壁装要根据墙面的平整度、粗糙度、材质情况确定其安装固定方式。安装墙面应具备一定的厚度，并且至少能承受 3 倍于设备的重量，推荐安装高度 1.8 m。

① 墙面平整、光滑的地方，如玻璃、家居侧面等，用泡棉胶固定安装铁片。首先，清洁安装位置，贴好泡棉胶；其次，将安装贴片固定到泡棉胶，并用力按压，静置 3 h；再次，将磁吸底座吸附到安装铁片上；最后，将设备固定到底座上，如图 1-2-25 所示。

❶ 清洁安装位置，贴好泡棉胶

❹ 将设备固定到底座上

❷ 将安装铁片固定到泡棉胶并用力按压

❸ 将磁吸底座吸附到安装铁片上

图 1-2-25　平整、光滑墙面壁装

② 安装墙面粗糙凹凸不平，用螺钉固定安装铁片。首先，钻孔并安装膨胀螺丝，如果是木质墙面则不需要膨胀螺丝；其次，用配套的金属螺钉固定安装铁片；再次，将磁吸底座吸附到安装铁片上；最后，将设备固定到底座上，如图 1-2-26 所示。

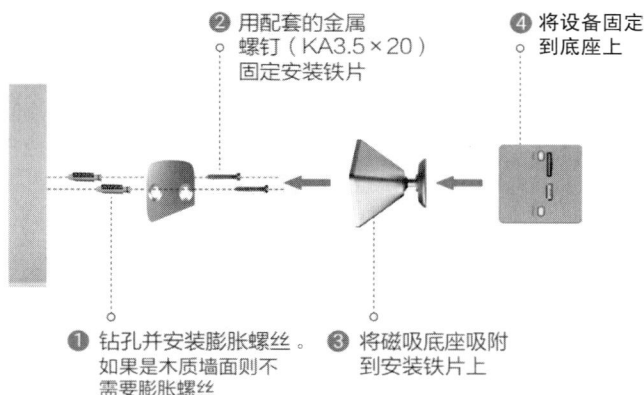

❷ 用配套的金属螺钉（KA3.5×20）固定安装铁片

❹ 将设备固定到底座上

❶ 钻孔并安装膨胀螺丝。如果是木质墙面则不需要膨胀螺丝

❸ 将磁吸底座吸附到安装铁片上

图 1-2-26　粗糙墙面壁装

③ 铁质墙面，如冰箱侧面、铁架等，直接将磁吸底座吸附到需要的位置即可，如图 1-2-27 所示。

图 1-2-27　吸附冰箱侧面

(3) CB2 电池摄像机安装位置注意事项。

① CB2 电池摄像机不防水，勿安装在户外，只能安装在室内。

② 避免太阳光直射。

③ 避免安装在玻璃窗前(如安装在车内)。

④ 避免安装在潮湿环境(如加湿器旁边)。

⑤ 避免安装在画面有遮挡的地方(如放置在桌面中央、窗帘遮挡等)。

⑥ 将设备直接放置在桌面时，应将设备放在桌子边沿，以确保设备镜头前方空旷，避免影响图像效果和体验，如图 1-2-28 所示。

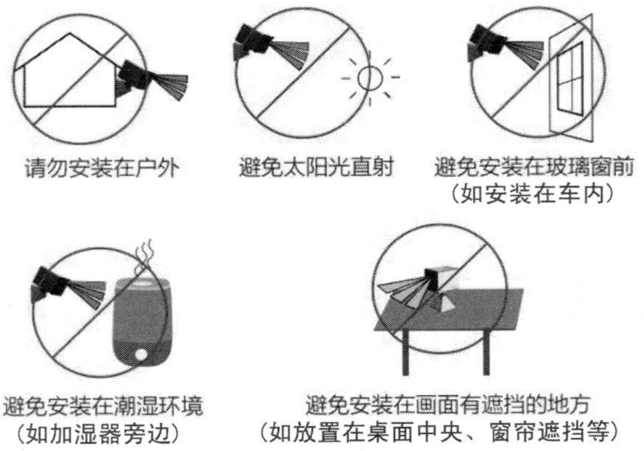

图 1-2-28　安装位置注意事项

五、视频监控子系统设备调试

智能家居使用物联网云平台为所有家居设备提供一个管理、存储和控制的平台，方便用户使用。海康威视萤石智能家居使用"萤石云视频"平台，可以全面实现海康威视萤石智能家居所有设备接入、设备管理、存储和控制等操作。

视频监控子系统的设备安装好以后，要按照各设备的配网方式，借助"萤石云视频"平台进行设备调试。

1. 下载"萤石云视频"客户端

海康威视萤石智能家居的"萤石云视频"客户端是给家庭用户提供的手机 APP，在应用商城搜索"萤石云视频"客户端，下载并安装 APP。"萤石云视频"客户端 APP 图标如图 1-2-29 所示。

图 1-2-29　"萤石云视频"客户端 APP 图标

2. H6c 室内云台摄像机调试

H6c 室内云台摄像机调试主要包含摄像机位置、摄像头角度调整等，通过调试使 H6c 室内云台摄像机能够满足应用需求。H6c 室内云台摄像机调试可以通过"萤石云视频"客户端 APP 进行调试，首先要将设备添加到"萤石云视频"平台，再根据摄像机画面调整位置和角度。

1) 添加设备

通过"萤石云视频"客户端 APP 扫描设备二维码，添加设备，具体步骤如下：

(1) 确定连接的网络。H6c 室内云台摄像机有 Wi-Fi 和网线两种方式接入互联网。如果使用 Wi-Fi 网络，则要确定 Wi-Fi 网络的名称和密码。如果使用网线，则要连接设备的网络接口和路由器。根据实际情况选择接入方式，在实际生活中采用 Wi-Fi 网络更方便后期的位置和角度调整。

(2) 登录"萤石云视频"客户端 APP，选择"首页"，点击页面右上方的 ⊕ →扫一扫/添加设备，进入扫描二维码的界面。

(3) 扫描设备底部标签上的二维码(H6c 室内云台摄像机底部的二维码是设备在网络中唯一的标识)，根据界面提示完成设备的添加，如图 1-2-30 所示。设备显示"在线"就表示设备已经成功接入萤石物联网云平台。

图 1-2-30　扫描设备底部二维码

(4) 如果连接 Wi-Fi 网络失败或者需要更换别的 Wi-Fi 网络，则长按 RESET 键 5 s，待设备重启后，重新配网。

2) 摄像机位置、摄像头角度调整

在"萤石云视频"客户端 APP 中查看摄像机画面，调整 H6c 室内云台摄像机位置和摄像头角度，使画面显示满足用户监控范围的需求。

3. CB2 电池摄像机调试

CB2 电池摄像机调试主要包含摄像机位置、摄像头角度调整等，通过调试使 CB2 电池摄像机能够满足应用需求。CB2 电池摄像机调试可以通过"萤石云视频"客户端 APP 进行调试，首先要将设备添加到"萤石云视频"平台，再根据摄像机画面调整位置和角度。

1) 添加设备

通过"萤石云视频"客户端 APP 扫描设备二维码，添加设备，具体步骤如下：

(1) 确定连接的网络。CB2 电池摄像机只能通过 Wi-Fi 网络接入互联网。CB2 电池摄像机在开机状态下，长按 RESET 键 4 s，指示灯蓝色快闪时设备进入配网模式，如图 1-2-31 所示。

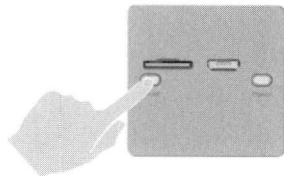

图 1-2-31　配网操作

（2）登录"萤石云视频"客户端 APP，选择"首页"，点击页面右上方的 ⊕ →扫一扫/添加设备，进入扫描二维码的界面。

（3）扫描用户指南封面或者设备上的二维码。根据界面提示完成设备添加。设备显示"在线"就表示设备已经接入萤石物联网云平台，对设备的管理、控制和数据存储都可以在云平台中操作。

2）初始化存储

CB2 电池摄像机在"萤石云视频"客户端 APP 中需要初始化存储后再使用。在设备录像设置中点击存储介质"初始化"按钮，完成初始化，如图 1-2-32 所示。

图 1-2-32　初始化操作

3）摄像机画面调整

在如图 1-2-33 所示的"萤石云视频"中查看摄像机画面，摄像机的安装位置、角度可以根据"萤石云视频"客户端 APP 看到的实时预览画面进行调整，使设备镜头达到最佳的监控视角。交互界面会有不定时更新。

图 1-2-33　摄像机画面

"萤石云视频"摄像机画面中的图标含义如表 1-2-8 所示。

表 1-2-8　摄像机画面中图标含义

图标	内容	操　　作
📷	截图	在实时视频界面点击 📷 按钮，随时截图实时预览画面，进入手机相册可以查看
📹	录像	在实时视频界面点击 📹 按钮，开始录像，录制完成后进入手机相册可以查看
🎤	对讲	在实时视频界面点击 🎤 按钮，可进行对讲。点击左上角的×，即可关闭语音对讲功能
⊞	多屏播放	在实时视频界面点击 ⊞ 按钮，可选择多个附近设备进行多画面预览
高清	清晰度	在实时视频界面点击 高清 按钮，可以选择不同的视频清晰度
↗	分享	在设备详情页点击 ↗ 按钮，可以将实时预览视频分享给指定好友
⊚	设置	在设备详情页点击 ⊚ 按钮，可以设置工作模式、智能检测、云存储、设备录像设置等参数

点击设置按钮 ⊚，可以对 CB2 电池摄像机设备进行管理，具体设置中包含的内容如图 1-2-34 所示。

图 1-2-34　设备设置内容

每一项设备设置的具体功能如表 1-2-9 所示。

表 1-2-9   设备设置项功能

设备设置项	功　　能
工作模式	设置设备的工作模式
智能检测	可选择 PIR 红外检测或人形检测进行设置
提醒设置	可对设备进行不同音效的声音提醒设置和客户端的各类消息提醒设置
音频设置	设备麦克风开关以及设备语音提示开关
画面设置	设置图像风格
灯光设置	开启/关闭设备状态灯
电池管理	查看当前电池状态和剩余电量
云存储	查看云存储使用状态，购买云存储服务
设备录像设置	设置 Micro SD 卡或者存储器的参数
电话提醒服务	开通/取消设备的电话提醒服务
安全设置	开启视频加密后，视频和图片将会受密码保护，初始密码为设备验证码
网络设置	查看设备的 Wi-Fi 网络设备无网直连功能的设置
设备信息	查看当前设备分组、型号、序列号、版本号特性以及相应的用户指南
分享设备	将视频分享给指定的好友
删除设备	将设备从当前账号中删除

任务 3   智能入户子系统

[任务描述]

本任务首先通过分析智能入户的需求设计智能入户子系统架构；然后进行设备选型和设备部署；最后对智能入户子系统进行安装与调试。

[知识准备]

一、智能入户系统

家是一个人的堡垒，是遮风避雨的居所，安全是一个家需要的最基本保障，而入户则是家庭安全的第一道防线，所以智能入户成为热点。智能入户系统属于智慧安防，保护着一家人的生命和财产安全，可以提高居民的生活品质，具有广泛的应用前景。智能锁和智能猫眼都是消费者青睐的产品。智能入户系统结合人脸识别、指纹识别、语音识别、手机APP 等技术，实现第一时间获知门外异动、门锁联动、门禁管理、家居控制等。

二、智能入户设备

智能入户设备主要包含智能猫眼、智能锁、智能可视门铃等。

1. 智能猫眼

智能猫眼是替代传统猫眼安装在入户门、防盗门上，用来实时查看门外情况的产品，如图 1-3-1 所示。利用 Wi-Fi 和手机移动互联网，智能猫眼可实现远程视频通话、实时录像、红外夜视、异常侦测告警等功能。智能猫眼通常会配置可视内屏，如果家里有人，可直接通过室内显示屏看清门外情况，并与访客视频对话；如果出门在外，访客按响门铃时，通过智能猫眼搭配手机 APP 将自动推送消息，打开 APP 即可与访客实现实时视频对话。户主不论身在何方，都能通过手机随时随地获知家门外的一切信息。

图 1-3-1　智能猫眼

智能猫眼一般具有视频查看、Wi-Fi 联网、双向语音通话、人脸识别、人体移动侦测、逗留报警、红外夜视等功能，具体功能如下：

(1) 视频查看。智能猫眼上配置有摄像头，室内显示屏可随时查看门口场景，家里的老人和小孩可以清晰地看到门外情况。

(2) Wi-Fi 联网。智能猫眼可以连接 Wi-Fi，通过手机 APP 进行简单设置后，可远程查看门前访客，安心方便。

(3) 双向语音通话。当访客按响门铃时，室内家人就可以和门外人员进行双向语音通话。客人来访时，内置在猫眼的电子门铃快速感应，按钮亮灯，访客点击按钮呼叫，即可一键视频通话。用户在手机 APP 上选择语音或视频通话，也能和门外的访客如同打电话般交流沟通。

(4) 人脸识别。人脸识别应用于智能猫眼可进一步升级入户安全。用户提前录入家人、朋友等的照片，能够快速确认其身份。

(5) 人体移动侦测。如果门口有人路过，智能猫眼可智能捕捉相对应的图像，并将捕捉到的图像发送给用户，让用户及时、快速查看家门口的状况。

(6) 逗留报警。既然是家门的第一道守卫，报警功能是必不可少的。如果有人在家门口逗留时间长，智能猫眼可自动发起警报声，将相关警报传递给用户。

(7) 红外夜视。智能猫眼晚上也能正常工作，一般都具有自适应红外夜视功能，可自动切换白天/黑夜模式。晚上光线暗的情况也能清晰地看到门外情况。

2. 智能锁

智能锁是目前普及比较广泛的智能家居组件。智能锁的基本功能是通过多种方式上锁或者开锁，如蓝牙、门禁卡、指纹、人脸等，同时作为智能家居的组件，还可以联动其他设备，这也是智能锁的优势。智能锁还可以记录开锁的时间和人员，帮助用户积累相关数据。

1) 智能锁的优点

智能锁在人们生活中应用广泛，主要具有以下几方面的优点：

(1) 便于家庭管理：智能锁可以通过手机 APP 远程控制，在不同的时间段内，设定不同的人员进出密码，有效防范房屋被盗等安全问题。

(2) 细节处理更到位：智能锁采用高科技自动化处理方式，从门的锁具、物理结构到驱动机构、安防设备，都体现出技术先进和设计精良。

(3) 安装方便：智能锁可代替传统的机械锁，安装相对比较简单。

(4) 使用方便：智能锁可以用各种方式开锁，如密码、指纹、IC 卡等，使用非常方便。

2) 智能锁的分类

智能锁在市面上的种类很多，可按照开锁方式划分，也可按照智能锁的解锁技术划分。

按照开锁方式划分为执手式和推拉式两种，如图 1-3-2 所示。执手式智能锁的开锁方式最接近机械锁，需要按压把手才能解锁，一般都是半自动智能锁，验证后，用户需要转动把手才能打开门锁。推拉式智能锁就是通过推拉进行解锁，一般都是全自动智能锁，验证完成后门锁会自动打开，关门后会自动上锁。

(a) 执手式智能锁   (b) 推拉式智能锁

图 1-3-2   不同开锁方式的智能锁

按照智能锁的解锁技术划分为密码智能锁、指纹智能锁、IC 卡智能锁、人脸识别智能锁等。

(1) 指纹智能锁：采用指纹识别技术，用户只需用手指触碰指纹传感器，即可开锁。指纹智能锁的安全性非常高，且可以注册多组指纹，方便家庭多人使用。

(2) 密码智能锁：用户可以通过输入正确的密码开启门锁。密码智能锁设计简单，使用方便，同时也可以设置多组密码，适合家庭多人使用。

(3) IC 卡智能锁：用户可以使用 IC 卡来开启门锁。IC 卡智能锁不仅可以防范盗窃，还可以方便物业管理人员进行房屋进出管理。

(4) 人脸识别智能锁：采用人脸识别技术，用户只需站在门前，系统就可通过识别用户的面部特征准确判断用户是否允许进入。

市面上的智能锁一般都会融合多种解锁技术，不只依赖于一种技术开锁。在一把智能锁上可选择将 IC 卡、指纹、人脸、密码等几个技术进行融合。图 1-3-3 所示为指纹识别和

IC 卡技术融合、密码和人脸识别技术融合的智能锁。

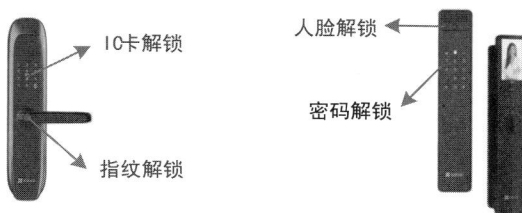

(a) 指纹识别、IC 卡智能锁　　(b) 密码、人脸识别智能锁

图 1-3-3　融合几种解锁技术的智能锁

[任务实施]

智能入户子系统安装与调试需要先分析用户对入户安防的需求；其次进行子系统详细设计(包括子系统拓扑图、设备选型)；再次安装设备；最后进行子系统调试。智能入户子系统任务实施流程如图 1-3-4 所示。

图 1-3-4　智能入户子系统任务实施流程

一、智能入户子系统需求分析

根据家人经常忘记带钥匙，外卖员、快递员等陌生人在门外的情况，用户希望通过指纹或人脸识别开锁，手机 APP 可以远程控制门锁和查看状态，室内屏幕显示门外的情况，其他家人也可以远程查看门口情况的前期诉求，用户对智能入户子系统的基本要求具体如下：

(1) 室内可以直观地看到门口人员的情况，手机 APP 可以远程查看门外情况。

(2) 室内和门外可以语音通话。

(3) 视频能够存储，可以存储在本地或云端。

(4) 入户门锁开锁需要解决没带钥匙的情况，门锁要具有指纹、密码或者人脸识别等开锁功能。

(5) 手机 APP 可以远程查看门锁状态。

二、智能入户子系统设计

考虑到市场定位、用户智能入户的基本要求和预算等，制定用户智能入户子系统设计思路：用户家有一个入户门，在入户门上安装一个智能猫眼和智能锁。由于智能猫眼有摄像头对室外可监控，还具有人脸识别的功能，因此智能锁可以不用再选择人脸识别的门锁，有指纹开锁和密码开锁的功能即可满足要求。

智能入户子系统设备规划如表 1-3-1 所示。

表 1-3-1　智能入户子系统设备规划

场所	设备种类	预计数量	功　能
入户门	智能猫眼	1	远程视频通话、人形侦测等多种方式了解门外状况
	智能锁	1	通过指纹、密码多种方式控制门锁开启

1. 智能入户子系统拓扑图

智能入户子系统网络架构包含家庭 Wi-Fi 网络、智能猫眼和智能锁。智能猫眼和智能锁使用 Wi-Fi 无线接入家庭 Wi-Fi 网络，通过光猫到互联网云平台。手机 APP 可以通过互联网查看智能猫眼监控画面和管理智能锁。智能入户子系统拓扑图如图 1-3-5 所示。

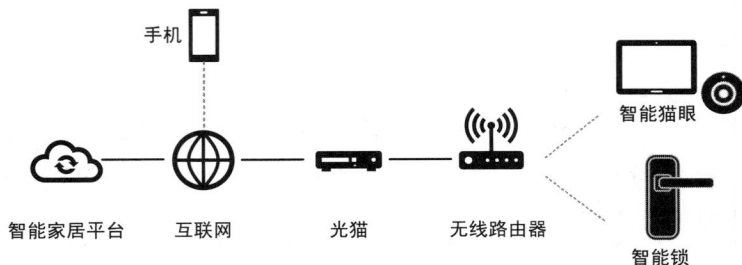

图 1-3-5　智能入户子系统拓扑图

2. 设备选型

按照智能入户子系统设计思路，选择合适的萤石智能猫眼和智能锁，实现入户智能化功能。

1) DP2C 智能猫眼

萤石 DP2C 智能猫眼具备 200 万像素镜头、155°超广角、毫秒级抓拍、PIR 人体感应、5 m 红外夜视、双向语音等特点。手机和 4.3 英寸(1 英寸 ＝ 2.54 cm)内屏能够清晰还原门口画面，提供清楚的监控效果，全天候守护家门，并支持可视通话和变声对讲。DP2C 智能猫眼可以联动萤石智能指纹锁，还可以通过手机 APP 远程视频查看开门场景。

(1) DP2C 智能猫眼由室内主机、室外子机和底座组成。DP2C 智能猫眼室内主机包含显示屏、Home 键、开/关机键、Micro SD 卡槽、USB 充电接口、扬声器、数据线接口和主机拆卸按钮，如图 1-3-6 所示。

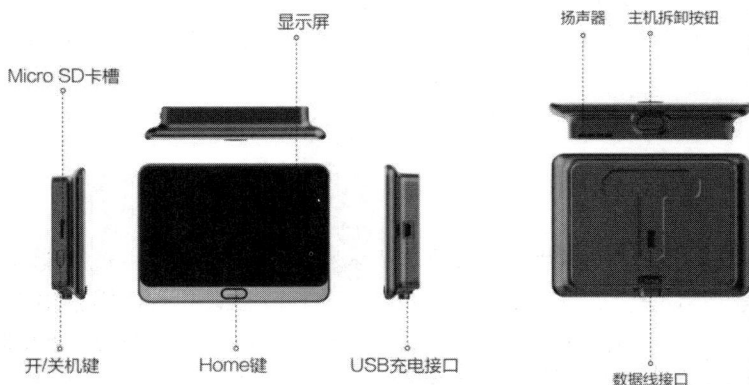

图 1-3-6　DP2C 智能猫眼室内主机

DP2C 智能猫眼室外子机包含门铃、镜头、扬声器、传感器和数据线，如图 1-3-7 所示。DP2C 智能猫眼底座上有数据线出口和螺丝安装孔，如图 1-3-8 所示。

图 1-3-7　DP2C 智能猫眼室外子机　　　　　　图 1-3-8　DP2C 智能猫眼底座

(2) DP2C 智能猫眼室内主机按键、指示灯及其他器件说明如表 1-3-2 所示。

表 1-3-2　DP2C 智能猫眼室内主机器件说明

器件名称	说　明
Home 键	按一次：进入实时视频
	长按 5 s：主机恢复出厂设置并重新启动
数据线接口	连接主机和子机，实现主机和子机的数据通信

(3) DP2C 智能猫眼采用 IEEE 802.11b、802.11g、802.11n 无线标准，具有 2.4 GHz 无线工作频率、200 万像素，感应距离为 6 m，支撑人脸识别等。DP2C 智能猫眼的主要技术参数如表 1-3-3 所示。

表 1-3-3　DP2C 智能猫眼的主要技术参数

技　术	参　数
无线标准	IEEE802.11b、802.11g、802.11n
频率范围	2.4～2.4835 GHz
镜头像素	200 万
日夜转换模式	ICR 红外滤片式
红外夜视距离	5 m(因环境而异)
PIR 人体感应侦测	感应角度
感应距离	最远 6 m
显示屏尺寸	4.3 英寸液晶屏
人脸识别	支持
智能报警	PIR 人体感应报警
可视对讲	双向寻呼远程可视对讲
电池容量	4600 mA·h(长续航大电池)

2) DL20 执手智能锁

萤石 DL20 执手智能锁具有指纹、密码、CPU 感应卡、临时密码、钥匙和双重验证 6 种解锁方式。通过 Wi-Fi 直连网络，在手机 APP 可远程控制，设置临时密码，对徘徊、防撬、防试开、异常开门发出告警提示，有门铃提醒、开门提醒和低电量提醒，手机也可以与支持"萤石云视频"的设备进行联动控制。

(1) DL20 执手智能锁主要由前面板和后面板组成，如图 1-3-9 所示。前面板包含前把手、指纹识别位、数字按键区、刷卡区、机械钥匙孔、电子门铃、离家模式按键、低电警示灯、Type-C 应急电源接口和扬声器。后面板包含后把手、机械反锁旋钮、干电池、电池盖和 SET 键。

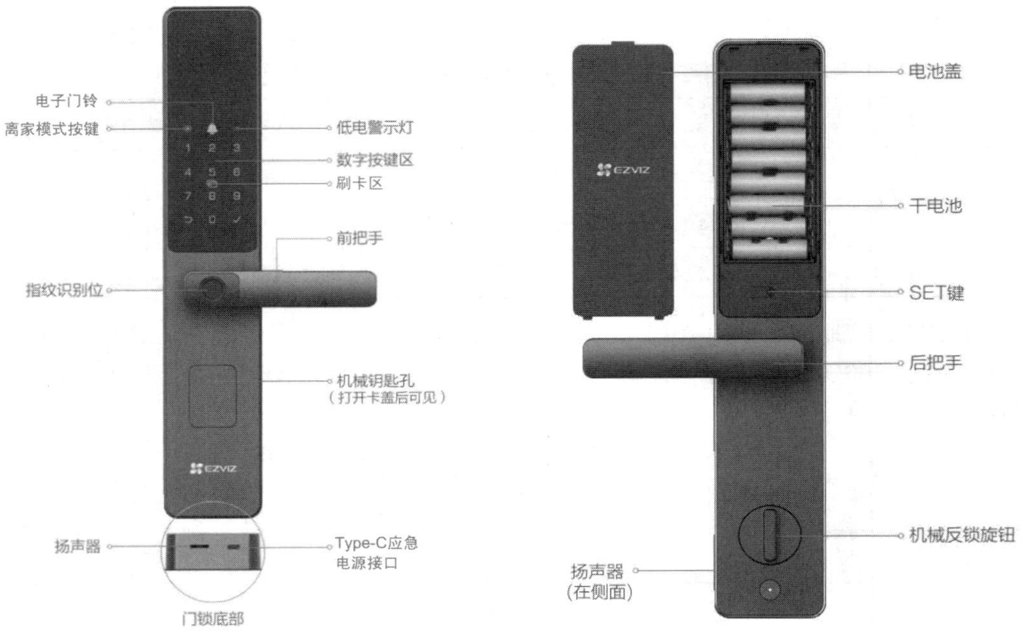

(a) 前面板   (b) 后面板

图 1-3-9　DL20 执手智能锁

(2) DL20 执手智能锁数字键盘如图 1-3-10 所示。

图 1-3-10　智能锁数字键盘

数字键盘按键具体说明如表 1-3-4 所示。

表 1-3-4　DL20 执手智能锁数字键盘说明

器件名称	说　　明
数字按键区	▇0～▇9 数字输入键
	↰ 取消、返回、退出
	☑ 确认
	▣ 刷卡区域
	▲ 门铃按键
	▇ 低电警示灯：当电池电量低于 20%时，指示灯亮起
	◉ 离家模式按键：按键后，离家模式开启，室内开门会告警，可在"萤石云视频"客户端配置离家模式的智能联动场景；室外解锁后将自动退出离家模式。该功能默认关闭，如需开启，可前往"萤石云视频"客户端设置开启

(3) DL20 执手智能锁采用 AP 配网配置模式，支持指纹开锁、密码开锁、感应卡开锁、临时密码开锁、应急钥匙开锁等多种组合开锁，可管理 50 个用户信息。DL20 执手智能锁的主要技术参数如表 1-3-5 所示。

表 1-3-5　DL20 执手智能锁的主要技术参数

技　　术	参　　数
配置模式	AP 配网
频率范围	2.4 GHz
开锁方式	指纹开锁、密码开锁、感应卡开锁、临时密码开锁、应急钥匙开锁等多种组合开锁
用户容量	50 个(每个用户下可添加一个卡、5 个指纹、一组密码)，卡总共最多 50 个，指纹总共最多 50 个，密码总共最多 50 个
虚位密码	含正确密码，总长最多 20 位
智能家居联动	支持，接入 EZVIZ CONNECT
电池	8 节干电池
应急供电	USB Type-C

三、智能入户子系统连线图

1. 系统设备部署

智能入户子系统设备部署是根据智能入户子系统设计、设备规划和设备选型，按照用户 108 m^2 两室两厅一卫户型的实际情况，将 DP2C 智能猫眼、DL20 执手智能锁部署到房间合适的位置。

DP2C 智能猫眼和 DL20 执手智能锁都要使用 Wi-Fi 网络，并且都是设置到入户门上。DP2C 智能猫眼室外主机部署到入户门外猫眼孔上，室内主机部署到入户门内猫眼孔上。DL20 执手智能锁部署到入户门的门锁位置。智能入户子系统设备部署如图 1-3-11 所示。

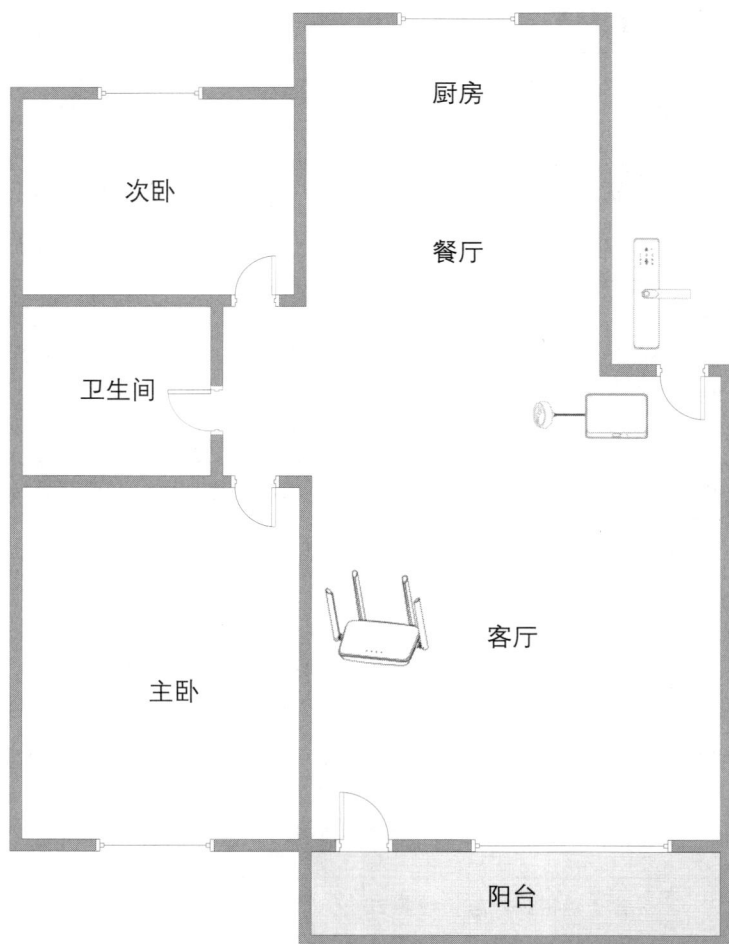

图 1-3-11　智能入户子系统设备部署

2. 子系统连线图

由于智能家居系统选用无线方式为主，系统接线较少。按照所选设备的供电方式和通信方式绘制出智能入户子系统的连线图，如图 1-3-12 所示。

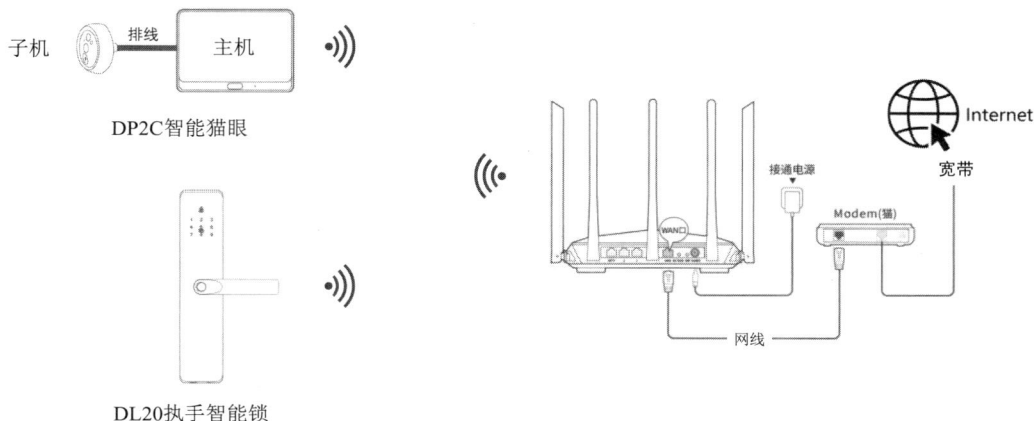

图 1-3-12 智能入户子系统连线图

在表 1-3-6 中填写智能入户子系统所选设备在系统中的上下级逻辑关系。

表 1-3-6 智能入户子系统设备逻辑关系表

设备	预计数量	上级节点设备
DP2C 智能猫眼	1	
DL20 执手智能锁	1	

四、智能入户子系统设备安装

智能入户子系统中的智能猫眼、智能锁都通过 Wi-Fi 接入网络。智能猫眼安装分为室内主机和室外子机，安装较为简单。智能锁安装分前面板和后面板，其内部结构比较复杂，需要考虑门的类型、开门方向等因素，所以安装较困难。

1. DP2C 智能猫眼安装

1) DP2C 智能猫眼室内主机和室外子机的安装

安装猫眼时，门上要有猫眼孔。如果门上没有猫眼孔，建议在门上距离地面 145 cm 左右的位置打孔，钻孔直径建议范围 16.5～45.0 mm。如果门上有猫眼孔并已经装有猫眼，要拆除原有的猫眼进行安装。DP2C 智能猫眼安装如图 1-3-13 所示，具体步骤如下：

(1) 丈量门的厚度，选择合适的螺钉。当门厚为 35～60 mm 时，选短钉；当门厚为 60～85 mm 时，选中钉；当门厚为 85～105 mm 时，选长钉。

(2) 将选好的两颗螺钉拧入子机(固定住即可，无须拧紧)。

(3) 撕掉子机背面 3M 胶表面的离型纸。

(4) 将子机拿到门外，将螺钉和连接线穿过猫眼孔(如果门比较厚，可将白纸卷成筒状，将连接线通过纸筒穿过门洞)。

(5) 调整子机的方向，确认门铃按键正对下方，用力按压子机，确保与门的表面贴合。

(6) 取出底座穿过螺钉，并将数据线从数据线出口拉出来。

(7) 将底座向下拉，注意螺钉的位置。

(8) 拧紧两颗螺钉。

(9) 取出猫眼主机，找到主机背后的连接线接口，将主机和子机连接线进行连接。

(10) 连接完成。

(11) 整理好数据线。

(12) 将主机装上底座，需要注意的是，先扣好底座上方的卡扣。

(13) 按住主机拆卸按钮，插入底座后再松开手。

(14) 安装完成。

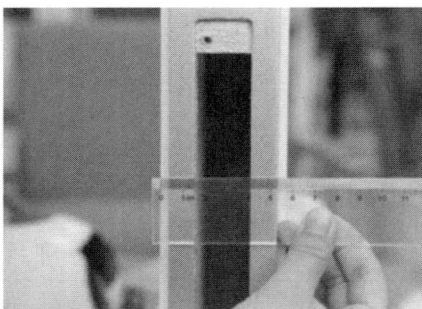

(1) 测量门厚度，选择螺钉

(2) 螺钉拧入子机

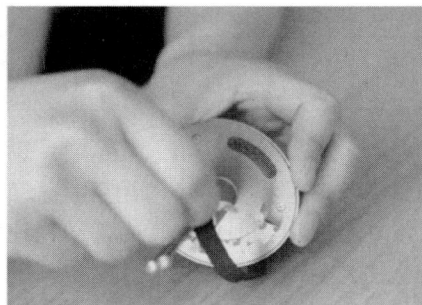

(3) 撕掉 3M 胶表面的纸

(4) 将螺钉和连接线穿过猫眼孔

(5) 调整子机方向，用力按压子机

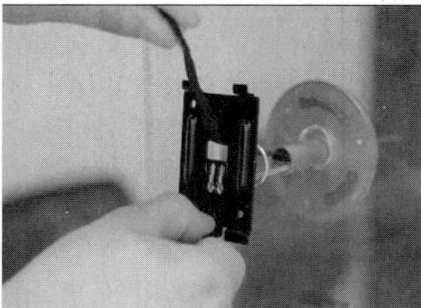

(6) 从数据线出口拉出数据线

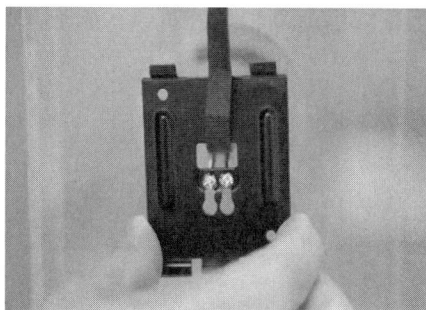

(7) 向下拉底座

(8) 拧紧两颗螺钉

(9) 连接主机和子机

(10) 连接完成

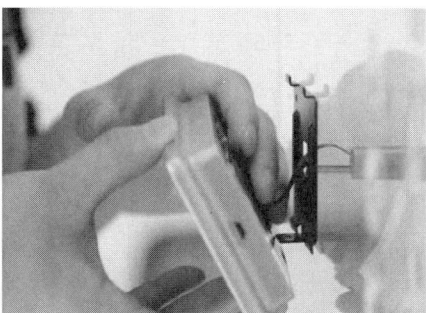

(11) 整理好数据线

(12) 将主机装上底座

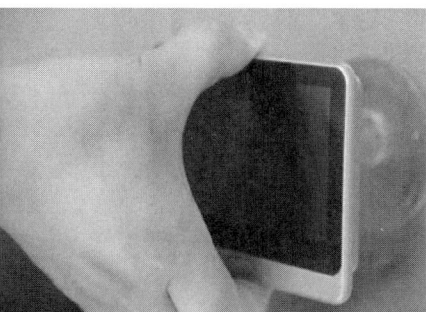

(13) 按住拆卸按钮，插入底座

(14) 安装完成

图 1-3-13　DP2C 智能猫眼安装步骤

2) DP2C 智能猫眼室内主机开机

DP2C 智能猫眼室内主机内置 4600 mA·h 可充锂电池，长按开机键，直到屏幕亮起，如图 1-3-14 所示。

图 1-3-14　DP2C 智能猫眼室内主机开机

当主机电量低时，可将主机关机后从底座上取下，按住拆卸按钮，先取出主机的下半部分，再向下移动并取出主机，并注意不要拉扯数据线。通过电源线连接电源适配器 5 V/2 A 进行充电(见图 1-3-15)，完成后插入底座并重新开机。产品标配的 5 V/2 A 电源适配器一般在 5~6 h 内可将电池充满。

电源插座

图 1-3-15　DP2C 智能猫眼室内主机充电

2. DL20 执手智能锁安装

1) DL20 执手智能锁锁体安装

在安装 DL20 执手智能锁前，先检查门是否在可安装范围之内，适用门缝宽度为 3~10 mm，适用门厚为 40~110 mm，门扣板中心至门外沿的距离大于等于 20 mm，如图 1-3-16 所示。

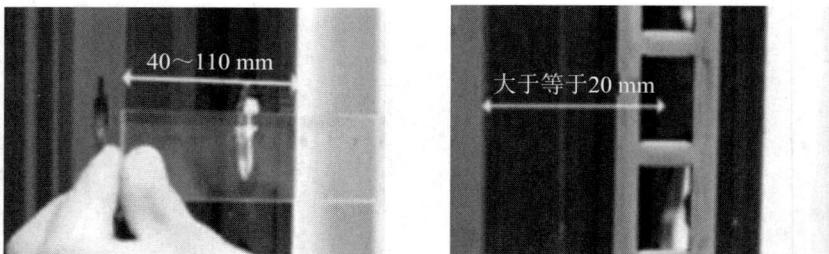

40~110 mm　　　大于等于 20 mm

图 1-3-16　测量安装尺寸

DL20 执手智能锁的具体安装过程可通过扫描产品二维码观看安装操作视频。操作中要轻拿轻放前后面板，以免刮花、刮伤面板表面，影响外观。固定前后面板时，不要压住内部连接线。

2) DL20 执手智能锁供电

DL20 执手智能锁是 8 节干电池供电。首次使用时，在电池盖的上部扣开电池盖，在电池盒中装入 8 节 5 号碱性电池，扣紧电池盖，如图 1-3-17 所示。

图 1-3-17　安装电池

电池在使用时，需要注意以下情况：

(1) 当电量极低时，低电压报警，为保证应急解锁，设备将自动离线，只能以本地方式验证(包括指纹、密码和感应卡)。

(2) 如果锁长期不使用，需取出电池。

(3) 新旧电池不可混用。

(4) 不同品牌的电池不可混装。

(5) 应正确安装电池的正负极。

(6) 应遵守当地环境保护法标准处理废旧电池。

(7) 电池应保存在常温、干燥环境中，要远离热源，也不要置于阳光直射的地方。

(8) 如果皮肤或衣服沾上电池漏出的溶液，应立即用水冲洗。如果眼睛触及碱液，应立即用水冲洗，随后就医。

当电池电量耗尽而又没带钥匙时，可使用 Type-C 接口的充电线连接锁的 Type-C 接口(锁体的底部)和电源(如充电宝)给门锁临时供电，然后使用指纹、密码和感应卡开锁，如图 1-3-18 所示。

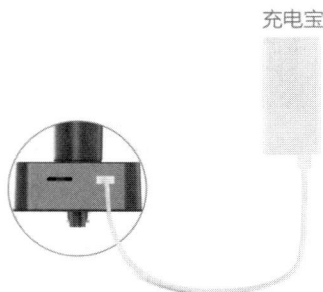

充电宝

图 1-3-18　使用应急电源

五、智能入户子系统设备调试

智能入户子系统的设备已安装，按照各设备的配置方式、配网方式，借助"萤石云视频"平台进行设备调试。

1. DP2C 智能猫眼调试

DP2C 智能猫眼调试主要包含猫眼视角调整。DP2C 智能猫眼可以通过"萤石云视频"客户端 APP 进行调试。首先将设备添加到"萤石云视频"平台，再根据显示界面调整猫眼的视角，测试功能。

1) 添加设备

通过"萤石云视频"客户端 APP 扫描设备二维码，添加设备，具体步骤如下：

(1) DP2C 智能猫眼上电后，登录"萤石云视频"客户端 APP，选择添加设备，进入扫描二维码的界面，如图 1-3-19 所示。

图 1-3-19　点击"添加设备"

(2) 扫描主机界面或者用户指南封面的二维码，如图 1-3-20 所示。

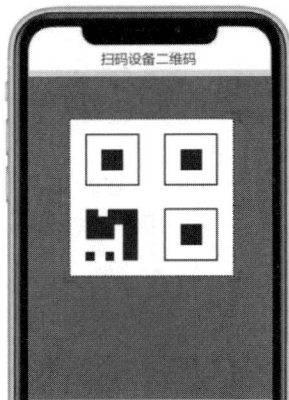

图 1-3-20　扫描二维码

(3) 根据界面提示完成设备添加。

2) DP2C 智能猫眼视角调试

在"萤石云视频"客户端 APP 可以查看 DP2C 智能猫眼室外子机摄像头采集的画面，按照智能猫眼要采集的门外画面调整智能猫眼视角，并进行功能测试。

2. DL20 执手智能锁调试

DL20 执手智能锁调试主要是要对智能锁进行设置和智能锁远程控制。智能锁设置包含添加用户、添加指纹、添加密码、添加感应卡、删除用户等。智能锁远程控制要借助"萤石云视频"平台进行设备调试。

1) DL20 执手智能锁的设置

DL20 执手智能锁的设置是对用锁人员进行管理，在智能锁锁体上进行设置。初次使用 DL20 执手智能锁时，新增用户、删除用户或者对锁进行其他设置前，要先进入主菜单，根据语音提示进行新建用户、添加指纹、添加密码、添加感应卡等操作。

DL20 执手智能锁最多支持添加 50 个用户，其中包含主用户和普通用户。主用户是 DL20 执手智能锁的管理员，可以是多人，通过用指纹、密码和感应卡进入主菜单，具有新增普通用户、删除用户的权限。普通用户只具有通过指纹、密码和感应卡开锁的权限，无权进入主菜单，也不能对用户进行管理。主用户和普通用户权限如表 1-3-7 所示。

表 1-3-7　主用户和普通用户的权限说明

用户类型	解锁	进入主菜单	添加用户	删除用户	设置锁
主用户	√	√	√	√	√
普通用户	√	×	×	×	×

DL20 执手智能锁设置的流程如图 1-3-21 所示。

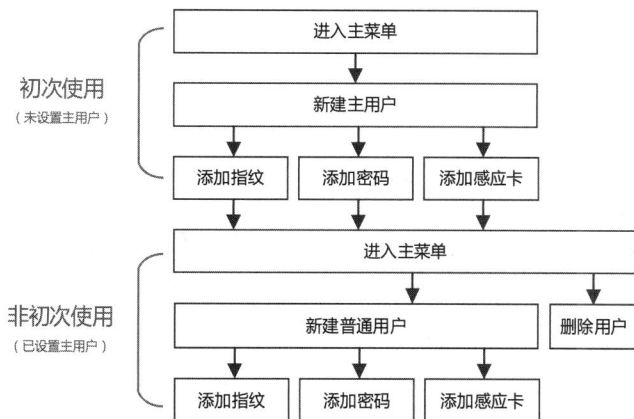

图 1-3-21　L20 执手智能锁设置流程

按照 DL20 执手智能锁设置流程，进入主菜单、新建主用户、新建普通用户、添加指纹、添加密码、添加感应卡、删除用户等具体操作如下：

(1) 进入主菜单。进入主菜单有两种方法：一种是短按 SET 键，另一种是主用户指纹、密码、感应卡验证成功进入主菜单。具体操作和适用情况如表 1-3-8 所示。

表 1-3-8　进入主菜单方法

项目	方法一	方法二
操作	拆开后面板的电池盖，短按一下 SET 键	在锁的前面板进行主用户指纹、密码、感应卡验证，验证成功即可进入主菜单
适用情况	初次使用，没有主用户	已有主用户

进入主菜单后会有语音提示添加主用户、普通用户等操作，具体语音菜单导航内容如图 1-3-22 所示。

进入主菜单	进入一级菜单		进入二级菜单	
短按 SET 键	按 **1**	新建主用户	按 **1**	添加指纹
			按 **2**	添加密码
			按 **3**	添加感应卡
在门锁前面板验证指纹／密码／感应卡	按 **2**	新建普通用户	按 **1**	添加指纹
			按 **2**	添加密码
			按 **3**	添加感应卡
	按 **3**	删除用户		
	按 **4**	常开状态设置	按 **1**	开启常开模式
			按 **2**	关闭常开模式
	按 **5**	系统信息		

图 1-3-22　语音菜单导航

(2) 新建主用户。DL20 执手智能锁只有新建了主用户，才能新建普通用户。每新建一个主用户，会生成一个用户编号。每次开锁验证成功后，键盘会亮起用户编号。删除用户操作需要输入对应的用户编号，所以需要记住当前已录入的用户编号。

进入主菜单后，会有语音提示，按"1"选择"新建主用户"，按键如图 1-3-23 所示。按"√"添加主用户，用户编号为 001，如图 1-3-24 所示。

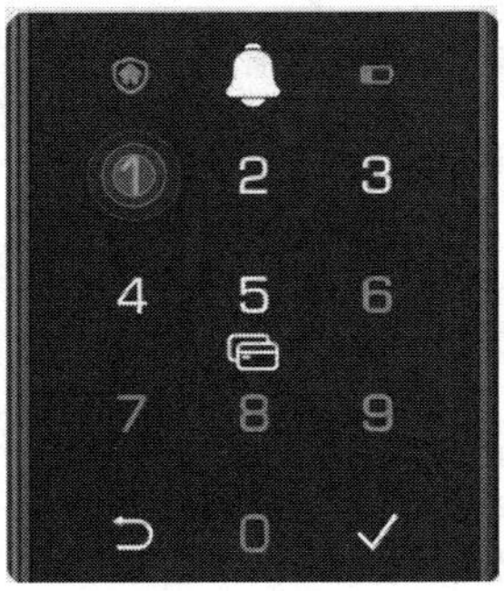

图 1-3-23　按"1"新建主用户

图 1-3-24　按"√"添加主用户

(3) 新建普通用户。每新建一个普通用户，也会生成一个用户编号。在开锁验证成功后，键盘会亮起用户编号。删除用户操作也需要输入对应的用户编号。

进入主菜单后，会有语音提示，按"2"选择"新建普通用户"，按键如图 1-3-25 所示。

图 1-3-25　按"2"新建普通用户

(4) 添加指纹。DL20 执手智能锁单个用户(主用户和普通用户)最多支持添加 5 枚指纹，超限会提示"指纹已满，请删除后重新添加或新建用户"。

在按"1"选择"新建主用户"或按"2"选择"新建普通用户"后，有语音提示按"1"，选择"添加指纹"。根据语音提示进行 6 次录入，第 1 次根据语音提示"请放手指"，将待添加指纹的手指放在指纹识别位上(见图 1-3-26)，提示"录入成功"。

图 1-3-26　指纹识别位

为保证后续指纹识别体验，需要调整手指接触面，最大限度录入解锁验证时可能接触的指纹面。剩余 5 次根据语音提示录入不同位置，指纹录入位置如图 1-3-27 所示。

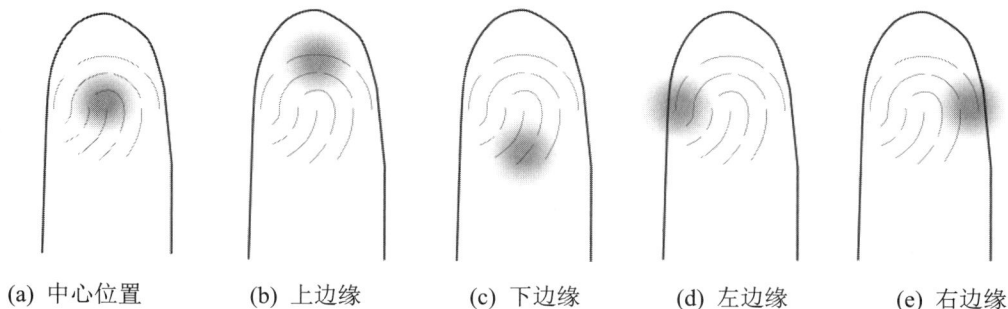

(a) 中心位置　　　　(b) 上边缘　　　　(c) 下边缘　　　　(d) 左边缘　　　　(e) 右边缘

图 1-3-27　采集指纹位置

(5) 添加密码。DL20 执手智能锁单个用户最多支持添加 1 组开门密码，超限会提示"密码已满，请删除后重新添加或新建用户"。开门密码由 6～10 位数字组成。

在按"1"选择"新建主用户"或按"2"选择"新建普通用户"后，有语音提示按"2"，选择"添加密码"，按键如图 1-3-28 所示。设置 6～10 位开门密码，按"√" 确认，再次输入密码，按"√"结束，语音提示"操作成功"，按键如图 1-3-29 所示。

图 1-3-28　按"2"添加密码

图 1-3-29　输入密码按"√"确认

(6) 添加感应卡。DL20 执手智能锁单个用户最多支持添加 1 张感应卡，超限会语音提示"感应卡已满，请删除后重新添加或新建用户"。

在按"1"选择"新建主用户"或按"2"选择"新建普通用户"后，有语音提示按"3"，选择"添加感应卡"，按键如图 1-3-30 所示。将感应卡放置于"感应卡区域"(见图 1-3-31)，确认按"√"结束，语音提示"操作成功"。

图 1-3-30　按"3"添加感应卡　　　　图 1-3-31　感应卡放置于"感应卡区域"

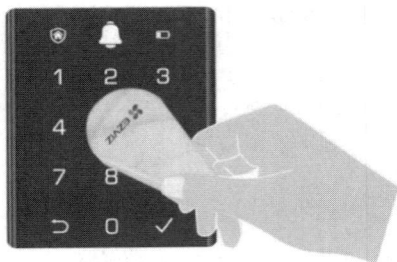

(7) 删除用户。主用户有删除其他用户的权限，但不支持删除当前登录的主用户。如果要删除当前用户，要先登录其他主用户后，再做删除操作，最后一个主用户无法删除。

进入主菜单后，有语音提示按"3"，选择"删除用户"，按键如图 1-3-32 所示。输入待删除的用户编号，如"002"，按"√"确认，如图 1-3-33 所示。系统提示"用户编号 002，操作成功"。

图 1-3-32　按"3"删除用户　　　　　图 1-3-33　按"√"确认删除

2) 添加设备

将 DL20 执手智能锁添加至"萤石云视频"客户端 APP，可以实现远程控制智能锁。

拆开后面板的电池盖，长按 SET 键 3 s，听到语音提示，热点开启成功后，可使用"萤石云视频"客户端 APP 扫描电池盖背面标签上的二维码，根据界面提示配置智能锁的 Wi-Fi 网络，并完成锁的添加，如图 1-3-34 所示。

图 1-3-34　扫描设备二维码添加设备

3）解锁功能调试

DL20 执手智能锁解锁是最基本的功能，包含室内和室外解锁。室外解锁支持机械钥匙开锁、指纹开锁、密码开锁和感应卡开锁 4 种方法，具体操作如下：

(1) 机械钥匙开锁：手指按压机械钥匙孔盖的下部，机械钥匙孔盖的上部弹出后，旋转盖板露出钥匙孔，然后将机械钥匙插入钥匙孔即可开锁。

(2) 指纹开锁：用户录入指纹的手指放到指纹识别位即可开锁。

(3) 密码开锁：在数字键盘上输入密码即可开锁。

(4) 感应卡开锁：将用户感应卡放置于感应位置即可开锁。

室内解锁只需要在室内下压把手开锁，如图 1-3-35 所示。

图 1-3-35　室内下压把手开锁

4）上锁功能调试

DL20 执手智能锁室内和室外上锁方法相同，上提把手后，锁芯弹出，上锁成功，如图 1-3-36 所示。

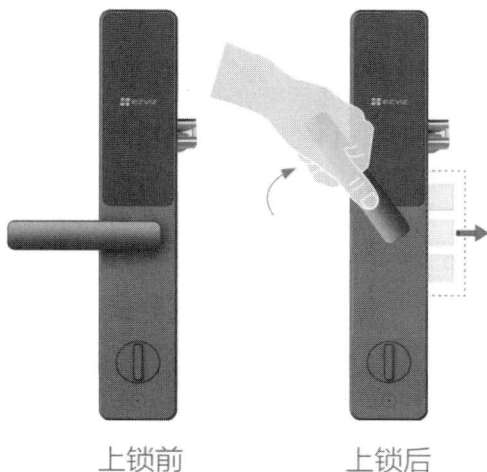

上锁前　　　　上锁后

图 1-3-36　室内和室外上提把手上锁

任务 4   智能护卫子系统

[任务描述]

本任务首先通过分析智能护卫需求设计智能护卫子系统架构；然后进行设备选型和设备部署；最后对智能护卫子系统进行安装与调试。

[知识准备]

一、智能护卫系统

智能护卫是家庭智能安防中传感和控制的部分，是预防盗窃以及火灾等意外事件的重要设施，是智能家居系统中必不可少的，是为家庭成员的安全而安装的安全防范报警系统。一旦发生突发事件，就能通过电话迅速通知主人，便于迅速采取应急措施，防止意外发生或者灾害扩大。如果家中发生火灾，烟雾探测器探测到后会立即发出报警，提醒室内人员，避免重大损失；如果发生煤气泄漏，可燃气体探测器探测到后会立即发出报警，并开启换气扇，避免人员发生不测；如果有歹徒企图打开门窗，就会触发门磁传感器，通过无线网络将警情通知到主人的手机，可迅速采取应对措施，保障财产和生命安全。

二、智能护卫设备

智能护卫设备主要指智能安防中除了监控、入户以外其他传感和控制的设备，包括网关、可燃气体探测器、烟雾探测器、水浸传感器、门磁传感器等。

1. 网关

网关是智能家居的控制中枢，是必不可少的部分，是 ZigBee 等专门用于智能家居组件之间的通信协议和 Wi-Fi 网络通信转换的地方，如图 1-4-1 所示。网关一方面负责整个家庭的安防报警、环境监控、灯光照明控制等信息的采集与处理，通过无线方式与智能交互终端等产品进行数据交互；另一方面它还是家庭网络和外界网络沟通的桥梁。各种自动化联动、场景等功能基本都是通过网关来控制具体的智能家居组件来执行的。

图 1-4-1   网关的外形

网关因为牵扯 ZigBee、Wi-Fi 等多种通信，所以其布置位置的要求较多，具体如下：

(1) 网关所在区域必须有足够稳定的 Wi-Fi 网络信号。

(2) 网关与连接上的智能组件不能距离网关太远。

(3) 对于需要联动的设备，可尽量布置在一个网关范围内，这样会使联动更稳定。

以应用最多的 ZigBee 网关为例，在没有墙壁等障碍的情况下，一般在 10 m 范围内 ZigBee 通信比较稳定。如果有墙壁、金属隔断、玻璃等材质阻挡，则其 ZigBee 通信的稳定程度就会下降。因此在安装使用时，要格外注意网关设备的位置，同时要结合房间的户型，使用多个网关配合的方式来完成 ZigBee 网络的覆盖。

2. 可燃气体探测器

家居生活中最常见的可燃气体是天然气，天然气主要由甲烷组成。可燃气体探测器的主要作用是检测是否存在天然气泄漏，如图 1-4-2 所示。可燃气体探测器通过专门的气敏元件来探测天然气，当探测到的天然气浓度超过一定阈值时触发，将信号传给网关，部分产品也同时支持本机报警功能。

图 1-4-2　可燃气体探测器的外形

目前的可燃气体探测器主要有催化型和半导体型两种。催化型可燃气体探测器利用难熔金属(如铂丝)加热后的电阻变化来测定可燃气体浓度。当可燃气体进入探测器时，在铂丝表面引起氧化反应(无焰燃烧)，其产生的热量使铂丝的温度升高，并改变铂丝电阻率和输出电压大小，从而测量出可燃气体浓度。半导体型可燃气体探测器是利用灵敏度较高的气敏半导体器件工作的，当遇到可燃气体时，半导体电阻下降，下降值与可燃气体浓度有对应关系。通过测量下降的电阻值即可计算出可燃气体浓度。

3. 烟雾探测器

烟雾探测器是一种将空气中的烟雾浓度转换成有一定对应关系的输出信号的装置，主要作用是探测烟雾浓度以判断火灾，如图 1-4-3 所示。烟雾探测器就是烟雾传感器，分为光电式和离子式两种。

光电感烟探测器是一种常用的探测器，它的工作原理是利用光电二极管和发射器，当烟雾进入探测器时，烟雾中的微粒子会吸收光线，使得接收器接收到的光信号减弱，从而触发报警器。光电感烟探测器可以快速响应少量的烟雾，并且对慢速燃烧火灾也有很好的检测效果。因此，它适用于家庭、酒店、办公室等建筑物的火灾探测。

离子感烟探测器是另一种常见的探测器，它的工作原理是利用电离作用将空气中的气体离子化，然后通过电极感应烟雾中的离子触发报警器。离子感烟探测器响应速度快，对于可燃物的火灾具有很好的探测效果。但是，离子感烟探测器存在误报率较高的问题。因此，它适用于野外、工厂等容易发生大面积火情的场所。

(a) 光电感烟探测器   (b) 离子感烟探测器

图 1-4-3   烟雾探测器的外形

4. 水浸传感器

水浸传感器用于探测是否有水。水浸传感器本身从技术上讲是非常简单的，因为水本身是导体，所以水浸传感器直接检测触点之间的电阻即可。对于水浸传感器来说，由于一般要放置在可能有水或者比较潮湿的区域，因此其外壳防护等级一般要求比较高，必须是防尘、防水的。水浸传感器通常有两个触点，如果这两个触点之间被水连通，则水浸传感器就探测为有水，如图 1-4-4 所示。受其原理限制，如果人为使用导线或者其他导电物体(包括人体)连接两个触点，也会触发水浸传感器，引起误报，在使用时要注意排除其他导电材料和物体的干扰。

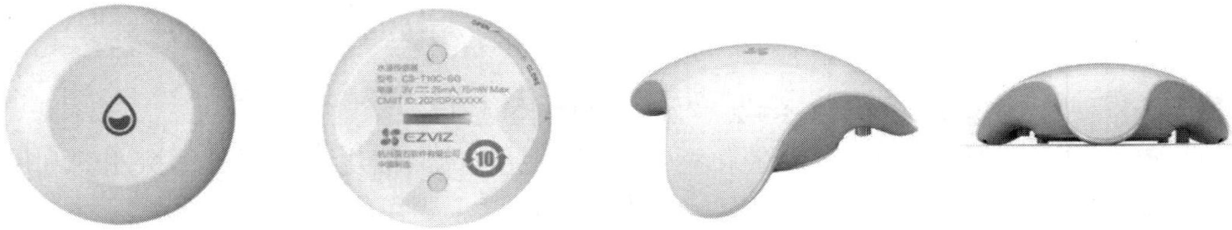

图 1-4-4   水浸传感器的正面和背面

5. 门磁传感器

门磁传感器用于感应门、窗等的开关状态，如图 1-4-5 所示。目前常见的门磁传感器基于干簧管原理，所以也被称为门磁。干簧管通常采用软磁性材料制成，在周边没有磁场的情况下，两个触点是分开的，而当受到磁场磁化后，两个触点即接触，从而接通电路。将其安装到门上，当门关闭时，电路即可接通；当门打开时，电路断开。

图 1-4-5   门磁的使用

门磁传感器工作可靠、体积小巧、安装和使用非常方便和灵活。在实际的智能家居系统中，门磁传感器是一种基础的传感器，如果仅用于门窗，能获得的实用信息并不多，更多的是配合其他传感器一起工作。门磁传感器可以和智能锁配合使用，智能锁可以判断门是否上锁但无法判断门是否关好，而门磁传感器可以判断门是否关好但无法判断门是否上锁，两者结合可以更好地判断门锁的状态。门磁传感器的外形如图 1-4-6 所示。

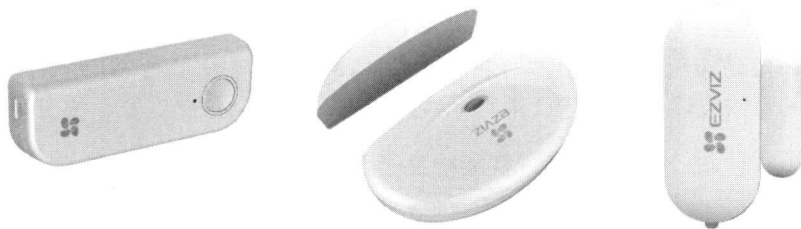

图 1-4-6   门磁传感器的外形

[任务实施]

智能护卫子系统安装与调试需要先分析用户对家居安全防护的需求；其次进行子系统详细设计(包括子系统拓扑图、设备选型)；再次安装设备；最后进行子系统调试。智能护卫子系统任务实施流程如图 1-4-7 所示。

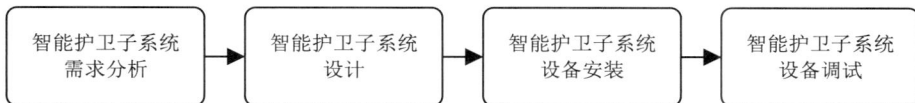

图 1-4-7   智能护卫子系统任务实施流程

一、智能护卫子系统需求分析

用户非常重视家居安全防护问题，家中需要具备火灾、燃气泄漏、漏水、入侵等方面的预警功能，能够及时检测和报告风险。用户对智能护卫子系统的基本要求具体如下：

(1) 家中要有火灾检测和预警。
(2) 厨房要有燃气泄漏检测和预警。
(3) 厨房和卫生间要有漏水检测和预警。
(4) 窗户要有入侵检测和预警。
(5) 手机可以远程查看家中火灾、燃气泄漏、漏水、入侵等情况。
(6) 预警信号可以及时发送到用户手机。

二、智能护卫子系统设计

考虑到市场定位、用户智能护卫的基本要求和预算等，智能护卫子系统的设计思路为：烟雾探测器、可燃气体探测器和水浸传感器提供火灾、燃气泄漏和漏水的检测，厨房和客厅均设置烟雾探测器，检测到烟雾立即大声报警并推送到手机 APP。可燃气体探测器设置在厨房，当有天然气泄漏时会自动开启由智能插座控制的油烟机并联动网关报警，同时推送信息到手机 APP。水浸传感器设置在卫生间和厨房门口，这些区域平常是干燥的，而当下水道堵塞或者用户忘记关水龙头导致溢出水时，会联动网关报警并推送到手机 APP 提醒用户注意漏水。考虑到用户家在阳台有 1 个通向阳台室外的门，使用率并不高，所以在阳台门上安装一个门磁传感器，如果有非法闯入就会及时提供报警信息推送到手机 APP。智能护卫子系统可以与智能入户和视频监控联动工作，在离家模式下，门磁传感器进入警戒状态，智能插座控制摄像头电源打开，并开启移动侦测，监测房间情况，同时录制画面；在回家模式下，自动切断摄像头电源，避免隐私泄露，同时门磁传感器解除警戒状态。

智能护卫子系统设备规划如表 1-4-1 所示。

表 1-4-1   智能护卫子系统设备规划

场　　所	设备种类	预计数量	功　　能
厨房	可燃气体探测器	1	检测所在环境是否有燃气泄漏
	烟雾探测器	1	检测所在环境是否有烟雾
	水浸传感器	1	检测地面是否有积水
	智能插座	1	控制插在其上的电器的电源是否通断
卫生间	水浸传感器	1	检测地面是否有积水
阳台	门磁传感器	1	检测门窗是否打开
客厅	网关	1	组网

1. 智能护卫子系统拓扑图

智能护卫子系统主要由家庭 Wi-Fi 网络、网关、可燃气体探测器、烟雾探测器、水浸传感器、门磁传感器等组成。可燃气体探测器、烟雾探测器、水浸传感器、门磁传感器通过 ZigBee 无线汇聚到网关，网关接入家庭 Wi-Fi 网络，通过光猫到互联网云平台，手机 APP 可以通过互联网查看各种传感器采集的数据和状态。智能护卫子系统拓扑图如图 1-4-8 所示。

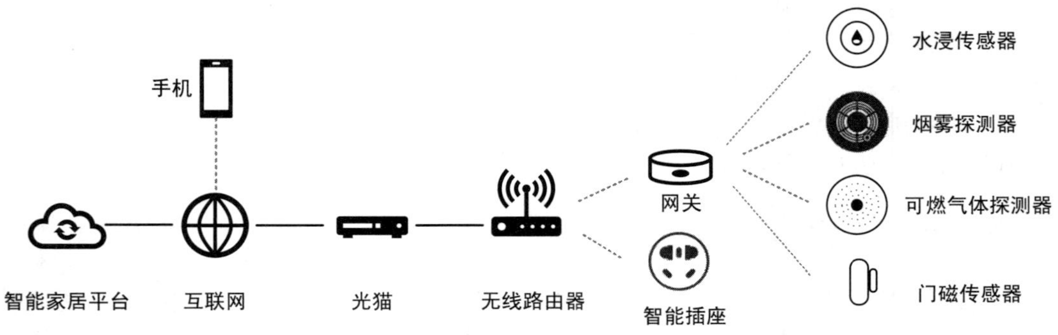

图 1-4-8   智能护卫子系统拓扑图

2. 设备选型

按照智能护卫子系统的设计思路选择合适的萤石智能家居设备中的可燃气体探测器、烟雾探测器、水浸传感器、门磁传感器等设备，实现家庭智能化安全防护。

1) A3 智能无线网关

萤石 A3 智能无线网关是智能传感系统的中控主机，是名副其实的主心骨。A3 精致小巧，直径为 7 cm，高为 2.5 cm，只有成年人的掌心大。一台 A3 可以支持包括传感器、开关、插座、窗帘、暖通面板在内的萤石全系列 ZigBee 通信协议产品，通过接入萤石云平台实现集中管理和控制。同时，萤石还赋予了 A3 更多的功能，例如增加有线网口可使设备网络更加稳定；支持断网时仍能本地控制智能家居设备；支持网关级联，满足多层和大面积用户的智能化需求。

A3 智能无线网关作为智能家居设备的控制中心，可接入多种萤石智能家居设备(智能开关、面板、传感器等)；可通过 ZigBee 与其他萤石智能设备通信，并可在手机 APP 对这些设备进行管理。

(1) A3 智能无线网关包含功能键、扬声器、指示灯环、网络接口、电源接口、RESET 孔和防滑垫，如图 1-4-9 所示。

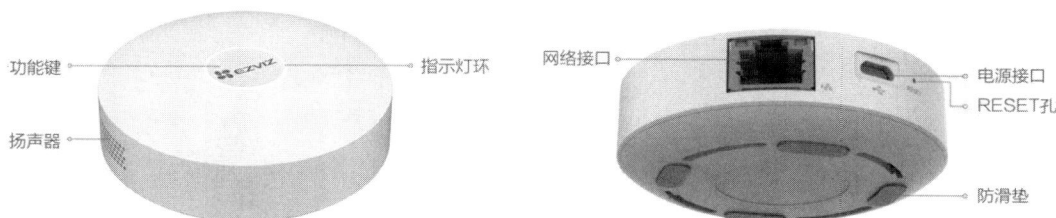

图 1-4-9　A3 智能无线网关

(2) A3 智能无线网关的功能键、指示灯环和 RESET 孔说明如表 1-4-2 所示。

表 1-4-2　A3 智能无线网关器件说明

器件名称	说　明
功能键	长按不少于 4 s 进入 Wi-Fi 配置模式
	按 1 次进入子设备添加模式；再按 1 次退出子设备添加模式
	网关产生告警提示时，按 1 次消除告警提示
RESET 孔	当设备运行时，用 SIM 卡针或回形针戳 4 s 以上，设备重新启动，清除 Wi-Fi 配置、本地记录、当前告警状态以及所有子设备。重置成功后，网关会语音提示"重置成功"
指示灯环	白色常亮：正常工作中，且已连接到萤石云
	白色慢闪：进入添加模式
	白色快闪：配网中
	橙色常亮：启动中/升级中
	橙色慢闪：离线
	橙色快闪：出现故障/产生告警

(3) A3 智能无线网关支持网线、Wi-Fi、ZigBee 3 种通信方式，主要技术参数如表 1-4-3 所示。

表 1-4-3　A3 智能无线网关的主要技术参数

技　术	参　数
通信方式	RJ45 接口网线、Wi-Fi(2.4 GHz)、ZigBee(2.4 GHz)3.0
通信距离	Wi-Fi(2.4 GHz)、ZigBee(2.4 GHz)＞200 m(空旷环境)
线网口	一个 RJ45，10 M/100 M 自适应以太网口
供电方式	Micro USB
电源供应	DC 5 V

2) T8C 家用可燃气体探测器(甲烷)

可燃气体探测器是检测可燃气体泄漏的报警器，以预防气体泄漏引起的爆炸。萤石 T8C 家用可燃气体探测器采用高精度催化燃烧式传感器，探测结果更精准。当空气中的甲烷浓度达到报警阈值 8%LEL 时，探测器立即发出声光告警信号。探测器可联动外设关闭燃气阀，打开排风扇。

(1) T8C 家用可燃气体探测器由探测器主体和安装底板组成，如图 1-4-10 所示。

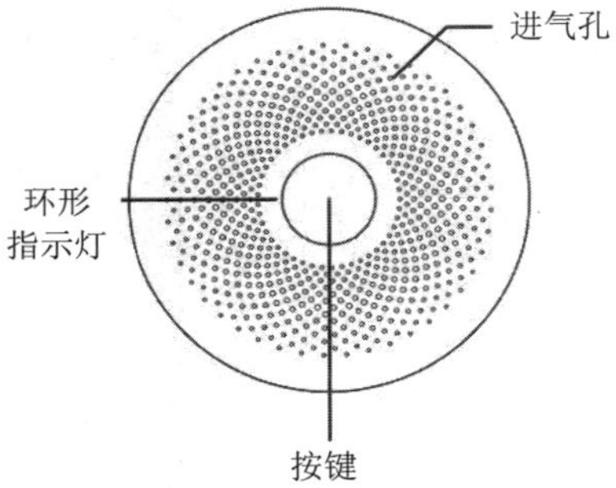

(a) 主体 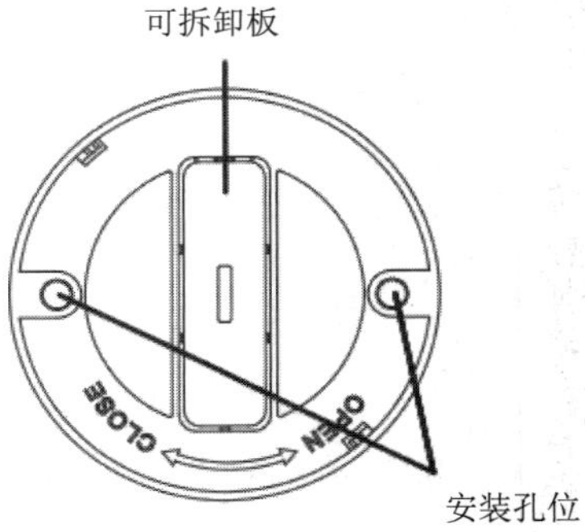　　　　　　　　　　　　　　(b) 安装底座

图 1-4-10　T8C 家用可燃气体探测器

(2) T8C 家用可燃气体探测器的按键和环形指示灯的说明如表 1-4-4 所示。

表 1-4-4　T8C 家用可燃气体探测器器件说明

器件名称	说　明
按键	长按探测器按键 5 s，指示灯快速闪烁，进入配网模式
	长按探测器按键 5 s，探测器恢复出厂设置，从网关中删除
环形指示灯	红色：报警情况
	绿色：正常情况
	黄色：故障情况
	黄灯快闪：探测器失效
	黄灯慢闪：探测器离线

T8C 家用可燃气体探测器不同状态下，环形指示灯和蜂鸣器状态如表 1-4-5 所示。

表 1-4-5 T8C 家用可燃气体探测器环形指示灯与蜂鸣器状态说明

探测器状态	指示灯状态	蜂鸣器状态
预热	"绿—黄—红"交替闪烁	预热结束时发出"嘀"一声
在线待机	绿灯常亮	无
离线待机	黄灯慢闪	无
天然气报警	红灯快闪	发出"嘀、嘀、嘀、嘀"急促短鸣
传感器故障	黄灯常亮	长鸣
传感器寿命到期	黄灯快闪	无
自检	"红—黄—绿"交替亮两轮	鸣叫 5 声

(3) T8C 家用可燃气体探测器支持 ZigBee 无线通信技术，主要技术参数如表 1-4-6 所示。

表 1-4-6 T8C 家用可燃气体探测器的主要技术参数

技　术	参　数
通信协议	ZigBee 3.0
无线频率	2.4 GHz
通信距离	空旷环境大于 250 m
探测气体	甲烷(CH_4)
工作电压	12 V
工作原理	催化燃烧式

(4) T8C 家用可燃气体探测器使用 ZigBee 3.0 通信协议，需要和 A3 智能无线网关配套使用，可以联动控制智能插座、智能开关等设备，如图 1-4-11 所示。

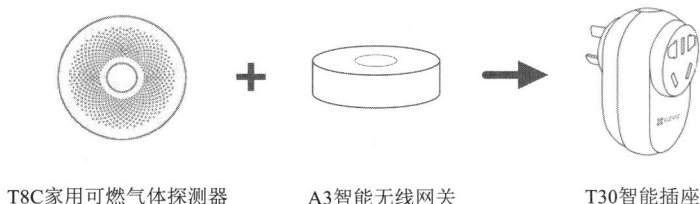

T8C家用可燃气体探测器　　A3智能无线网关　　T30智能插座

图 1-4-11 T8C 家用可燃气体探测器与 A3 智能无线网关配套使用

3) T4C 独立式光电感烟报警器(火灾探测)

光电感烟报警器是烟雾探测器，通过检测烟雾的浓度来实现火灾防范。当萤石 T4C 独立式光电感烟报警器(火灾探测)检测到烟雾时，发出高音蜂鸣与红灯快闪双重告警，并实时推送告警信息。探测器单机使用也可正常检测与本地告警。探测器可以与摄像机联动进行抓拍及录像，第一时间确认现场状况，确认情况后也支持手机 APP 远程消警。

(1) T4C 独立式光电感烟报警器由探测器主体和安装底座组成，如图 1-4-12 所示。

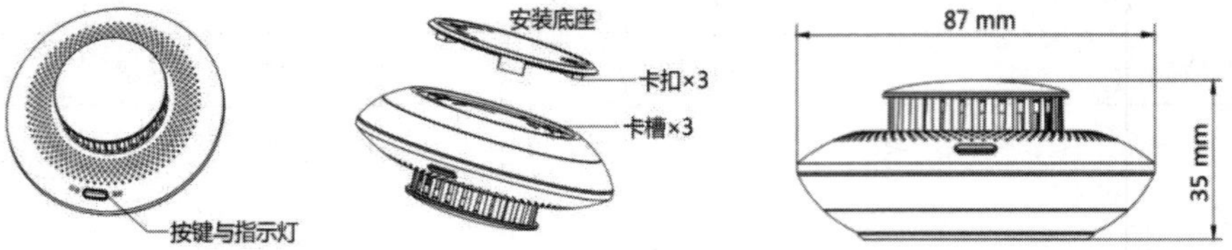

图 1-4-12　T4C 独立式光电感烟报警器(火灾探测)

(2) T4C 独立式光电感烟报警器指示灯和蜂鸣器不同状态代表设备的不同状态，具体对应说明如表 1-4-7 所示。

表 1-4-7　T4C 独立式光电感烟报警器指示灯与蜂鸣器状态说明

设备状态	指示灯	蜂鸣器
火灾报警状态	红灯快闪	"嘀、嘀、嘀"急促短鸣
在线待机状态	绿灯 90 s 闪烁 1 次	关闭
离线待机状态	熄灭	关闭
传感器故障状态	黄灯每 40 s 快闪 2 次	关闭
低电压状态	黄灯每 40 s 快闪 1 次	闪烁同时发出"嘀"一声

(3) T4C 独立式光电感烟报警器支持 ZigBee 无线通信技术，主要技术参数如表 1-4-8 所示。

表 1-4-8　T4C 独立式光电感烟报警器的主要技术参数

技　术	参　　数
通信协议	ZigBee 3.0
无线频率	2.4 GHz
通信距离	空旷环境大于 250 m
探测范围	40 m²
探测器类型	光电感烟
工作电压	3 V
电池续航	3 年

(4) 设备使用结构。T4C 独立式光电感烟报警器使用 ZigBee 3.0 通信协议，必须和 A3 智能无线网关配套使用。

4) T10C 水浸传感器

水浸传感器是检测被测范围是否发生漏水的传感器。厨房、卫生间等一旦发生漏水、浸水等现象，水浸传感器会立即发出报警，防止漏水事故造成相关损失和危害。萤石 T10C 水浸传感器体积小巧，可灵活放置于洗手间地面、阳台水池下面、门窗延边地面、厨房操作台下面，轻松防范水患。水浸传感器能应对多种恶劣环境，保证在被水淹的情况下也能正常使用。T10C 水浸传感器采用接触式水患检测方式，当检测处的水位高度超过 0.5 mm

时，它将上报险情并联动网关发出声音告警提醒，同时手机 APP 推送告警信息。当水位下降后，同步发出警报解除信号。

(1) T10C 水浸传感器的正面是一个外壳，背面由探针、开启槽、旋转方向标识和对齐标识组成，内部包含按键、指示灯、绝缘片和电池，如图 1-4-13 所示。

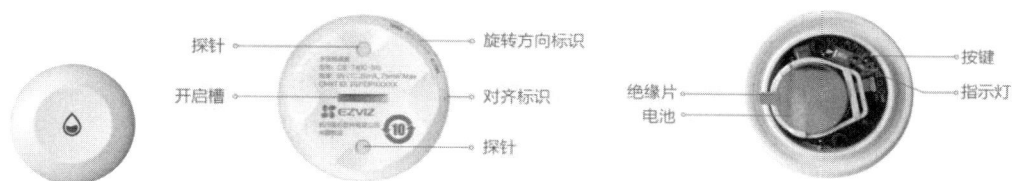

图 1-4-13　T10C 水浸传感器

(2) T10C 水浸传感器的按键、指示灯说明如表 1-4-9 所示。

表 1-4-9　T10C 水浸传感器器件说明

器件名称	说　明
按键	长按 5 s，设备重置后进入添加模式
指示灯	蓝色快闪，进入添加模式
	蓝色快闪后熄灭，添加成功/失败
	蓝色快闪 180 s 后熄灭，添加过程无响应，系统自动退出
	蓝色亮 1 s 后熄灭，通电启动中

(3) T10C 水浸传感器支持 ZigBee 无线通信技术，主要技术参数如表 1-4-10 所示。

表 1-4-10　T10C 水浸传感器的主要技术参数

技　术	参　数
通信协议	ZigBee 3.0
无线频率	2.4 GHz
通信距离	150 m
可探测水位高度	≥0.5 mm
工作电压	3 V
电池续航	1 年

(4) 设备使用结构。T10C 水浸传感器使用 ZigBee 3.0 通信协议，必须和 A3 智能无线网关配套使用。

5) T2C 智能门磁传感器

萤石 T2C 智能门磁传感器是一种安全报警装置，用来探测门、窗、抽屉等是否被非法打开或移动。T2C 智能门磁传感器具有智能联动功能，无论开门还是开窗，可与灯光、窗帘、空调、音乐等其他智能家居设备联动。

(1) 萤石 T2C 智能门磁传感器由主体和磁铁两部分组成，包括指示灯、拆卸口、RESET

键等，如图 1-4-14 所示。

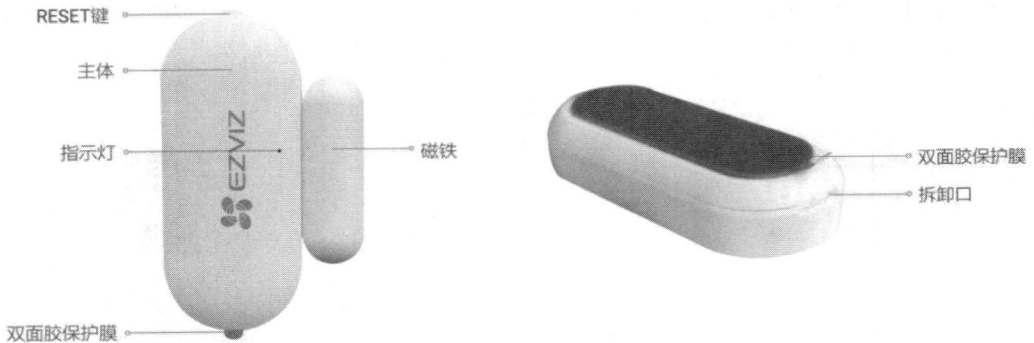

图 1-4-14   T2C 智能门磁传感器

(2) T2C 智能门磁传感器的 RESET 键、指示灯及其他器件说明如表 1-4-11 所示。

表 1-4-11   T2C 智能门磁传感器器件说明

器件名称	说　明
RESET 键	长按 5 s，进入添加模式
指示灯	蓝色快闪：进入添加模式
	蓝色闪烁一次：开门/关门信号被触发
双面胶保护膜	安装传感器时，须撕下双面胶保护膜，将传感器粘贴到门窗等表面

(3) T2C 智能门磁传感器支持 ZigBee 无线通信技术，主要技术参数如表 1-4-12 所示。

表 1-4-12   T2C 智能门窗传感器的主要技术参数

技　术	参　数
通信协议	ZigBee 3.0
无线频率	2.4 GHz
通信距离	空旷环境大于 250 m
触发距离	25 mm ± 5 mm
工作电压	3 V

(4) 设备使用结构。T2C 智能门磁传感器使用 ZigBee 3.0 通信协议，必须和 A3 智能无线网关配套使用。

6) T30 智能插座

在尽量不改动原有线路的情况下，智能插座应选择直接控制原有插座的，而不是控制线路的，所以选择移动智能插座。萤石 T30 智能插座是一个可以移动的插座，哪里需要插到哪里。

T30 智能插座可以单独使用，也可以是其他传感器联动控制的设备。

(1) T30 智能插座上包含指示灯、开关键/设置键和插孔区，如图 1-4-15 所示。

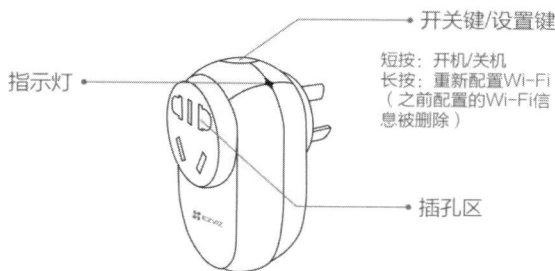

图 1-4-15　T30 智能插座

(2) T30 智能插座指示灯会发出蓝色和红色,有常亮和闪烁状态,指示灯颜色和状态说明如表 1-4-13 所示。

表 1-4-13　T30 智能插座器件说明

器件名称	说　明
指示灯	▬▬▬ 红色常亮:启动中,熄灭表示关机
	●●●● 蓝色快闪:等待配置网络,慢闪表示正在连接网络,熄灭表示网络连接成功
	●　　● 蓝色慢闪:正在连接网络,熄灭表示网络连接成功

(3) T30 智能插座支持 Wi-Fi 无线通信技术,主要技术参数如表 1-4-14 所示。

表 1-4-14　T30 智能插座的主要技术参数

技　术	参　数
通信协议	Wi-Fi 802.11b/g/n
输入电压	AC100~250 V
电流	10 A MAX
功率	2500 W MAX

(4) T30 智能插座使用 Wi-Fi 通信协议,可以直接接入路由器。其他传感器通过 A3 智能无线网关将数据上传到手机 APP,可以联动控制 T30 智能插座。

三、智能护卫子系统连线图

1. 系统设备部署

智能护卫子系统设备部署是根据子系统设计、设备规划和设备选型,按照用户 108 m^2 两室两厅一卫户型的实际情况,将 A3 智能无线网关、T8C 家用可燃气体探测器、T4C 独立式光电感烟报警器、T10C 水浸传感器、T30 智能插座、T2C 智能门磁传感器部署到房间合适的位置。

T8C 家用可燃气体探测器、T4C 独立式光电感烟报警器、T10C 水浸传感器部署到厨房。T8C 家用可燃气体探测器用来检测厨房可燃气体泄漏情况,部署到燃气炉附近。T4C 独立式光电感烟报警器检测厨房是否有火灾情况，部署到厨房墙顶或墙壁。T10C 水浸传感器检测厨房和卫生间是否发生漏水，部署到水池下方的地面上。T30 智能插座是在不改动原有油烟机插座的情况下，远程或联动控制油烟机开启，直接部署到触发油烟机原有插座上。T2C 智能门磁传感器是检测用户客厅阳台门的情况，部署到阳台门上。T8C 家用可燃气体探测器、T4C 独立式光电感烟报警器、T10C 水浸传感器和 T2C 智能门磁传感器都要与 A3 智能无线网关搭配使用，采用 ZigBee 无线通信。A3 智能无线网关通过 Wi-Fi 网络接入互联网，部署到客厅无线路由器附近。智能护卫子系统设备部署如图 1-4-16 所示。

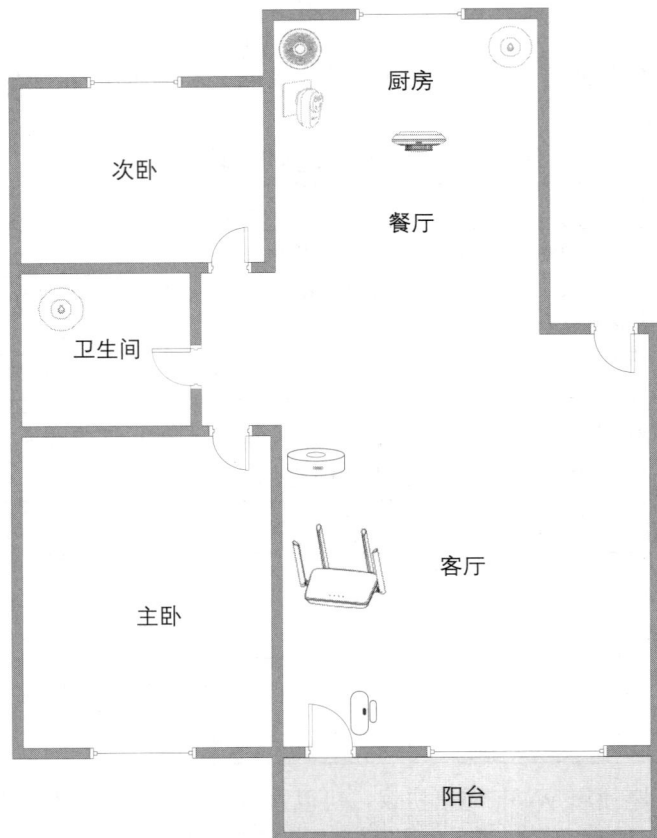

图 1-4-16   智能护卫子系统设备部署

2. 子系统连线图

由于智能护卫子系统以 ZigBee 和 Wi-Fi 方式为主，系统接线较少。A3 智能无线网关可以使用网线或 Wi-Fi 两种方法接入路由器，考虑到用户住宅已经装修，则选择 Wi-Fi 接入路由器，不用再布线，A3 智能无线网关只需要插电源供电即可。T8C 家用可燃气体探测器、T4C 独立式光电感烟报警器、T10C 水浸传感器、T2C 智能门磁传感器、T30 智能插座都是 ZigBee 通信，无需信号线。T4C 独立式光电感烟报警器、T10C 水浸传感器、T2C 智能门磁传感器都是电池供电，不需要接电源线；T8C 家用可燃气体探测器需要插电源供电。考虑到尽量不改动原有线路的原则，T30 智能插座直接插到油烟机原有插座即可。

智能护卫子系统的连线图如图 1-4-17 所示。

图 1-4-17　智能护卫子系统连线图

在表 1-4-15 中填写智能护卫子系统所选设备在系统中的上下级逻辑关系。

表 1-4-15　智能护卫子系统设备逻辑关系表

设　　备	预计数量	上级节点设备	下级节点设备
A3 智能无线网关	1		
T8C 家用可燃气体探测器(甲烷)	1		
T4C 独立式光电感烟报警器(火灾探测)	1		
T10C 水浸传感器	2		
T2C 智能门磁传感器	1		
T30 智能插座	1		

四、智能护卫子系统设备安装

智能护卫子系统中的 T8C 家用可燃气体探测器(甲烷)、T4C 独立式光电感烟报警器(火灾探测)、T10C 水浸传感器、T2C 智能门磁传感器都需要通过 ZigBee 无线连接 A3 智能无线网关，网关和 T30 智能插座通过 Wi-Fi 接入互联网。这些设备的安装都较为简单。

1. A3 智能无线网关安装

A3 智能无线网关安装需要确定设备安装位置、供电方式和网络连接。

1) A3 智能无线网关安装位置

A3 智能无线网关需要插在电源插座上使用。为确保其与子设备稳定连接，建议将网关放置在所有子设备安装位置的中心区域，且与路由器的距离≤6 m，如图 1-4-18 所示。网关与子设备、网关与路由器之间要避免出现金属遮挡物和承重墙。

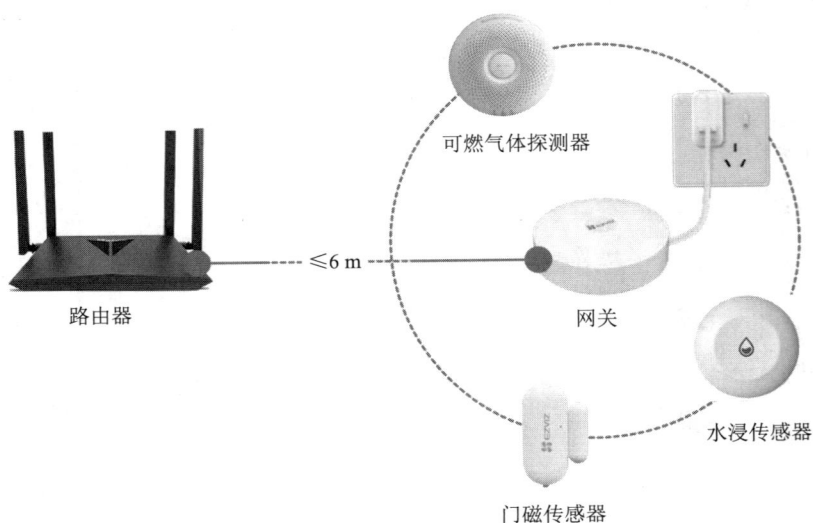

图 1-4-18　A3 智能无线网关安装与路由器位置

2）A3 智能无线网关上电

A3 智能无线网关有配套的电源，网关接通电源如图 1-4-19 所示。初次启动时，指示灯环由橙色常亮变成白色快闪说明网关启动完成，进入待配网状态。

图 1-4-19　A3 智能无线网关上电

3）A3 智能无线网关连接网络

A3 智能无线网关使用无线网络，用"萤石云视频"客户端 APP 扫描网关底部的二维码，根据客户端界面提示操作，将网关连接到 Wi-Fi。如果在没有 Wi-Fi 信号或 Wi-Fi 信号弱的情况下，建议使用有线网络，需要使用网线连接网关和路由器 LAN 口，如图 1-4-20 所示。

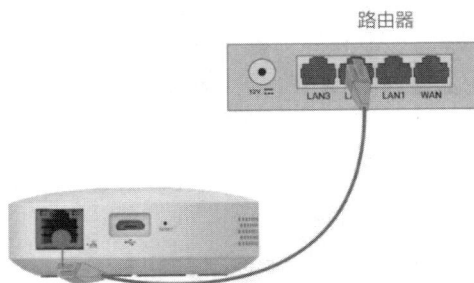

图 1-4-20　A3 智能无线网关有线连接网络

2. T8C 家用可燃气体探测器(甲烷)安装

T8C 家用可燃气体探测器安装需要确定设备安装位置、安装方式和供电方式。

1) T8C 家用可燃气体探测器安装位置

T8C 家用可燃气体探测器安装在燃气灶附近时，探测器边缘应距燃气灶所在的墙面 1.5～4 m，距离天花板 0.3 m，如图 1-4-21 所示。

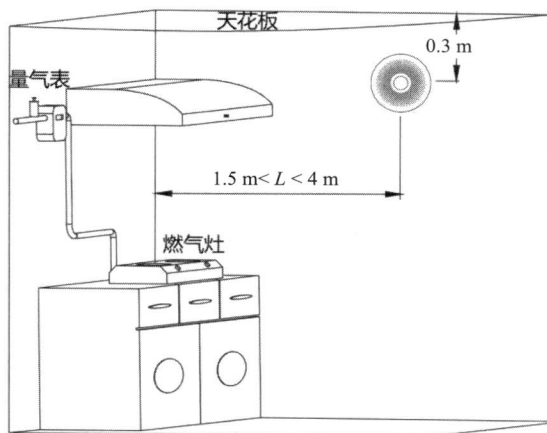

图 1-4-21　安装位置要求

2) T8C 家用可燃气体探测器安装方式

T8C 家用可燃气体探测器有螺钉固定和背胶固定两种安装方式。

(1) 螺钉固定式：用螺钉将可燃气体探测器固定在选好的位置，如图 1-4-22 所示。具体操作步骤如下：

① 根据打孔定位贴纸，在墙壁上定位打孔。

② 在打孔位装入塑胶膨胀螺管(包装自带)，使用两枚自攻螺钉(包装自带)固定安装底座。

③ 按照安装底座上的"CLOSE"方向旋转探测器，使探测器上的卡扣与安装底座上的卡槽完全扣合，完成安装。

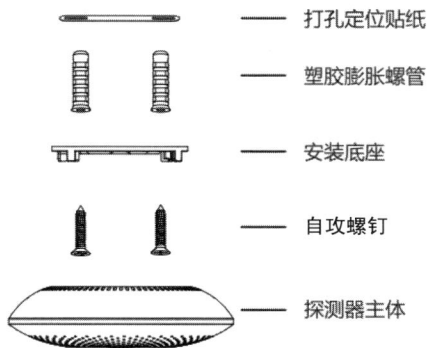

图 1-4-22　螺钉固定式

(2) 背胶固定式：直接用可燃气体探测器自带的背胶将设备粘贴在选好的位置，如图 1-4-23 所示。具体操作步骤如下：

① 在安装底座上粘贴背胶。

② 撕开背胶，在墙面上固定安装底座。

③ 按照安装底座上的"CLOSE"方向旋转探测器，使探测器上的卡扣与安装底座上的卡槽完全扣合，完成安装。

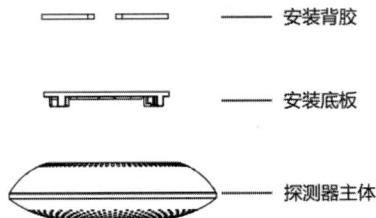

图 1-4-23　背胶固定式

3) T8C 家用可燃气体探测器上电

接上电源适配器，为 T8C 家用可燃气体探测器上电。上电后，探测器进入预热状态，约持续 4 min 后，蜂鸣器发出"嘀"一声，说明预热结束，进入待机状态(即正常监测状态)。当探测器从故障中恢复时，探测器将恢复至预热状态。

3. T4C 独立式光电感烟报警器(火灾探测)安装

T4C 独立式光电感烟报警器需要安装电池、选择位置和安装固定。

1) T4C 独立式光电感烟报警器安装电池

T4C 独立式光电感烟报警器是电池供电，需要安装电池，如图 1-4-24 所示。具体安装步骤如下：

(1) 根据电池盖上的"OPEN"标识方向，旋转取下电池盖。

(2) 根据电池仓底部的正负极标识，安装电池。

(3) 根据电池盖上的"CLOSE"标识方向，旋转安装电池盖。

(4) 电池安装完成后，蜂鸣器发出"滴"一声，报警器进入待机状态。

(5) 在待机状态下，短按一次按键，进行设备自检。蜂鸣器鸣叫 5 声，红、绿、黄指示灯交替闪烁两轮，表示设备的蜂鸣器和指示灯可正常工作。

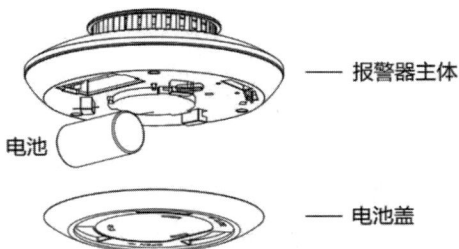

图 1-4-24　安装电池

2) T4C 独立式光电感烟报警器安装位置

T4C 独立式光电感烟报警器安装位置需要考虑是平的房顶，还是倾斜或菱形的房顶。

不同的房顶安装位置要求不同，如图 1-4-25 所示。

(1) 安装于平的房顶时，报警器边缘应距任何一面墙壁至少 500 mm。

(2) 安装于倾斜或菱形的房顶时，报警器边缘应与房顶保持一定距离。当坡度小于 30° 时，距离宜为 500 mm。

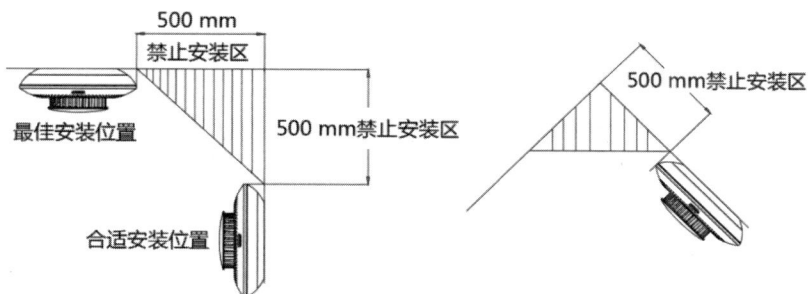

图 1-4-25　安装位置要求

3) T4C 独立式光电感烟报警器安装方式

T4C 独立式光电感烟报警器有螺钉固定和背胶固定两种安装方式。

(1) 螺钉固定式：用螺钉将光电感烟报警器固定在选好的位置，如图 1-4-26 所示。具体操作步骤如下：

① 根据打孔定位贴纸，在天花板上定位打孔。

② 在打孔位装入塑胶膨胀螺管(包装自带)，将安装底座对应的 U 型孔对准塑胶膨胀螺管，然后使用自攻螺钉(包装自带)固定安装底座。

③ 沿图示方向旋转报警器，使报警器主体上的卡扣与安装底座上的卡槽完全扣合，完成安装。

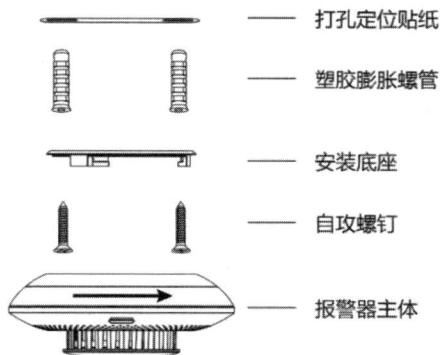

图 1-4-26　螺钉固定式

(2) 背胶固定式：直接用光电感烟报警器自带的背胶将设备粘贴在选好的位置，如图 1-4-27 所示。具体操作步骤如下：

① 在安装底盘上粘贴背胶。

② 撕开背胶，在天花板上固定安装底座。

③ 沿图示方向旋转报警器，使报警器主体上的卡扣与安装底座上的卡槽完全扣合，完

成安装。

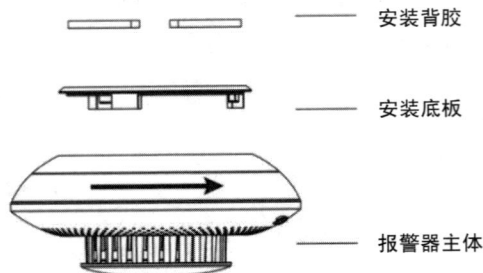

图 1-4-27   背胶固定式

4. T10C 水浸传感器安装

T10C 水浸传感器体积比较小、防水，又是电池供电，所以安装比较简单，需要安装电池和选择放置位置。

1) T10C 水浸传感器安装电池

T10C 水浸传感器在出厂时自带纽扣电池。首先拆卸 T10C 水浸传感器的后盖，将薄片状工具(例如壹元硬币)用手掌抵住，逆时针旋转，打开后盖，如图 1-4-28 所示。然后按住电池，抽出电池绝缘片，如图 1-4-29 所示。

图 1-4-28   拆卸后盖图

图 1-4-29   抽出电池绝缘片

2) T10C 水浸传感器安装位置

T10C 水浸传感器放置在容易漏水的区域，且需要放置在平面，如洗手间地面、洗手间台面、厨房地面等。不要放置在人来人往的区域，防止踢走遗失。放置时还需要考虑传感器与网关之间的距离，距离一般小于 20 m。若传感器与网关之间有墙，墙的数量不应超过 2 堵。

5. T2C 智能门磁传感器安装

T2C 智能门磁传感器体积较小，需要安装电池和选择安装位置。

1) T2C 智能门磁传感器安装电池

T2C 智能门磁传感器是电池供电，设备在出厂时自带纽扣电池。首先从 T2C 智能门磁传感器的拆卸口拆开主体下壳，如图 1-4-30 所示。然后按照图 1-4-31 中的箭头方向抽出电池槽中的绝缘片。

图 1-4-30　拆卸主体下壳

图 1-4-31　抽出绝缘片

当主体的电池电量低时，低电量告警消息将被发送到"萤石云视频"客户端 APP，提醒及时更换电池。

2) T2C 智能门磁传感器安装位置

T2C 智能门磁传感器根据检测对象如门、窗或者抽屉等选择安装位置。在本任务中，T2C 智能门磁传感器安装在阳台门上。T2C 智能门磁传感器自带背胶，可直接将其粘贴到阳台门上。T2C 智能门磁传感器主体与磁铁的对位指示槽应该靠在一起且中心对齐，当门闭合时，两者距离应小于 20 mm，如图 1-4-32 所示。

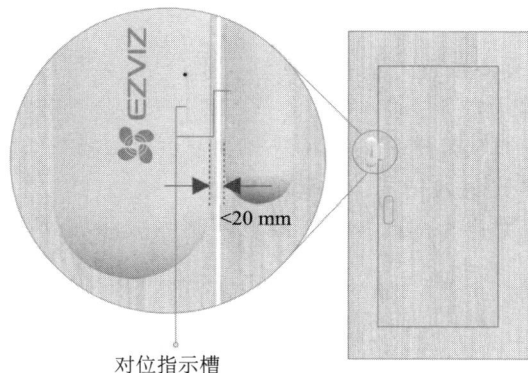

图 1-4-32　门磁传感器安装位置

6. T30 智能插座安装

T30 智能插座是一个单独的插座，同普通插座用法一样，直接插到原有插座上即可，如图 1-4-33 所示。

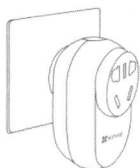

图 1-4-33　T30 智能插座安装

五、智能护卫子系统设备调试

智能护卫子系统设备安装完成后，可按照各设备的配置方式、配网方式，借助"萤石云视频"平台进行设备调试和功能测试。

智能护卫子系统需要先调试 A3 智能无线网关，再调试其他传感器。调试流程如图 1-4-34 所示。

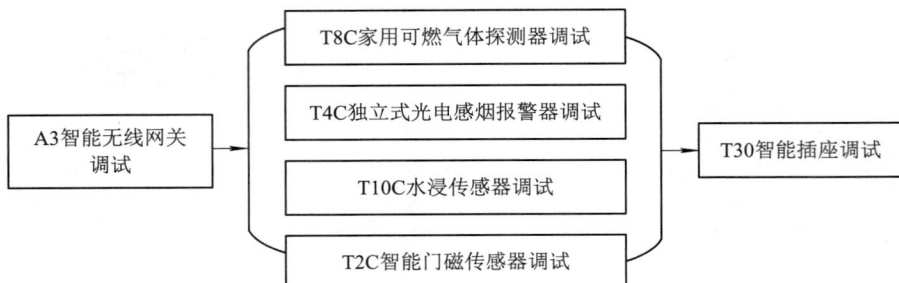

图 1-4-34　智能护卫子系统设备调试流程

1. A3 智能无线网关调试

A3 智能无线网关调试主要指网关和子设备所组网络的调试，包含网关设备的添加和子设备的添加。

1) 添加网关

A3 智能无线网关必须添加到"萤石云视频"平台后，才可以借助客户端管理添加到网关的子设备。具体操作步骤如下：

(1) 登录"萤石云视频"客户端 APP，选择"首页"，点击页面右上方的 ⊕。

(2) 扫一扫/添加设备，进入扫描二维码的界面。

(3) 扫描网关底部或用户指南封面的二维码，将网关添加到"萤石云视频"平台，如图 1-4-35 所示。

图 1-4-35　扫描二维码添加设备

若网关添加失败，则需用卡针戳网关 RESET 孔 4 s 以上，重置网关进行添加。

2) 添加子设备

添加子设备是在 A3 智能无线网关下，添加与 A3 智能无线网关下连接的其他设备，例如 T8C 家用可燃气体探测器等。添加子设备的操作步骤如下：

(1) 按网关功能键一次，使网关进入添加模式，指示灯环白色慢闪。

(2) 根据子设备的添加设备操作，使子设备进入添加模式。

(3) 网关语音提示子设备被自动添加到网关上。

2. T8C 家用可燃气体探测器(甲烷)调试

T8C 家用可燃气体探测器调试包括本地功能调试和远程功能调试。

1) 本地功能调试

T8C 家用可燃气体探测器的本地功能调试指对设备不需要网络就能实现的功能进行调试，包含自检、探测器报警/恢复和消音。

(1) 自检：上电后，在待机状态下，短按一次按键，可燃气体探测器进入自检状态，检查其蜂鸣器、指示灯以及控制输出是否正常工作。自检完成后，探测器会自动退出自检状态。自检期间无法再次进行自检操作。

(2) 探测器报警/恢复：在待机状态下，当检测气体浓度超过设定浓度时触发探测器报警，10 s 后开启排风扇并关闭燃气紧急切断阀。在外界浓度低于设定浓度值时，探测器恢复至待机状态，排风扇自动关闭，燃气紧急切断阀需用户手动开启。

(3) 消音：在报警状态下，短按一次按键可消音，消音周期为 90 s。若气体浓度仍超标，则探测器在 90 s 后会再次发出报警信号。

2) 远程功能调试

T8C 家用可燃气体探测器的远程功能调试指对设备需要连接网络的情况下远程实现的功能进行调试，包含添加设备、报警信息推送、远程消音、查看设备状态和删除设备。

(1) 添加设备：T8C 家用可燃气体探测器远程功能调试需要将设备添加到"萤石云视频"平台，有扫描二维码添加和通过网关本地添加两种方式。

① 登录"萤石云视频"客户端 APP，扫描设备机身上的二维码，将探测器添加至网关，如图 1-4-36 所示。

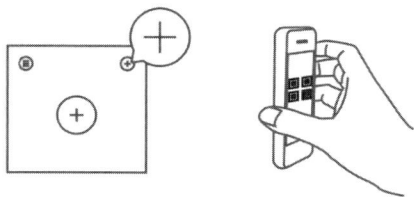

图 1-4-36 扫描二维码添加设备

② 通过 A3 智能无线网关本地添加设备。当 A3 智能无线网关为添加模式时，将探测器靠近网关，长按探测器按键 5 s，指示灯快速闪烁，进入配网模式。设备添加成功后网关会进行语音提示，也可通过"萤石云视频"客户端 APP 查看。

(2) 报警信息推送：当探测器检测到燃气报警/报警恢复、设备离线、设备寿命倒计时提醒、设备故障时，会通过网关向"萤石云视频"客户端 APP 推送消息。

(3) 远程消音：当探测器报警时，支持通过"萤石云视频"客户端 APP 对该探测器远程下发消音指令。

(4) 查看设备状态：通过"萤石云视频"客户端 APP 可查看探测器报警状态、故障状态、设备寿命状态、在离线状态、预热状态以及消音状态。

(5) 删除设备：如需删除添加的设备，可以在"萤石云视频"客户端 APP 的探测器详情页进行操作，也可以长按探测器按键 5 s，探测器恢复出厂设置，清除探测器与网关间的配对。

3. T4C 独立式光电感烟报警器调试

T4C 独立式光电感烟报警器调试包含本地功能调试和远程功能调试。

1) 本地功能调试

T4C 独立式光电感烟报警器的本地功能调试指对无需网络就能实现的功能进行调试，包含报警测试、火灾报警、消音、复位、自检和添加/删除设备等。

(1) 报警测试：将点燃的香烟或烟雾发生设备靠近报警器，使烟雾进入报警器气孔，直至报警器开始报警，如图 1-4-37 所示。

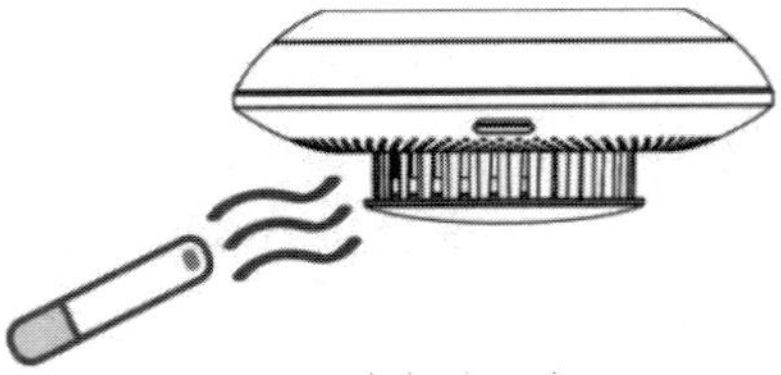

图 1-4-37　报警测试方法

当烟雾达到设定阈值浓度后，报警器开始报警，指示灯红灯快闪，蜂鸣器发出"嘀、嘀、嘀"急促短鸣。测试完成后，可通过吹散进气口中的烟雾以降低烟雾浓度，使报警器停止报警，恢复待机状态。

(2) 火灾报警：在报警器待机状态下，当烟雾浓度达到响应阈值时，报警器会产生"嘀、嘀、嘀"急促短鸣和指示灯红灯快闪的报警信号。

(3) 消音：当报警器报警时，短按一次按键，可消除报警声音信号，消音周期为 90 s。当报警器消音后，继续处于烟雾浓度高于响应阈值的环境中时，报警器在 90 s 后会再次发出报警声音信号。

(4) 复位：支持手动复位和自动复位。手动复位，在报警器处于消音状态时，再次短按一次按键，报警器可恢复至待机状态。自动复位，在报警状态下，如果烟雾散去，解除报警状态，报警器可自动恢复至待机状态。

(5) 自检：检查报警器的指示灯和蜂鸣器是否正常工作。在报警器待机状态下，短按一次按键进入自检模式。自检时，蜂鸣器鸣叫 5 声，红、绿、黄指示灯交替闪烁两轮，表示蜂鸣器和指示灯可正常工作。

(6) 本地添加设备至网关：T4C 独立式光电感烟报警器需要与 A3 智能无线网关搭配使用。报警器可通过本地添加至网关，继而通过手机 APP 进行查看、操作等。添加时，报警器和网关的距离要尽可能近。网关进入添加模式，长按报警器按键 5 s，指示灯快速闪烁，进入配网模式。设备添加成功后网关会进行语音提示，也可通过"萤石云视频"客户端 APP 查看。

(7) 从网关删除设备：清除报警器与网关间的配对关系。长按报警器按键 5 s，报警器恢复出厂设置，可以从网关中删除设备。删除成功后，刷新"萤石云视频"客户端 APP 列表后不会再显示该报警器信息。

2) 远程功能测试

远程功能调试指通过"萤石云视频"客户端 APP 对 T4C 独立式光电感烟报警器实现的功能进行调试。报警器可添加至"萤石云视频"客户端 APP，通过手机 APP 查看设备状态，接收报警消息，进行远程消音等。

(1) 添加设备：通过"萤石云视频"客户端 APP 扫描设备机身上的二维码，将探测器添加至网关，如图 1-4-38 所示。

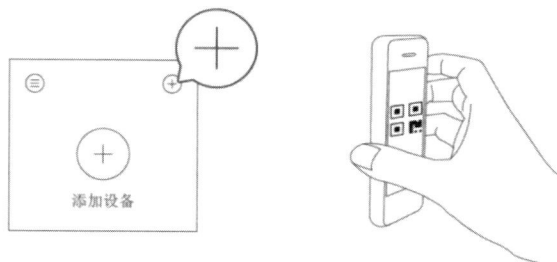

图 1-4-38 扫描二维码添加设备

(2) 报警消息推送：当报警器监测到烟雾报警/报警恢复、设备故障、电池低电压、设备离线等情况时，会通过网关向"萤石云视频"客户端 APP 推送消息。

(3) 远程消音：当报警器报警时，支持通过"萤石云视频"客户端 APP 对该报警器远程下发消音指令。

(4) 查看设备状态：通过"萤石云视频"客户端 APP 查看报警器报警状态、故障状态、电池电量状态、在离线状态以及消音状态。

(5) 删除设备：在"萤石云视频"客户端 APP 中找到报警器，并进入其详情页，点击删除该报警器。删除成功后，刷新"萤石云视频"客户端 APP 列表后不会再显示该报警器信息。

4．T10C 水浸传感器调试

T10C 水浸传感器需要与 A3 智能无线网关搭配使用，所以 T10C 水浸传感器调试主要是将设备添加到网关。在"萤石云视频"客户端 APP 添加网关后(网关添加方法参考 A3 智能无线网关调试)，将 T10C 水浸传感器添加到网关。添加设备有扫描二维码添加和通过网关本地添加两种方式。

1) 扫描二维码添加设备

登录"萤石云视频"客户端 APP 扫描二维码添加设备，具体操作步骤如下：

(1) 手机处于联网状态。

(2) 登录"萤石云视频"客户端 APP，选择添加设备，进入扫描二维码界面。

(3) 扫描传感器上盖内侧的二维码，将传感器添加到网关，如图 1-4-39 所示。

图 1-4-39 扫描二维码添加

(4) 顺时针旋转后盖，使后盖的 ▶ 标识与前盖的 🔒 标识对齐，如图 1-4-40 所示。

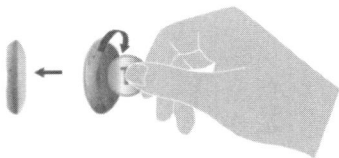

图 1-4-40   拧好后盖

2）通过网关本地添加设备

通过 A3 智能无线网关本地添加 T10C 水浸传感器，具体操作步骤如下：

(1) 使网关进入添加模式。

(2) 打开 T10C 水浸传感器后盖，长按传感器的按键 5 s，使传感器进入添加模式，如图 1-4-41 所示。

图 1-4-41   长按按键

(3) 传感器的指示灯蓝色快闪后熄灭，传感器已经被成功添加到网关上。

(4) 顺时针旋转后盖，使后盖的 ▶ 标识与前盖的 🔒 标识对齐，如图 1-4-40 所示。

5. T2C 智能门磁传感器调试

T2C 智能门磁传感器需要与 A3 智能无线网关搭配使用，所以 T2C 智能门磁传感器调试主要是将设备添加到网关。在"萤石云视频"客户端 APP 上添加网关后(网关添加方法参考 A3 智能无线网关调试)，将 T2C 智能门磁传感器添加到网关。添加设备有扫描二维码添加和通过网关本地添加两种方式。

1）扫描二维码添加设备

登录"萤石云视频"客户端 APP 扫描二维码添加设备，具体操作步骤如下：

(1) 登录"萤石云视频"客户端 APP，选择添加设备，进入扫描二维码界面。

(2) 扫描主体下壳内侧或用户指南封面的二维码，将传感器添加到网关，如图 1-4-42 所示。

图 1-4-42   扫描二维码添加设备

(3) 将主体和下壳按照图 1-4-43 摆好，使它们的拆卸口吻合，合上即可。

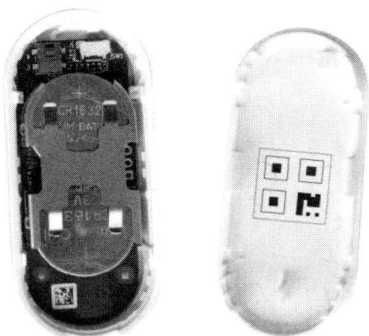

图 1-4-43　主体和下壳

2) 通过网关本地添加设备

通过 A3 智能无线网关本地添加 T2C 智能门磁传感器，具体操作步骤如下：

(1) 使网关进入添加模式。

(2) 长按主体 RESET 键 5 s，门磁传感器主体上的蓝色指示灯快速闪烁，主体进入添加模式。

(3) 门磁传感器被自动添加到网关上。

6. T30 智能插座调试

T30 智能插座调试主要是将 T30 智能插座添加至"萤石云视频"平台进行配置，具体操作步骤如下：

(1) 手机保持连接 Wi-Fi。

(2) 登录"萤石云视频"客户端 APP，选择添加设备，进入扫描二维码界面。

(3) 扫描智能插座或用户指南封面的二维码，添加插座，配置时将插座靠近路由器，如图 1-4-44 所示。

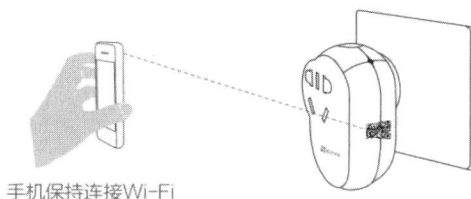

手机保持连接Wi-Fi

图 1-4-44　扫描二维码添加设备

(4) T30 智能插座的蓝色指示灯由快闪至熄灭时，表示添加成功，如图 1-4-45 所示。

配置前
（蓝色快闪）

配置成功
（熄灭）

图 1-4-45　添加成功指示灯状态

任务 5 智能看护子系统

⊘ [任务描述]

本任务首先通过分析用户对小孩和老人看护的需求设计智能看护子系统架构；然后进行设备选型和设备部署；最后对智能看护子系统进行安装与调试。

⊘ [知识准备]

一、智能看护系统

智能看护是针对家中有老人、小孩或宠物的家庭。利用机器人可以为家中的小孩播放故事、音乐等，小孩可以和父母进行视频通话，可以和机器人进行人机交互。机器人可以跟随小孩、老人和宠物。对于老人，跌倒摔伤是致命的，在卫生间等隐蔽的空间放置专门看护老人是否跌倒摔伤的智能监测设备，可将出现的紧急情况上报手机 APP，起到看护作用。

二、智能看护设备

智能看护设备主要包括陪护机器人、跌倒检测雷达、智能按钮等。

1. 陪护机器人

陪护机器人是一种结合了人工智能和机器人技术的创新产品，属于智能服务机器人。陪护机器人能够为人们提供多种实用功能和服务，如陪伴、监测人体健康状况、日常生活辅助、娱乐等。它具备感知、理解、交流和执行任务的能力，能够通过传感器和摄像头获取环境信息，并根据人们的需求做出相应反应。陪护机器人主要应用于医院、家庭及养老机构等场所，尤其适用于幼童、老人等需要特殊关怀的人群。陪护机器人按照服务对象有儿童陪护机器人、老人智能陪护机器人等，如图 1-5-1 所示。

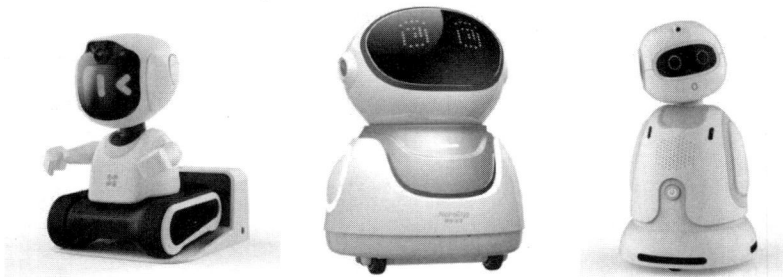

图 1-5-1 陪护机器人

儿童陪护机器人主要是陪伴小孩，扮演小孩的伙伴的角色。儿童陪伴机器人可以讲故事、读绘本，父母也可以和小孩进行视频通话。机器人可以和小孩像朋友一样聊天，能跟随小孩的脚步移动，成为其"小跟班"。

老人智能陪护机器人可以作为一个忠实的伴侣存在，与老人交流和倾听老人的心声。老人智能陪护机器人内部集成了智能语音识别和自然语言处理技术，可以与老人进行对话，并根据老人的需求提供相应的服务，如聊天、讲故事、播放音乐等，缓解他们的寂寞和孤单感；可以提醒老人按时服药、记得重要的约会；可以引导老人参与一些轻度的记忆训练和身体活动，帮助他们保持身心健康。陪护机器人内置多种传感器，能够监测老人的生理指标，如心率、血压、体温等，实时掌握老人的健康状况。陪护机器人能够根据老人的需求和习惯进行个性化关怀与陪伴。

2. 跌倒检测雷达

跌倒检测雷达是一种用于检测和识别人员跌倒的雷达系统。它的工作原理是发射出一定频率的毫米波信号，当这些信号遇到人体时，会产生回波，通过接收和分析这些回波，可以确定人体等信息，如图 1-5-2 所示。毫米波雷达感应器的探测范围极广，无论是在卫生间、厨房等湿滑的地方，还是在卧室、客厅等开阔的地方，都可以实现对人体的精确检测。跌倒检测雷达可以在不侵犯个人隐私的情况下，在室内或室外环境中实时检测人员的行为。在检测范围内，当有人出现、离开或跌倒时，都会同步到手机 APP 推送报警信息。

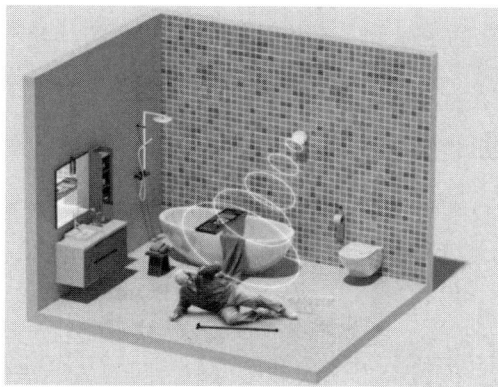

图 1-5-2　跌倒检测

3. 智能按钮

智能按钮具有无线开关和紧急报警触发功能。在生活中为了方便控制其他设备，使用无线开关可以随时随地联动控制其他设备。在关键时刻可以起到紧急呼救的作用，在遇到紧急情况时，用户触发按钮，可在第一时间发送报警信息到移动终端。智能按钮的外形如图 1-5-3 所示。

图 1-5-3　智能按钮的外形

[任务实施]

智能看护子系统安装与调试需要先分析用户家是否有陪护小孩、老人的需求；其次进行子系统详细设计(包括子系统拓扑图、设备选型)；再次安装设备；最后进行子系统调试。智能看护子系统任务的实施流程如图 1-5-4 所示。

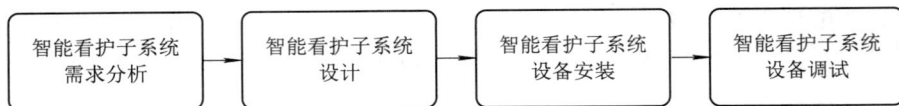

```
智能看护子系统  →  智能看护子系统  →  智能看护子系统  →  智能看护子系统
   需求分析           设计            设备安装          设备调试
```

图 1-5-4　智能看护子系统任务的实施流程

一、智能看护子系统需求分析

针对家中老人和小孩都需要陪护的情况,用户对智能看护子系统的基本要求具体如下:

(1) 可以讲故事、读绘本、播音乐等。

(2) 可以人机交互语音聊天、语音控制。

(3) 家人可以使用手机与家中小孩、老人视频、语音。

(4) 全方位陪护,设备能跟随人形移动。

(5) 在不能安装摄像头的卫生间、浴室这样的隐蔽空间,能够检测跌倒情况。

(6) 当出现紧急情况时,有智能按钮可以紧急呼救,发送报警信息到手机。

二、智能看护子系统设计

考虑到市场定位、用户智能看护的基本要求和预算等,智能看护子系统的设计思路为:家中放置一个可以移动的儿童陪护机器人,老人和小孩可以与机器人交互式语音聊天,机器人能按照主人语音指令,给出回应和动作,在家中可以跟随老人和小孩的脚步,上班的夫妻可以通过手机 APP 与小孩、老人视频通话。家中视频监控子系统已经安装了摄像机,但是在卫生间这样的隐蔽空间没有办法安装摄像机,可以安装跌倒检测雷达和智能按钮。当老人发生跌倒情况时,跌倒检测雷达能检测到跌倒,并向手机 APP 推送报警信息,老人也可以在紧急情况下,按动智能按钮。

智能看护子系统设备规划如表 1-5-1 所示。

表 1-5-1　智能看护子系统设备规划

场　所	设备种类	预计数量	功　能
全家	儿童陪护机器人	1	可以移动、讲故事、播放音乐、人机交互对话、视频通话等
卫生间	跌倒检测雷达	1	非接触人体姿态检测
	智能按钮	1	紧急呼救

1. 智能看护子系统拓扑图

智能看护子系统主要由家庭 Wi-Fi 网络、儿童陪护机器人、网关、跌倒检测雷达和智能按钮组成。儿童陪护机器人、跌倒检测雷达可以直接接入家庭 Wi-Fi 网络。智能按钮除了有紧急呼叫作用外，还可以作为无线开关联通控制其他设备，这需要配合 A3 智能无线网关使用，接入家庭 Wi-Fi 网络，通过光猫到互联网云平台。手机 APP 可以通过互联网查看儿童防护机器人、跌倒检测雷达和智能按钮的数据和状态。智能看护子系统拓扑图如图1-5-5 所示。

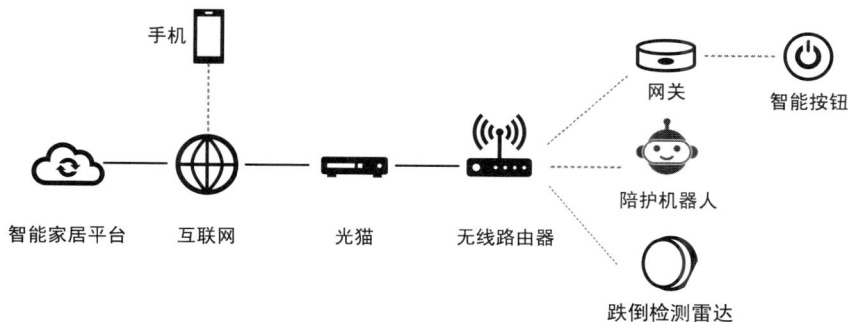

手机 智能家居平台 互联网 光猫 无线路由器 网关 智能按钮 陪护机器人 跌倒检测雷达

图 1-5-5　智能看护子系统拓扑图

2. 设备选型

按照智能看护子系统的设计思路，选择合适的萤石智能家居中的儿童陪护机器人、跌倒检测雷达、智能按钮等设备，实现小孩和老人的陪护和看护。

1) RK2 儿童陪护机器人

萤石 RK2 儿童陪护机器人的外形如图 1-5-6 所示。机器人采用履带行进，头部、手臂可运动，可智能跟随人体移动；搭载红外夜视灯，可实现黑夜中视频监控，充当安防监控摄像头；支持移动画面/人形检测，可自动报警、消息推送，支持云录像以及 SD 卡录像；利用 AI 处理可实现低延迟智能语音交互，有 36 项语音技能，具有故事点播、运动控制、学诗词、学成语、绘本阅读、视频通话等功能；具备丰富的卡通表情系统，显示屏能实现互动表情效果；智能云脑功能可识别常见的语音对话指令，依靠云计算帮助进行语音交流；可以主动进行天气预报、内容推荐、计划提醒等。

图 1-5-6　RK2 儿童陪护机器人的外形

RK2 儿童陪护机器人的具体介绍如下：

(1) RK2 儿童陪护机器人由机器人和充电底座组成，如图 1-5-7 所示。

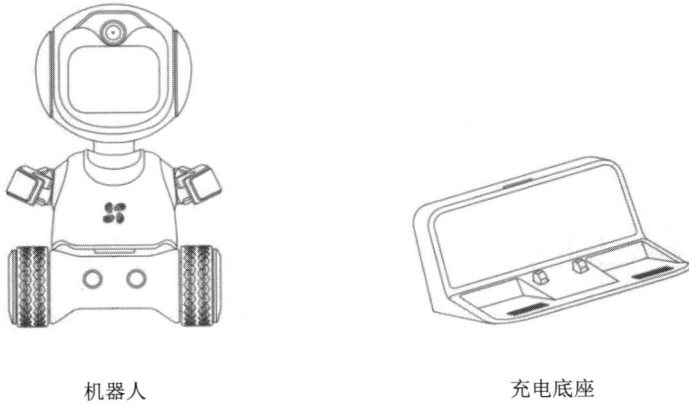

机器人   充电底座

图 1-5-7   RK2 儿童陪护机器人的组成

RK2 儿童陪护机器人包含麦克风、头部触摸区、镜头、胸前触摸区、充电指示灯、温湿度传感器、避障传感器、开关机键、扬声器、RESET 键、回充传感器、防跌传感器、充电簧片等，如图 1-5-8 所示。

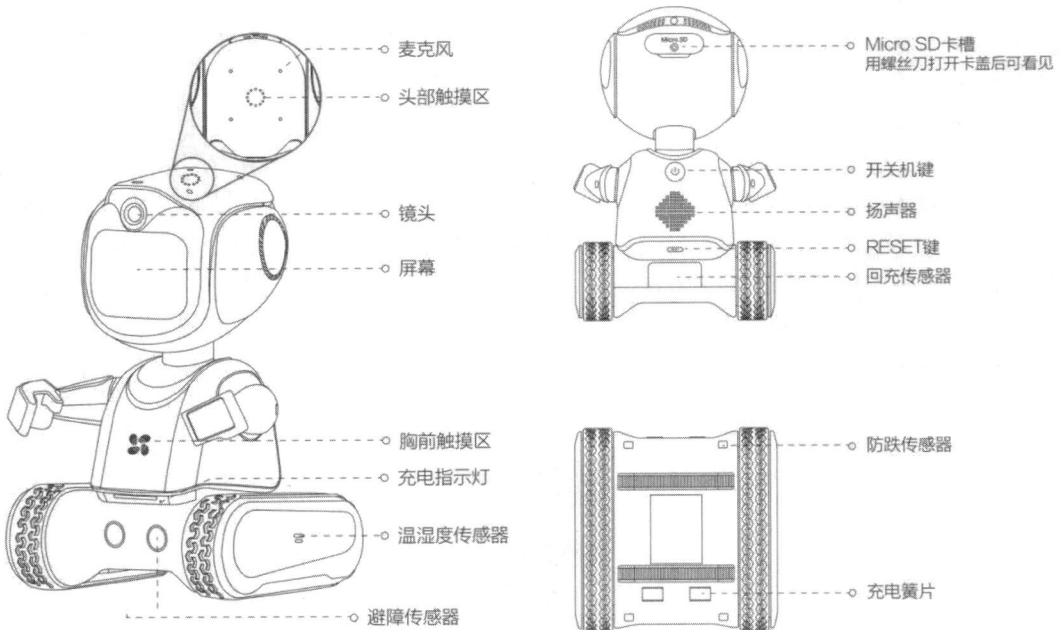

图 1-5-8   RK2 儿童陪护机器人结构

(2) RK2 儿童陪护机器人的开关机键、RESET 键指示灯、头部触摸区、胸前触摸区器件说明如表 1-5-2 所示。

表 1-5-2 RK2 儿童陪护机器人器件说明

器件名称	说 明
开关机键	关机状态下，按住 1 s 及以上直到屏幕亮起开机
	开机状态下，连续按两下开启/关闭智能看家模式
	开机状态下，长按 4 s 关机
	开机状态下，同时按住开关机键和胸前触摸区 4 s，机器人进入配网模式
RESET 键	长按 4 s，恢复出厂设置
头部触摸区	正常状态下，轻触表现出被抚摸的情绪
	音乐播放状态下，轻触下一首播放
	视频通话状态下，轻触接听通话
	闹钟提醒状态下，轻触关闭闹钟提醒
胸前触摸区	正常状态下，轻触唤醒机器人；长按 1 s 以上启动微聊功能；长按开关机键和胸前触摸区 4 s，机器人进入配网模式
	音乐播放状态下，轻触停止播放
	视频通话状态下，轻触挂断通话
	闹钟提醒状态下，轻触关闭闹钟提醒

(3) RK2 儿童陪护机器人支持 Wi-Fi 通信技术，镜头为 200 W 像素，有 2.3 英寸 LCD 显示屏，头部可水平/垂直运动，底盘可实现 360°旋转运动等，主要技术参数如表 1-5-3 所示。

表 1-5-3 RK2 儿童陪护机器人的主要技术参数

技 术	参 数
通信方式	Wi-Fi
摄像头像素	200 W
夜晚补光模式	红外灯补光
日夜转换模式	ICR 红外滤片式
液晶屏	2.3 英寸 LCD 显示屏
头部水平	水平转动最大 120°
头部垂直	垂直转动最大 60°
底盘运动	履带式，双电机，可实现 360°旋转
智能报警	智能移动侦测/人形检测/人脸识别
语音交互	5 m 内语音唤醒、智能语音问答
电池	2500 mA·h，锂离子聚合物电池

2) 跌倒检测雷达

萤石智家森思泰克跌倒检测雷达通过毫米波雷达技术，实时收集老人动作数据，通过 AI 算法识别老人是否跌倒，若出现跌倒情况，则会快速上报跌倒消息。跌倒检测雷达可以获取人员位置、速度、姿态等目标信息，通过准确的点云数据提供非接触、非隐私的人员姿态检测。该雷达可应用于淋浴室、洗手间等私密场所，也适用于养老、家居、社区等领域。

(1) 跌倒检测雷达包含跌倒检测雷达主体和电源适配器。跌倒检测雷达采用二段接线设计，2 m 线长能满足不同使用场景的需求。智家森思泰克跌倒检测雷达的外形如图 1-5-9 所示。

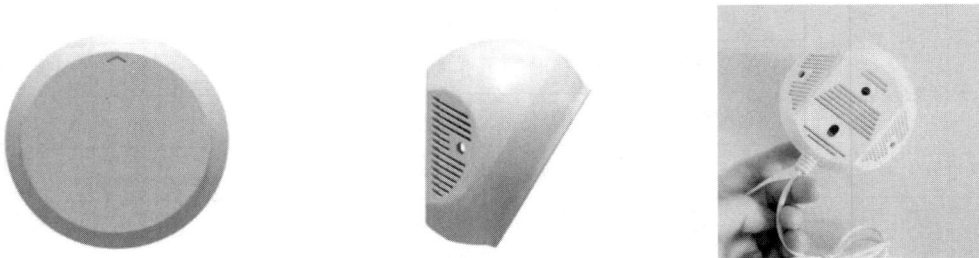

图 1-5-9　跌倒检测雷达的外形

(2) 跌倒检测雷达的工作频段为 60～64 GHz，测距为 0.3～4.0 m，支持 RS485/Wi-Fi 通信技术，主要技术参数如表 1-5-4 所示。

表 1-5-4　跌倒检测雷达的主要技术参数

技　术	参　数
工作频段	60～64 GHz
测距范围	0.3～4 m
水平视角	−45°～+45°
俯仰视角	−45°～+45°
通信接口	RS485/Wi-Fi
工作电压	9～12 V DC

3) T3C 智能按钮

萤石 T3C 智能按钮有两种模式，分别是紧急按钮模式和场景按钮模式。在紧急按钮模式下，T3C 可以作为呼叫产品来使用，通过改变铃声应用到不同场景，远程通知 APP 发送报警信息，比如老人摔倒了呼叫家人。在场景按钮模式下，T3C 可以连接其他智能设备，用户可以自定义各种全屋智能联动场景，通过"单击""双击""长按"来控制，非常方便，相当于一个开关按钮，比如开关电器。远程通过 APP 转换场景开关与紧急按钮，两者互斥不能同时进行。

(1) T3C 智能按钮的正面是一个按钮，背面有对位扣、对位槽和防滑垫，打开按钮盖内部有 RESET 键、电池绝缘片、电池和指示灯，如图 1-5-10 所示。

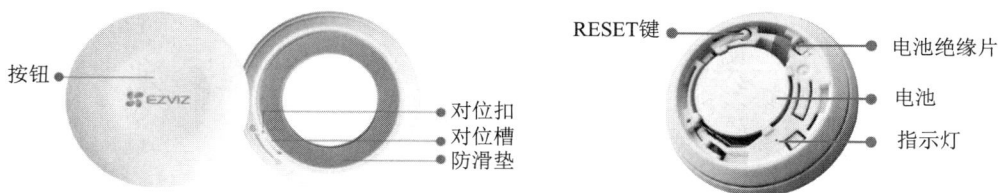

图 1-5-10　T3C 智能按钮组成

(2) T3C 智能按钮的按键、RESET 键和指示灯说明如表 1-5-5 所示。

表 1-5-5　T3C 智能按钮器件说明

器件名称	说　　　明
按钮	单击、双击或长按后，可执行手机客户端中的自定义动作/场景
RESET 键	长按 RESET 键 5 s，重置后进入添加模式
指示灯	蓝色快闪：进入添加模式
	蓝色快闪后熄灭：添加成功
	蓝色快闪 180 s 后熄灭：添加失败

(3) T3C 智能按钮支持 ZigBee 无线通信技术，主要技术参数如表 1-5-6 所示。

表 1-5-6　T3C 智能按钮的主要技术参数

技　术	参　　数
通信协议	ZigBee 3.0
无线频率	2.4 GHz
通信距离	空旷环境大于 250 m
功能模式	紧急按钮/场景按钮双模式
电池续航	18 个月持久续航

三、智能看护子系统连线图

1. 系统设备部署

　　智能看护子系统的设备部署是根据子系统设计、设备规划和设备选型，按照用户 108 m² 两室两厅一卫户型的实际情况，将 RK2 儿童陪护机器人、跌倒检测雷达、T3C 智能按钮部署到房间合适的位置。

　　RK2 儿童陪护机器人和跌倒检测雷达都要使用 Wi-Fi 网络。RK2 儿童陪护机器人可以移动，将机器人充电装置放置到客厅靠墙壁地面。跌倒检测雷达和 T3C 智能按钮用在卫生间检测老人跌倒。跌倒检测雷达部署到卫生间墙壁，T3C 智能按钮部署到伸手可以够到的位置。智能看护子系统的设备部署如图 1-5-11 所示。

图 1-5-11　智能看护子系统的设备部署

2. 子系统连线图

由于 RK2 儿童陪护机器人和跌倒检测雷达支持 Wi-Fi 通信协议，T3C 智能按钮支持 ZigBee 无线通信技术，因此系统接线较少。智能看护子系统的 T3C 智能按钮要与 A3 智能无线网关配合使用，A3 智能无线网关在智能护卫子系统已接入路由器，所以智能看护子系统连线不需要再考虑 A3 智能无线网关的连线。按照所选设备的供电方式和通信方式，绘制出智能看护子系统的连线图，如图 1-5-12 所示。

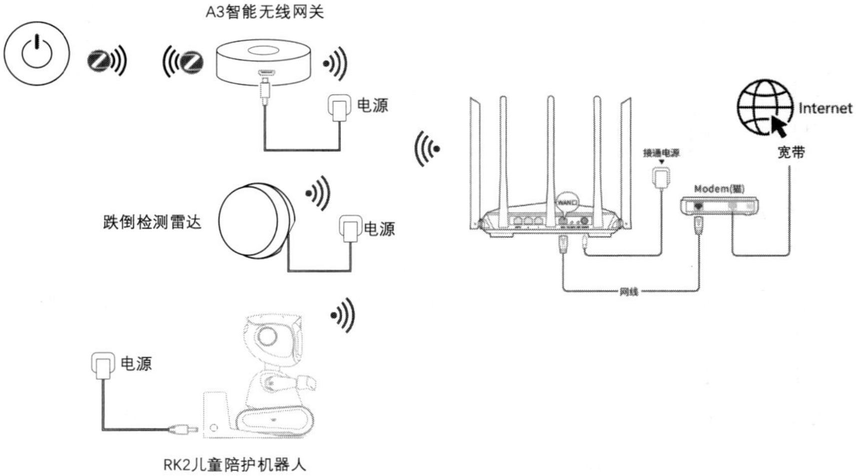

图 1-5-12　智能看护子系统连线图

在表 1-5-7 中填写智能看护子系统所选设备在系统中的上下级逻辑关系。

表 1-5-7 智能看护子系统设备逻辑关系表

设 备	预计数量	上级节点设备	下级节点设备
A3 智能无线网关	1		
T3C 智能按钮	1		
跌倒检测雷达	1		
RK2 儿童陪护机器人	1		

四、智能看护子系统设备安装

智能看护子系统中的 A3 智能无线网关、跌倒检测雷达、RK2 儿童陪护机器人都通过 Wi-Fi 接入互联网，T3C 智能按钮通过 ZigBee 无线连接网关。

1. RK2 儿童陪护机器人安装

RK2 儿童陪护机器人是可移动设备，安装只需要放置好充电底座，能实现供电即可。

1) RK2 儿童陪护机器人充电底座安装

RK2 儿童陪护机器人在首次使用前要将机器人充满电。当机器人的电池电量不足时，屏幕会显示电量低图标 🔋。将充电底座放置到客厅有电源插座的墙角，用电源线连接充电底座和电源，充电底座顶部会有白灯亮起，如图 1-5-13 所示。将机器人放至充电底座上，此时机器人充电指示灯呈白色常亮状态，充满电后指示灯熄灭。

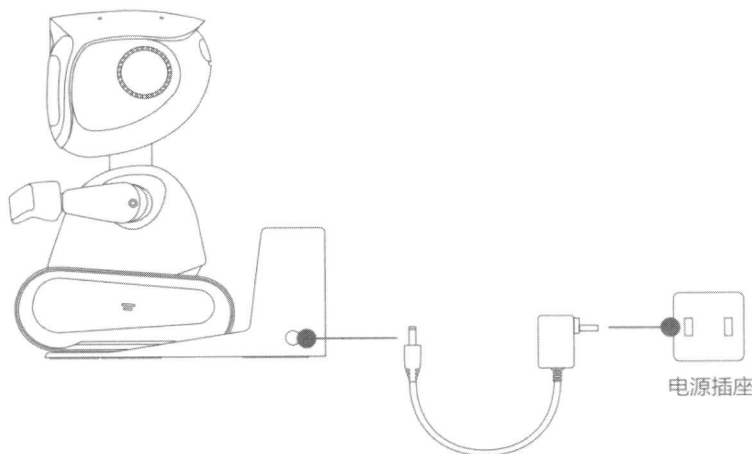

电源插座

图 1-5-13 RK2 儿童陪护机器人充电底座安装

2) RK2 儿童陪护机器人开机

RK2 儿童陪护机器人开机很简单，只需要按开关机键即可，如图 1-5-14 所示。在关机状态下，按住开关机键 1 s 及以上直到屏幕亮起，机器人开机。在开机状态下，长按 4 s 开关机键，机器人关机。

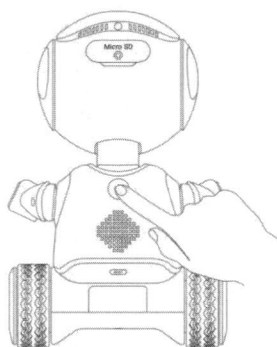

图 1-5-14　RK2 儿童陪护机器人开机

2. 跌倒检测雷达安装

跌倒检测雷达安装要考虑雷达的供电方式、安装位置和安装方式。

1) 跌倒检测雷达供电

跌倒检测雷达由电源线供电，电源线是两段式，需要将两端对接后，再插到电源插座，如图 1-5-15 所示。

电源插座

图 1-5-15　跌倒检测雷达供电

2) 跌倒检测雷达安装位置

跌倒检测雷达最好选择离地 2 m 高且垂直的墙面安装，可以减少误报率。跌倒检测雷达安装在墙角和墙壁均可，如图 1-5-16 所示。

墙角安装　　　　墙壁安装

图 1-5-16　安装位置

跌倒检测雷达支持最大 $12\ m^2$(3 m × 4 m)的检测面积，满足正常房间使用。为了保证跌倒检测的准确性，系统默认检测区域为：左 1.2 m，右 1.2 m，前 4 m，如图 1-5-17 所示。

根据所安装位置和雷达检测区域，局部调整跌倒检测雷达的位置，使雷达检测区域能够满足准确检测跌倒的要求。

图 1-5-17　跌倒检测区域

3) 跌倒检测雷达安装方式

跌倒检测雷达有螺钉固定和背胶固定两种安装方式。

(1) 螺钉固定式：先在墙壁上定位打孔，打孔位装入塑胶膨胀螺管，再使用自攻螺钉固定跌倒检测雷达后盖，最后合上跌倒检测雷达。

(2) 背胶固定式：在跌倒检测雷达后盖粘贴背胶，直接粘贴在墙面上固定。

3. T3C 智能按钮安装

T3C 智能按钮要与 A3 智能无线网关配合使用，按钮内部自带电池，安装只需要将设备放置或固定在要使用的地方即可。T3C 智能按钮的放置位置与网关之间的距离应小于 20 m，若 T3C 智能按钮与网关之间有墙，墙的数量不应超过 2 堵；不要将其安装在金属门上，可安装在金属门旁的墙壁上；可直接将其放置在桌上，或通过包装中的 3M 胶将其固定，如图 1-5-18 所示。

(a) 放置在桌面　　　　　　　　(b) 3M 胶固定

图 1-5-18　T3C 智能按钮的安装

五、智能看护子系统设备调试

智能看护子系统的设备安装后，按照各设备的配置方式和配网方式，借助"萤石云视频"平台进行设备调试和功能测试。

RK2 儿童陪护机器人和跌倒检测雷达通过 Wi-Fi 接入互联网，添加"萤石云视频"平台，通过"萤石云视频"客户端 APP 进行功能调试。T3C 智能按钮支持 ZigBee 无线通信技术，需要通过 A3 智能无线网关才能接入互联网，所以需要先调试好 A3 智能无线网关(A3 智能无线网关调试见任务 4 中智能护卫子系统设备调试)，再调试 T3C 智能按钮。智能看护子系统设备调试流程如图 1-5-19 所示。

图 1-5-19　智能看护子系统设备调试流程

1. RK2 儿童陪护机器人调试

RK2 儿童陪护机器人调试要借助"萤石云视频"客户端 APP 进行行走、视频通话等功能测试。

1) 添加设备

RK2 儿童陪护机器人需要添加到"萤石云视频"平台上。首先，登录"萤石云视频"客户端 APP，选择添加设备，进入扫描二维码的界面。其次，扫描机器人屏幕上或底部的二维码，如图 1-5-20 所示。最后，进行设备的网络配置和添加。

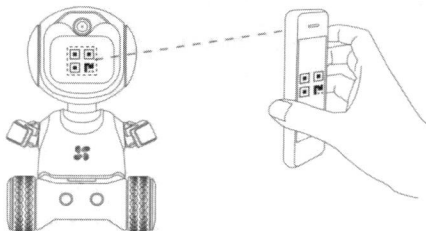

图 1-5-20　扫描二维码添加设备

2) 遥控行走测试

在"萤石云视频"客户端 APP 的视频遥控界面可控制机器人头部转动和底盘位移。测试时将机器人放置在平整路面进行遥控并控制好速度，防止高速运动下因惯性产生的碰撞或跌落。RK2 儿童陪护机器人支持语音，也可通过语音遥控机器人行走。"视频遥控"界面遥控如图 1-5-21 所示。

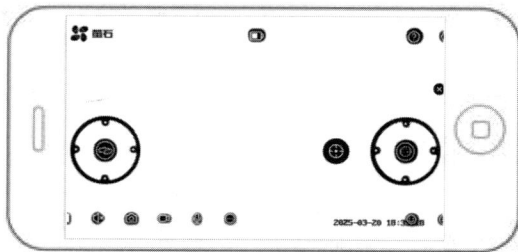

图 1-5-21　"视频遥控"界面遥控

3) 视频通话

登录"萤石云视频"客户端 APP,可以远程看到摄像头采集到的画面。开启双向视频通话可以与家人互动,如图 1-5-22 所示。

图 1-5-22 视频通话界面

4) 查看状态

机器人头部屏幕上方可显示不同图标,表示机器人的不同状态,如图 1-5-23 所示。

图 1-5-23 机器人屏幕上方显示图标

RK2 儿童陪护机器人头部图标的具体含义如表 1-5-8 所示。

表 1-5-8 RK2 儿童陪护机器人头部图标说明

图标	状态	说明
📶	机器人离线	如需更换网络,进入"萤石云视频"客户端 APP,在设备详情→设置→Wi-Fi 网络中,根据客户端提示更换网络
📞	机器人外网未通	若长时间处于该状态,应检查路由器是否能正常上网
📷	智能看家模式	此时机器人仅作为智能摄像机使用,不再采集唤醒词进行语音对话,无外放声音。可双击开关机键退出智能看家模式
🔇	声音播放音量关闭	此时机器人音量大小为零,无法播放声音。可进入"萤石云视频"客户端 APP,在设备详情→设置→设备音量中进行调节
🔒	儿童锁已开启	此时所有胸前触摸功能均不可用。可进入"萤石云视频"客户端 APP,在设备详情→设置→儿童锁中关闭该功能
 🔋	电量低	机器人处于低电量状态,应尽快充电
👁	视频预览中	此时正有人通过"萤石云视频"手机客户端进行远程视频预览

2. T3C 智能按钮调试

T3C 智能按钮搭配萤石 A3 智能无线网关使用。在调试 T3C 智能按钮前先调试好 A3 智能无线网关，再将设备添加至网关。

在网关添加至"萤石云视频"客户端 APP 的情况下，将 T3C 智能按钮添加到网关有扫描二维码添加和通过网关本地添加两种方式。

(1) 手机连接 Wi-Fi 网络，登录"萤石云视频"客户端 APP，扫描 T3C 智能按钮后盖内侧的二维码，将 T3C 智能按钮添加到网关，如图 1-5-24 所示。

图 1-5-24　扫描二维码添加设备

设备添加后使对位扣和对位槽左侧对齐，顺时针旋转，旋紧后盖，如图 1-5-25 所示。

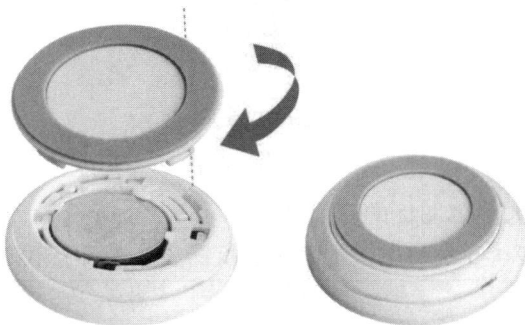

图 1-5-25　旋紧后盖

(2) 本地添加设备。首先，单击网关功能键，使网关进入添加模式(指示灯环慢闪)。其次，使用卡针戳 T3C 智能按钮 RESET 孔 2 s，进入添加模式。最后，T3C 智能按钮被自动添加到网关上。

3. 跌倒检测雷达调试

跌倒检测雷达借助"萤石云视频"客户端 APP 进行调试，需要先将设备添加到"萤石云视频"平台。跌倒检测雷达可与 T3C 智能按钮进行联动设置，当跌倒检测雷达检测到有人跌倒时，自动控制 T3C 智能按钮按下，向"萤石云视频"客户端 APP 推送信息。

1) 添加设备

添加设备的步骤如下：

(1) 登录"萤石云视频"客户端 APP，在添加设备中点击选择"生态类设备-跌倒检测雷达"，如图 1-5-26 所示。

图 1-5-26 添加跌倒检测雷达

(2) 扭开雷达后盖，长按中间的黑色按键，设备进入配网和绑定模式，如图 1-5-27 所示。

图 1-5-27 长按黑色按键

(3) 在手机上完成设备的配网及绑定，盖好雷达后盖，如图 1-5-28 所示。

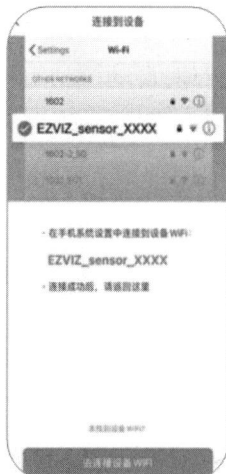

图 1-5-28 设备配网

2) 设备联动设置

设备联动设置需要在"萤石云视频"客户端 APP 中添加"智能场景"。选择触发条件和执行动作，保存后即可添加智能场景，如图 1-5-29 所示。

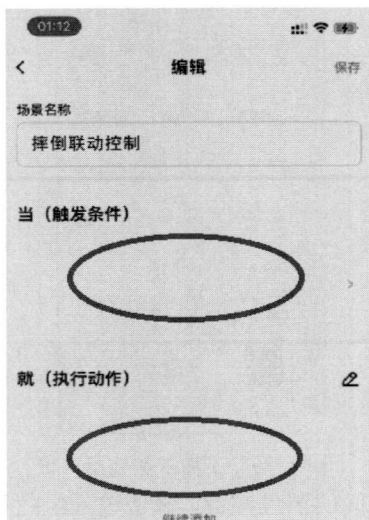

图 1-5-29 智能场景设置

添加"摔倒联动控制"智能场景，根据跌倒检测雷达检测到有人跌倒，T3C 智能按钮自动发出信号的逻辑，在触发条件中选择"跌倒检测雷达"，执行动作中选择"T3C 智能按钮"，将多个设备联动在一起，形成智能场景，实现自动化操作。

任务 6 智能照明子系统

[任务描述]

本任务首先通过分析用户对住宅照明自动控制的需求设计智能照明子系统架构；然后进行设备选型和设备部署；最后对智能照明子系统进行安装与调试。

[知识准备]

一、智能照明系统

智能照明系统是智能家居的重要组成部分。智能照明系统是一种利用先进的技术和设备，对传统照明系统进行升级，实现更加智能化、节能化和人性化的控制方式。智能照明系统利用智能开关面板、智能插座等直接替换传统的电源开关，利用遥控、传感器等多种智能控制方式对室内所有灯具的开启或关闭、亮度调节、全开、全关以及不同组合形式进行控制，实现多种灯光情景效果，从而达到智能照明的节能、环保、舒适、方便的目的。其中控制方式包括遥控器控制、智能手机控制、智能按钮控制、人体红外传感器触发等。

智能照明系统主要由智能移动终端(手机或平板电脑)、控制器、传感器、智能面板等组成。控制器可以控制灯光、窗帘、电器等设备。传感器可以感知室内光线情况、是否有人，控制灯光开启或关闭、自动调节室内亮度。智能面板包括调光面板、控制面板与随意贴面板，可以手动或自动控制灯光或不同灯具的组合。

二、智能照明设备

智能照明设备主要包括智能灯具、控制器、智能面板等。

1. 智能灯具

家庭灯光供电是最简单的，火线通过墙壁开关通往灯具，灯的另一端接零线。家居常用的灯光可以分为白炽灯、节能灯和 LED 灯，如图 1-6-1 所示。

| (a) 白炽灯 | (b) 节能灯 | (c) LED 灯 |

图 1-6-1　常用灯光

白炽灯调光方便，通过改变电压、电流或者串接电阻来调节亮度。节能灯需要镇流器，且不能简单地通过调节电压方式调节亮度。LED 灯的发光效率非常高，需要专用调光器进行调光，不能简单地通过改变电压或串接电阻的方式调光。目前市面上可接入智能家居的 LED 调光器越来越丰富，接入调光器后，LED 灯可以实现不同亮度、色温和颜色，呈现更丰富的效果，是高端智能家居系统的必备设备。这三种灯具各具特色，一个家庭中可能会用到多种灯具。

智能灯具是智能设备的一种，可以通过 Wi-Fi、蓝牙、遥控器等方式进行控制。智能灯具可以调节不同的亮度和色彩，可以实现不同的色调和色温，而不需要专门配备调光驱动器或调光组件，这是传统灯具所不具备的。目前市面上的智能灯具大多以 LED 灯为主，常见的 LED 智能灯具有智能灯泡、智能射灯、智能吸顶灯等，如图 1-6-2 所示。

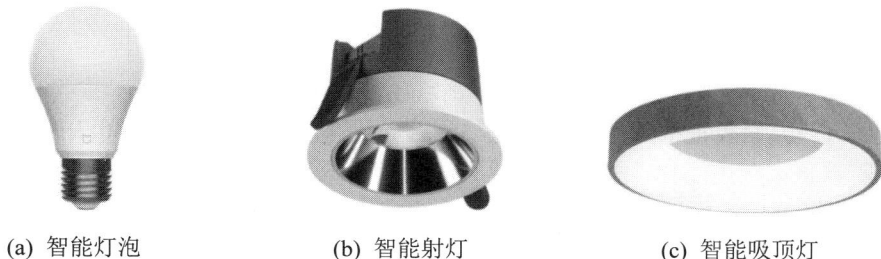

| (a) 智能灯泡 | (b) 智能射灯 | (c) 智能吸顶灯 |

图 1-6-2　LED 智能灯具

这些灯具可以组成智能照明系统，但是智能照明系统不一定需要智能灯具。大部分情况下，智能墙壁开关组件配合普通灯具也可以实现智能照明系统，并且成本普遍较低。

2. 控制器

在智能照明系统中，控制器用来调节灯具的亮度、色温以及开关状态。搭配网关后，可通过客户端进行远程控制，可以设置定时控制，还可以与其他智能设备组合，实现更多联动控制的效果。常见的控制器有针对灯带调光和无线控制的控制器、家庭智能设备联动的控制器，如图 1-6-3 所示。

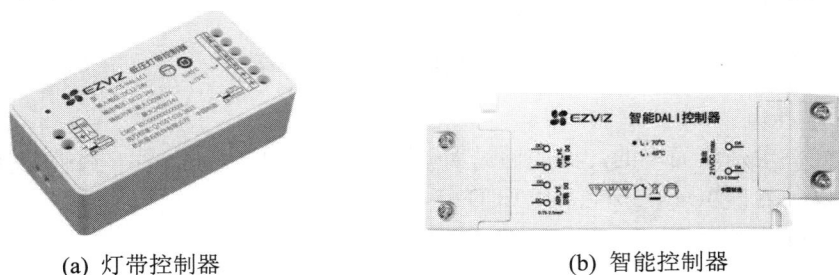

(a) 灯带控制器   (b) 智能控制器

图 1-6-3 智能照明控制器

3. 智能面板

智能面板是集成了多个系统的中控系统，在操作过程中，可以选择手动、遥控，也可以选择连接 Wi-Fi 进行手机远程控制，从而实现对家中所有家居产品的控制。智能面板包括智能照明开关面板、智能插座面板和智能情景面板。

1) 智能照明开关面板

照明开关面板是智能家居中必不可少的设备。智能照明开关面板是指利用计算机、无线通信数据传输等技术，实现对照明设备的智能化控制，具有灯光亮度的强弱调节、灯光各个场景模式启动、定时控制、开关设置等功能。其特点是安全、节能、舒适、高效。智能照明开关面板根据要控制的路数分为 1、2、3、4 键四种，如图 1-6-4 所示。

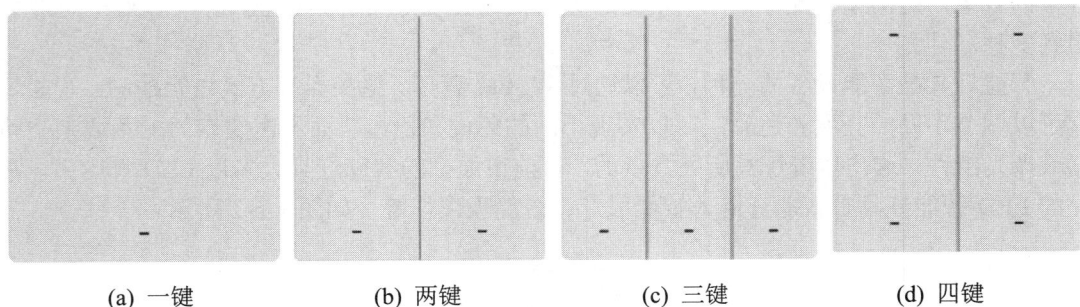

(a) 一键   (b) 两键   (c) 三键   (d) 四键

图 1-6-4 智能照明开关面板

智能照明开关面板根据每个家庭的电路是否布设零线又分为零火、单火两种类型，如图 1-6-5 所示。按照电工作业规范，零线一般为蓝色或黑色的导线，以此为依据判断是否布设零线。查看开关线盒，如果没有零线只有火线，就是单火线；如果有零线和火线，就是零火线。

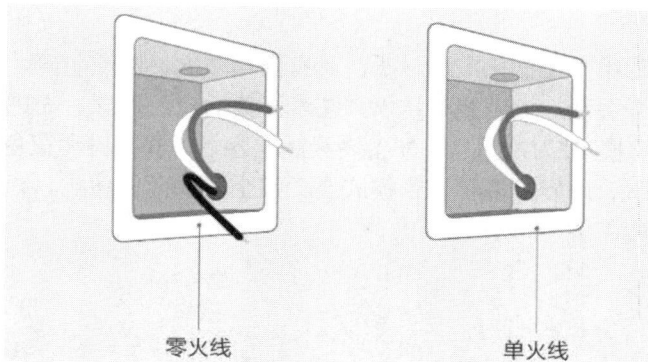

图 1-6-5　智能照明开关面板的电路布线

　　零火开关面板适用于家中开关线盒布设了零线的情况，单火开关面板适用于家中开关线盒没有布设零线的情况。单火、零火开关面板的接线端如图 1-6-6 所示。

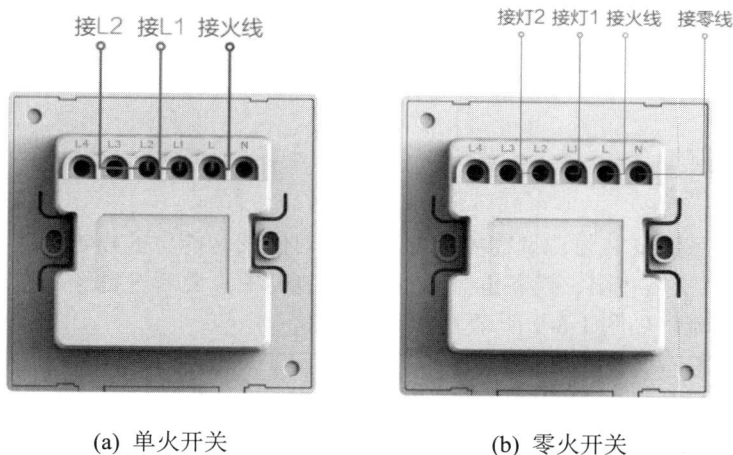

(a)　单火开关　　　　　　　　　　(b)　零火开关

图 1-6-6　单火开关、零火开关面板的接线端

2) 智能插座面板

　　智能插座面板可以实现对连接电器的电源控制，通过手机 APP 远程控制插座的通断电，方便用户在不同场景下控制电器设备，如远程开启或关闭热水器、加湿器等。部分智能插座还具备电量统计、定时开关等功能，可帮助用户实现节能管理和智能化的用电控制。智能插座面板如图 1-6-7 所示。

图 1-6-7　智能插座面板

3) 智能情景面板

智能情景面板使用高级钢化玻璃材质，具有高档防水、阻燃防碎、经久耐用的特点。它采用先进的智能开关独立控制编码技术、艺术开关的设计理念、先进且稳定的电子触控技术，可实现手动触摸 10 万次以上；配备高灵敏电容触摸式按键和蓝色夜光背景设计，支持起床、休息、睡眠、用餐等多种情景模式及一键全开、全关功能。智能情景面板表面印有应用情景图标，如图 1-6-8 所示。

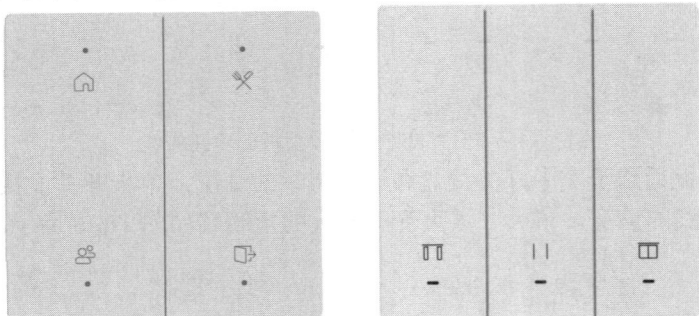

图 1-6-8　智能情景面板

[任务实施]

智能照明子系统安装与调试需要先分析用户对照明智能化的需求；其次进行子系统详细设计(包括子系统拓扑图、设备选型)；再次安装设备；最后进行子系统调试。智能照明子系统任务实施流程如图 1-6-9 所示。

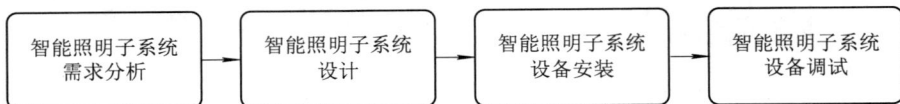

图 1-6-9　智能照明子系统任务实施流程

一、智能照明子系统需求分析

用户希望不更换原有灯具和走线的情况下，能够实现自动控制和手机远程控制。用户对智能照明子系统的基本要求具体如下：

(1) 不要更改家中原有的灯具、电线线路。

(2) 保持灯具原来的手动控制。

(3) 新增手机远程控制灯具的开/关。

(4) 在光线不好的环境(如卫生间)下，感受到有人后自动亮灯。

二、智能照明子系统设计

考虑到市场定位、用户智能照明的基本要求和预算等，智能照明子系统的设计思路为：在家中所有灯具保留、线路不更改的情况下，把开关面板更换为智能面板。若家中有 Wi-Fi 网络和 ZigBee 网络，则可以选择支持 Wi-Fi 或 ZigBee 无线通信的智能面板。这样既保留了原来的手动控制，也增加了手机远程控制和查看的功能。因家中有老人和小孩，设计当有人移动时，卫生间的灯能自动亮起的功能。

智能照明子系统设备规划如表 1-6-1 所示。

表 1-6-1　智能照明子系统设备规划

场所	设备种类	预计数量	功　　能
客厅	智能照明开关面板	1	控制灯具的开启或关闭
主卧室	智能照明开关面板	1	控制灯具的开启或关闭
次卧室	智能照明开关面板	1	控制灯具的开启或关闭
餐厅	智能照明开关面板	1	控制灯具的开启或关闭
卫生间	人体移动传感器	1	检测到有人，控制灯具的开启或关闭

1. 智能照明子系统拓扑图

智能照明子系统主要由家庭 Wi-Fi 网络、网关、智能照明开关面板、人体移动传感器组成。智能照明开关面板、人体移动传感器要配合 A3 智能无线网关使用，接入家庭 Wi-Fi 网络，通过光猫到互联网云平台，手机 APP 可以通过互联网控制和查看家中照明情况。智能照明子系统拓扑图如图 1-6-10 所示。

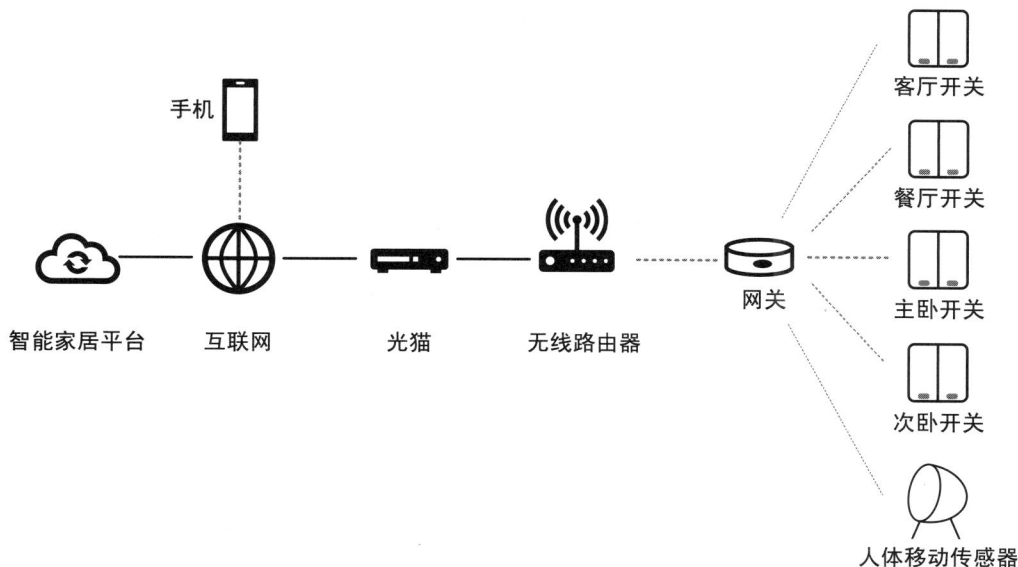

图 1-6-10　智能照明子系统拓扑图

2. 设备选型

按照智能照明子系统的设计思路，保留原有灯具。按照每个房间灯具的数量选用智能开关和可以自动控制灯具的人体移动传感器，实现家庭照明系统的智能化改造。

1) SW61 灯控开关

萤石 SW61 系列灯控开关有一键、两键、三键和四键开关。因为电路布线是零火线，所以选择零火开关。SW61 灯控开关的键数根据原来手动开关的位数选择即可。

(1) SW61 灯控开关由前面板和主体组成。前面板包含按键/指示灯，主体包含 RESET 孔和开启槽，如图 1-6-11 所示。

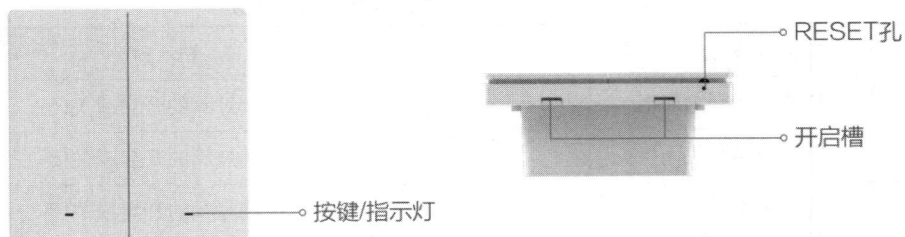

图 1-6-11　SW61 灯控开关

(2) SW61 灯控开关的按键、指示灯及其他器件说明如表 1-6-2 所示。

表 1-6-2　SW61 灯控开关器件说明

器件名称	说　　明
指示灯	白色微亮：关灯时的背光指示灯
	白色常亮：开灯时的背光指示灯
	白色快闪：设备处于配网模式
	橙色慢闪：未关联到或无法连接到智能无线网关
按键	短按按键一次：开灯/关灯
RESET 孔	用卡针戳 RESET 孔 2 s 直至白灯持续快闪，设备恢复出厂设置并重新进入配网状态

(3) SW61 灯控开关是零火线供电，支持 ZigBee 无线通信技术，主要技术参数如表 1-6-3 所示。

表 1-6-3　SW61 灯控开关的主要技术参数

技　术	参　　数
供电方式	零火线供电
工作电压	AC 220 V
额定负载	每路阻性负载最大功率为 800 W，容性/感性负载最大功率为 400 W；整机最大负载为 2200 W
通信协议	ZigBee 3.0
无线频率	2.4 GHz
通信距离	空旷环境≥250 m
外形尺寸	86 mm × 86 mm × 36 mm
寿命	50 000 次

2) T1C 智能人体移动传感器

萤石 T1C 智能人体移动传感器是检测人体移动并产生报警的设备。当有人经过时，设备会发出报警信息，是智能家居场景应用中不可缺少的传感器设备。T1C 智能人体移动传感器具有智能互联作用，通过判断有人或无人状态来联动其他智能设备，如检测到人员离开了卧室，就可联动关闭卧室的灯光和窗帘。

(1) T1C 智能人体移动传感器由上盖、下壳、底座和遮蔽罩组成，包括透镜内指示灯、安装指示标识、RESET 键等，如图 1-6-12 所示。

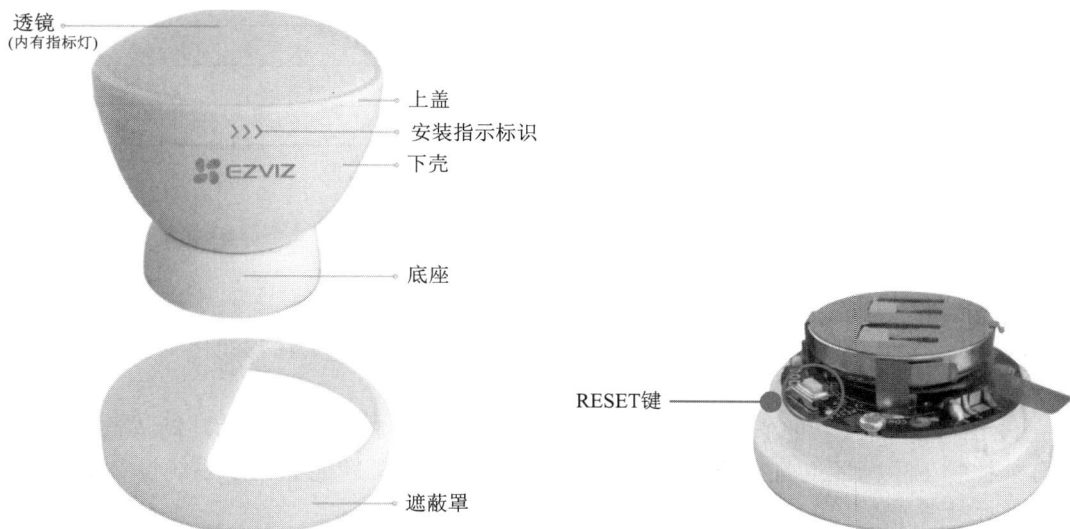

图 1-6-12　T1C 智能人体移动传感器组成

(2) T1C 智能人体移动传感器的按键、指示灯及其他器件说明如表 1-6-4 所示。

表 1-6-4　T1C 智能人体移动传感器器件说明

器件名称	说　　明
RESET 键	长按 5 s，重置后进入添加模式
	双击进行模式切换(双击时间间隔小于 1 s) • 智能模式：每 10 s 探测一次 • 节能模式(出厂默认模式)：每 1 min 探测一次
指示灯	蓝色快闪：进入添加模式
	蓝色快闪 3 次：工作模式切换
	蓝色亮 1 s 后熄灭：触发 PIR 信号/手动按键唤醒设备/触发防拆开关
遮蔽罩	可罩在透镜上，限制探测范围

(3) T1C 智能人体移动传感器支持 ZigBee 无线通信技术，主要技术参数如表 1-6-5 所示。

表 1-6-5　T1C 智能人体移动传感器的主要技术参数

技　术	参　数
通信协议	ZigBee 3.0
无线频率	2.4 GHz
通信距离	空旷环境大于 250 m
探测器类型	被动红外
触发距离	25 mm±5 mm
最大探测距离	7 m
水平视角	90°
垂直视角	90°
工作电压	3 V

三、智能照明子系统连线图

1. 系统设备部署

智能照明子系统设备部署是根据子系统设计、设备规划和设备选型，按照用户 108 m^2 两室两厅一卫户型的实际情况，将 SW61 灯控开关、T1C 智能人体移动传感器部署到房间合适的位置。

SW61 灯控开关按照原来开关的位置进行替换即可。T1C 智能人体移动传感器用来夜间自动控制卫生间照明灯，可部署在卫生间开门的方向。智能照明子系统设备部署如图 1-6-13 所示。

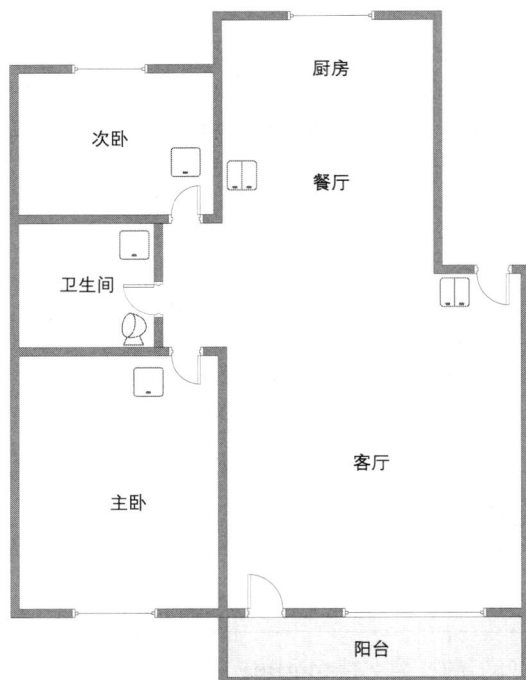

图 1-6-13　智能照明子系统设备部署

2. 子系统连线图

由于 SW61 灯控开关和 T1C 智能人体移动传感器都支持 ZigBee 无线通信技术，需与 A3 智能无线网关配合使用，A3 智能无线网关在智能护卫子系统已接入路由器，因此智能照明子系统连线不需要再考虑 A3 智能无线网关的连线。SW61 灯控开关是代替原来的墙面开关，连线需要接火线、零线。按照所选设备的供电方式和通信方式，绘制出智能照明子系统的连线图，如图 1-6-14 所示。

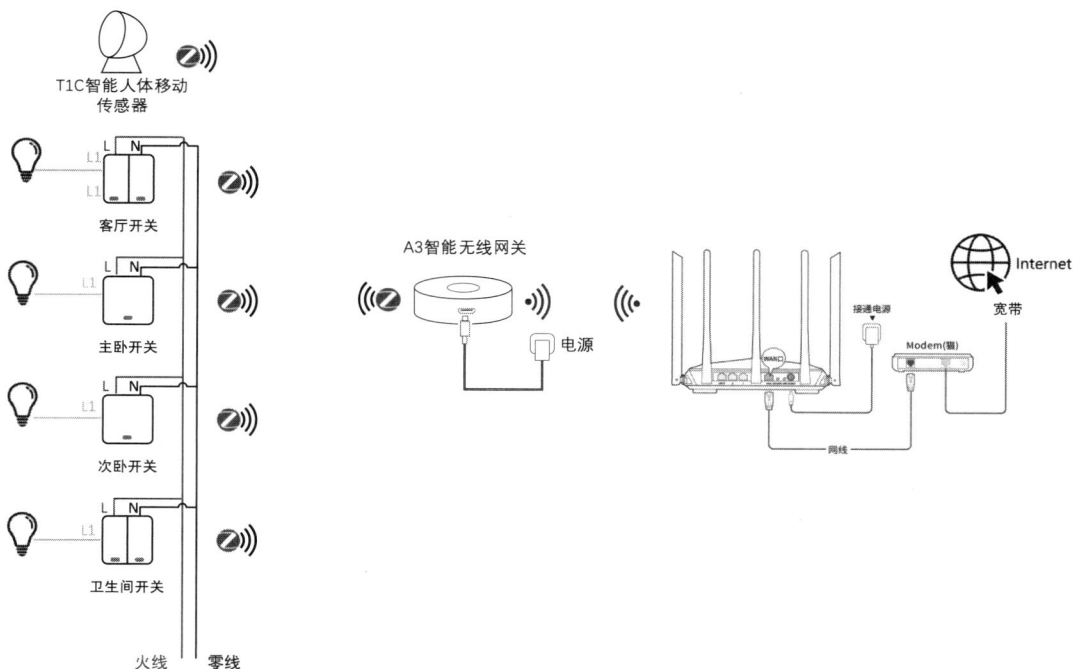

图 1-6-14 智能看护子系统连线图

在表 1-6-6 中填写智能照明子系统所选设备在系统中的上下级逻辑关系。

表 1-6-6 智能照明子系统设备逻辑关系表

设 备	预计数量	上级节点设备	下级节点设备
A3 智能无线网关	1		
T1C 智能人体移动传感器	1		
SW61 灯控开关	4		

四、智能照明子系统设备安装

智能照明子系统设备安装涉及家中每个房间智能开关的安装和 T1C 智能人体移动传感器的安装。

1. SW61 灯控开关的安装

SW61 灯控开关的安装方法与普通灯控开关安装方法一样。本任务中选用 2 个一键的

SW61 灯控开关和 2 个两键的 SW61 灯控开关。一键和两键的 SW61 灯控开关接线方法相同。需要注意的是，为了避免发生危险，在安装 SW61 灯控开关前必须关闭总闸。安装步骤如下：

(1) 检查零线，确保开关的安装位置有零线。当有多个零线回路时，需保证它和所控制的灯处于同一零线回路中。

(2) 用一字螺丝刀伸入开启槽，撬起前面板。

(3) 主体连线，N 接零线，L 接火线，根据开关控制几路灯具，一键开关连接 L1；两键开关连接 L1 和 L2；三键开关连接 L1、L2 和 L3；四键开关连接 L1、L2、L3 和 L4，如图 1-6-15 所示。

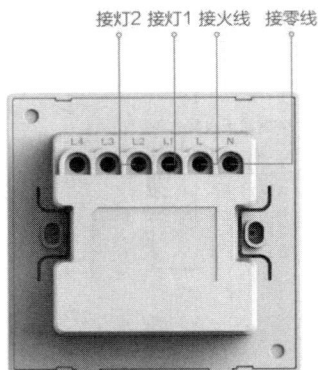

图 1-6-15   开关接线

(4) 用螺钉将开关主体固定到墙壁接线盒中(可以继续使用原来墙体里的接线盒)，扣上前面板，如图 1-6-16 所示。

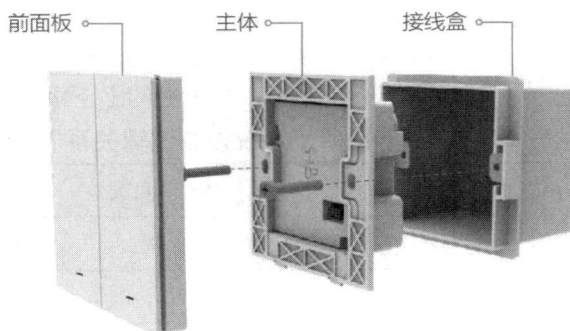

图 1-6-16   SW61 灯控开关安装

2. T1C 智能人体移动传感器安装

T1C 智能人体移动传感器内部自带电池，安装只需要将设备放置或固定在要使用的位置即可。

1) T1C 智能人体移动传感器上电

T1C 智能人体移动传感器内部电池在出厂时有绝缘片。首先逆时针旋开传感器上盖，如图 1-6-17 所示；然后按住电池，抽出电池绝缘片，如图 1-6-18 所示。

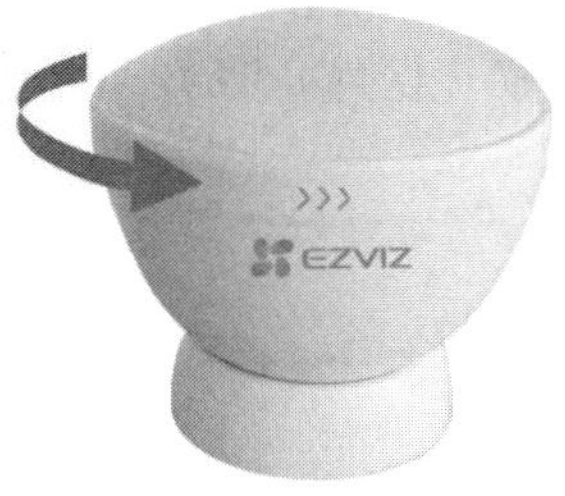

图 1-6-17　旋开上盖

电池绝缘片

图 1-6-18　抽出电池绝缘片

2) T1C 智能人体移动传感器安装位置

T1C 智能人体移动传感器可以直接放置在桌上，也可以借助 3M 胶将其粘贴在需要的位置。本任务中的 T1C 智能人体移动传感器安装在卫生间墙壁上。

(1) 为获得最佳探测效果，安装时需要将传感器有安装指示标识与萤石标志的一侧正对地面，如图 1-6-19 所示。

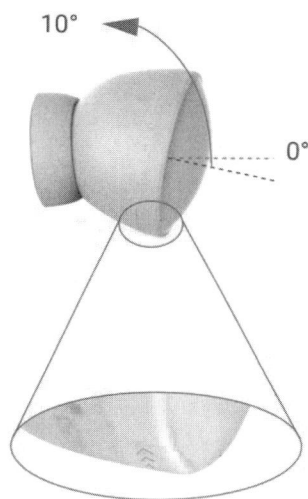

图 1-6-19　标识与萤石标志正对地面

如果安装高度为 2.2 m，探测范围是一个角度为 90°的圆锥，则最远探测距离约为 7 m，如图 1-6-20 所示。

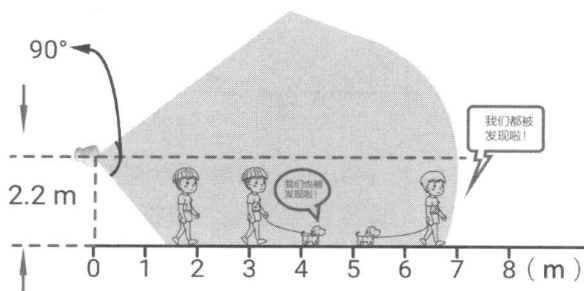

图 1-6-20　探测范围侧视图

(2) 调整传感器或遮蔽罩的角度以获得需要的探测范围。传感器在水平和垂直方向上的探测角度均为 90°，如图 1-6-21 所示。传感器应正对人体横穿区域，且其前方不应有障碍物遮挡。

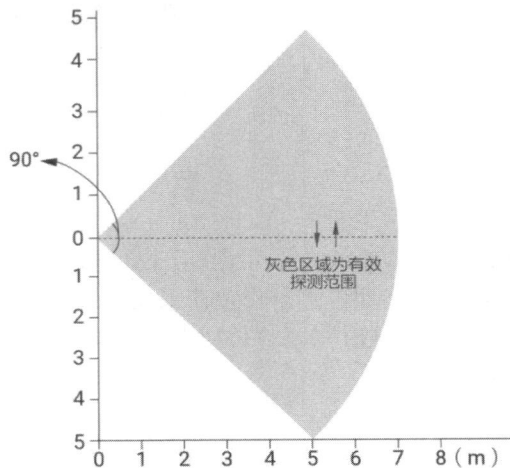

图 1-6-21　探测范围俯视图

(3) 将传感器用 3M 胶粘贴到卫生间墙壁上。

3) 遮蔽罩安装

遮蔽罩用于防止宠物产生的误报和期望监测区域较小的场景。遮蔽罩会阻挡传感器被遮挡的部分接收移动目标的热辐射，从而缩小探测范围，可以有效减少误报。装上遮蔽罩，检测区域会减少一半，如图 1-6-22 所示。

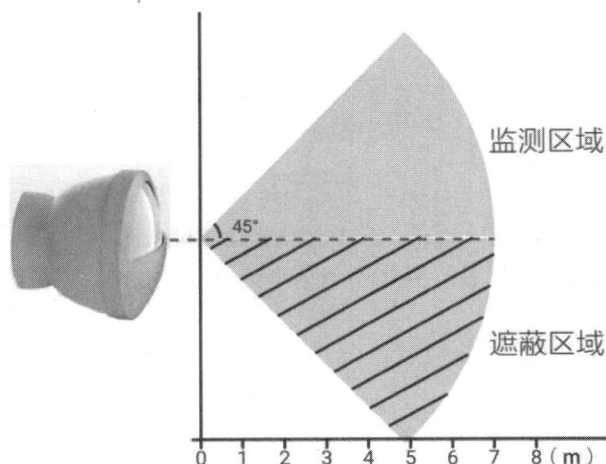

图 1-6-22　使用遮蔽罩探测范围俯视图

若家中有宠物，使用遮蔽罩后，检测区域变小，调整角度后，传感器的最大探测距离为 5 m。遮蔽罩的安装高度=宠物身高+0.5 m。若宠物身高≤0.5 m，则推荐安装高度为 1 m，如图 1-6-23 所示。

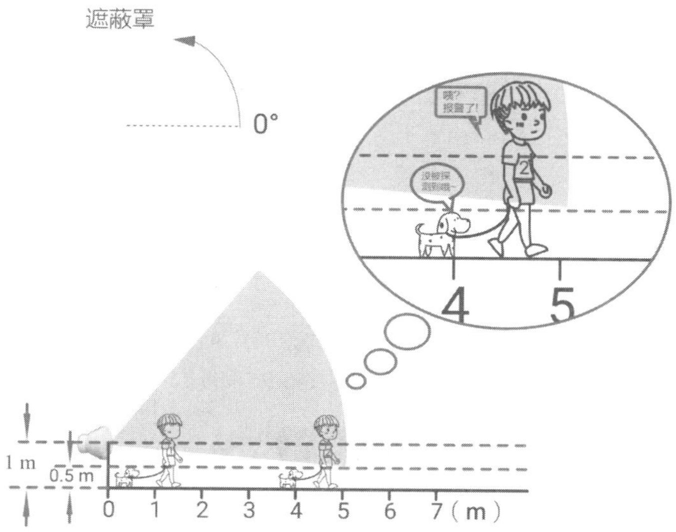

图 1-6-23 有宠物时检测范围俯视图

五、智能照明子系统设备调试

智能照明子系统的设备安装后，按照各设备的配置方式和配网方式，借助"萤石云视频"平台要进行设备调试和功能测试。SW61 灯控开关和 T1C 智能人体移动传感器与 A3 智能无线网关搭配使用，所以需要先调试 A3 智能无线网关(A3 智能无线网关调试见任务 4 中智能护卫子系统设备调试)，再调试 SW61 灯控开关和 T1C 智能人体移动传感器。

智能照明子系统设备调试流程如图 1-6-24 所示。

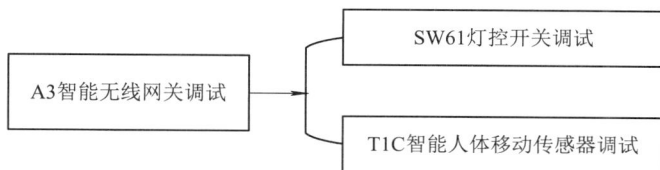

图 1-6-24 智能照明子系统设备调试流程

1. SW61 灯控开关调试

SW61 灯控开关调试主要包括设备接入"萤石云视频"平台和手机远程控制功能测试。

1) 添加设备

配合 A3 智能无线网关设备，登录"萤石云视频"客户端 APP，选择添加设备。

2) 手机远程控制功能调试

手机远程控制功能调试主要包括查看家中灯光状态、远程控制灯光开关、设置定时开关等。

(1) "萤石云视频"客户端 APP 界面显示目前开关的状态，与实际开关状态一致。

(2) 点击"萤石云视频"客户端 APP 界面的开关图标，可以远程关闭、打开灯光。

(3) 每个开关可以设置开关关闭、打开的时间，实现定时开关。

2. T1C 智能人体移动传感器调试

T1C 智能人体移动传感器调试主要在"萤石云视频"客户端 APP 上进行，设置联动控制策略。首先要将设备添加至"萤石云视频"平台，然后测试探测功能，最后与 SW61 灯控开关设置联动。

1) 添加设备

T1C 智能人体移动传感器搭配萤石 A3 智能无线网关使用。在网关添加至"萤石云视频"客户端 APP 的情况下，将 T1C 智能人体移动传感器添加到网关。添加设备有扫描二维码添加和通过网关本地添加两种方式。

(1) 连上 Wi-Fi 网络，登录"萤石云视频"客户端 APP，选择添加设备，扫描传感器上盖内侧的二维码，将传感器添加到网关，如图 1-6-25 所示。

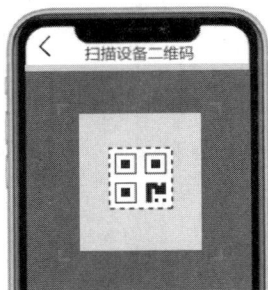

图 1-6-25   扫描二维码添加设备

将上盖卡扣槽与下壳卡口对齐，将安装指示标识对准传感器上的萤石标志，顺时针旋转传感器上盖，将上盖装回下壳。

(2) 当网关进入添加模式时，长按传感器的按键 5 s，使传感器进入添加模式，如图 1-6-26 所示。传感器被自动添加到网关上，指示灯熄灭。

RESET键

图 1-6-26   按 RESET 键配网

将上盖卡扣槽与下壳卡口对齐，将安装指示标识对准传感器上的萤石标志，顺时针旋转传感器上盖，将上盖装回下壳。

2) 功能调试

T1C 智能人体移动传感器主要通过检测来自动控制房间灯光，因此在功能调试时主要是将 T1C 智能人体移动传感器与卫生间 SW61 灯控开关联动控制。

[项目考核]

项目考核表(参考)

类别	考核点	考 核 标 准	得分
知识	智能家居系统功能	能说出智能家居包含的主要功能	
	智能家居系统通信分类	能区别无线智能家居和有线智能家居	
	智能产品功能	能写出智能家居主要设备的功能	
技能	智能家居系统用户需求分析	能列出用户诉求中的功能	
	智能家居系统设计	能划分智能家居功能模块子系统	
		能规划出智能家居网络、设备	
	视频监控子系统安装	根据摄像机资料能选出适合的摄像机	
		根据产品说明书能稳固安装摄像机设备和启动设备	
	视频监控子系统调试	会用"萤石云视频"客户端APP添加摄像机设备和调试功能	
	智能入户子系统安装	根据产品资料能选出适合的智能锁和智能猫眼	
		能安装智能猫眼	
	智能入户子系统调试	能用"萤石云视频"客户端APP添加智能锁、智能猫眼设备和调试功能	
	智能护卫子系统安装	根据产品资料能选出适合的网关和传感器等设备	
		能准确安装网关、传感器	
	智能护卫子系统调试	能用"萤石云视频"客户端APP添加网关、传感器等设备，和联动配置	
	智能看护子系统安装	根据产品资料能选出适合的陪护机器人和跌倒检测装置	
		能准确放置陪护机器人和准确安装跌倒检测雷达和智能按钮	

类别	考核点	考 核 标 准	得分
技能	智能看护子系统调试	能用"萤石云视频"客户端 APP 添加陪护机器人、跌倒检测雷达设备和调试功能	
	智能照明子系统安装	根据产品资料能选出适合的开关面板和人体移动传感器	
		能准确为面板开关接线,安装人体移动传感器	
	智能照明子系统调试	能用"萤石云视频"客户端 APP 添加面板等设备和调试功能	
素质	培养规范及标准意识	设备连线的线色是否按照 V+ 红、V- 黑、信号线蓝黄绿规范接线。连线是否走线槽	
	培养交流及沟通能力、团队合作能力	小组成员参与的人数	
	工位卫生、工具收拾	每节课结束后工位卫生干净、工具归位	

项目二

智慧园区综合安防系统安装与调试

📖 [学习目标]

▲ 知识目标

1. 能够以智慧园区为例进行物联网综合安防项目设计的需求分析。
2. 能够进行安防系统设备选型。
3. 能够绘制安防系统网络报警主机-设备连线图。
4. 能够进行安防系统监控设备、入侵检测设备、门禁系统等设备安装、应用及调试。
5. 能够进行智慧园区安防系统的数据存储和备份。
6. 能够进行综合安防管理系统平台配置。
7. 根据项目设计方案和验收标准对工程进行测试和验收。

▲ 能力目标

1. 根据园区的需求，能够设计安防系统的硬件设备布局和传感器部署方案。
2. 根据工作任务书要求，能够独立完成小型视频监控系统安装和部署，保证视频监控系统的正常运行。
3. 根据工作任务书要求，能够独立完成入侵报警系统安装和部署，保证入侵报警系统的正常运行。
4. 根据工作任务书要求，能够独立完成出入口系统安装和部署，保证出入口系统的正常运行。
5. 根据工作任务书要求，能够独立完成停车库(场)安全管理系统安装和部署，保证停车库(场)安全管理系统的正常运行。
6. 能够独立完成安全防范管理平台安装，并实现视频监控、入侵报警、出入口等系统的接入和配置，使得平台具备可操作性。
7. 具备安防系统集成的能力、发现问题和解决问题的能力，能够进行安防系统故障排除和维护。

素养目标

1. 培养实践能力和解决问题能力，能够独立完成园区安防系统的实施和维护任务。
2. 培养沟通和协作能力，能够与相关部门和客户进行有效的沟通和合作。
3. 强化安全意识和责任意识，确保园区安防系统的安全和可靠性。
4. 培养创新意识，能够根据园区实际需求提出改进和优化方案。

[项目导入]

随着物联网技术的不断发展，智慧园区建设成为现代城市发展的重要趋势。综合安防系统作为智慧园区的重要组成部分，对于保障园区安全、提高管理效率具有重要意义。某智慧园区是一座现代化综合性园区，拥有多个建筑物和公共区域，需要建立智慧园区综合安防系统来确保园区的安全和秩序。智慧园区要求园区内部部署智能安防系统，包括视频监控、门禁对讲、访客系统等。同时，园区还建设了智能停车场和能耗管理系统，实现了停车场的智能化管理和能源的有效利用。本项目将根据智慧园区需求完成综合安防系统设计、视频监控系统安装与调试、门禁系统安装与调试、出入口系统安装与调试、入侵报警系统安装与调试、停车库(场)安全管理系统安装与调试。

任务 1　综合安防系统设计

[任务描述]

本任务通过对智慧园区的安防需求进行深入分析，明确系统需要实现的功能，包括视频监控、门禁控制、出入口控制、入侵报警等。同时，还需要考虑系统的可靠性、稳定性、可扩展性等要求，以及设备的安装和维护成本。根据需求分析，设计智慧园区综合安防系统的架构，根据系统设计进行安防设备选型，合理规划设备的位置和数量，部署设备，搭建可靠的数据传输网络，确保覆盖整个园区，不留死角。

[知识准备]

一、术语和定义

1. 安全防范系统(Security Protection System)

国标 GB 50348—2018《安全防范工程技术标准》定义安全防范系统是以安全为目的，综合运用实体防护、电子防护等技术构成的防范系统。它是将具有防入侵、防盗窃、防抢劫、防破坏、防爆炸功能的软硬件组合成有机整体，构造成具有探测、延迟、反应综合功能的信息网络。

2. 入侵报警系统(Intrusion and Hold-up Alarm System，I&HAS)

国标 GB 50348—2018《安全防范工程技术标准》定义入侵报警系统是利用传感器技术和电子信息技术探测非法进入或试图非法进入设防区域的行为并可由用户主动触发紧急报警装置发出报警信息的电子系统。

3. 视频监控系统(Video Surveillance System，VSS)

国标 GB 50348—2018《安全防范工程技术标准》定义视频监控系统是利用视频技术探测、监视监控区域并实时显示、记录现场视频图像的电子系统。

4. 出入口系统 (Access Control System，ACS)

国标 GB 50348—2018《安全防范工程技术标准》定义出入口系统是利用自定义符识别和(或)生物特征等模式识别技术对出入口目标进行识别，并控制出入口执行机构启闭的电子系统。

5. 停车库(场)安全管理系统 (Security Management System in Parking Lots，SMSPL)

国标 GB 50348—2018《安全防范工程技术标准》定义停车库(场)安全管理系统是对人员和车辆进、出停车库(场)进行登录、监控以及人员和车辆在库(场)内的安全实现综合管理的电子系统。

6. 楼宇对讲系统(Building Intercom System，BIS)

国标 GB 50348—2018《安全防范工程技术标准》定义楼宇对讲系统是采用(可视)对讲方式确认访客，对建筑物(群)出入口进行访客控制与管理的电子系统，又称访客对讲系统。

7. 安全防范管理平台(Security Management Platform，SMP)

国标 GB 50348—2018《安全防范工程技术标准》定义安全防范管理平台是对安全防范系统的各子系统及相关信息系统进行集成，实现实体防护系统、电子防护系统和人力防范资源的有机联动、信息的集中处理与共享应用、风险事件的综合研判、事件处置的指挥调度、系统和设备的统一管理与运行维护等功能的硬件和软件组合。

8. 综合安防(Integrated Security，IS)

综合安防是运用传统安防手段(入侵报警、视频监控、出入口控制、停车库(场)安全管理、楼宇对讲)，融合 IT、物联网、AI 和大数据技术，综合实现安全防范及可视化管理。

9. 综合安防系统(Integrated Security System，ISS)

综合安防系统是以安全防范及可视化管理为目的，综合运用传统安防、IT、物联网、AI 和大数据技术构成的防范及管理系统。

二、基本概念

了解智慧园区综合安防系统的基本概念和设备基础知识有助于更好地理解和应用安防系统，提高园区的安全性和管理水平。

综合安防
系统介绍

1. 智慧园区

智慧园区是信息科学园区，是以"园区＋互联网"为理念，通过信息化和智能化的整合应用，融入社交、移动、物联网、大数据和云计算，将产业集聚发展与城市生活居住的不同空间有机结合，形成社群价值关联、圈层资源共享、土地全时利用的功能复合型城市空间区域，实现透彻感知、全面互联到深入智慧的一种形态。智慧园区一般是由政府和企业共同规划建设的，通常包括产业园区、科技园区、物流园区、工业园区、化工园区等。其重点在于将现代科技元素融入园区建设中，实现智慧化、数字化、节能化，因此也被称为智慧园区。随着科技的不断发展，智慧园区所涉及的领域将会越来越广泛，包括智慧楼宇、智慧物业、智慧招商、智能监控、可视化管理等数字化领域。

2. 智慧园区应用技术

智慧园区需要依托现代高科技来推动，包括大数据、人工智能、云计算、物联网、虚拟现实等技术，具体应用如下。

1) 大数据分析技术

通过对园区内相关数据的收集、分析和处理，可以更准确、更快速地预测设施和设备的维护情况、管理方案等方面的细节，实现园区安全、质量、环境、能耗的预测、预警、规划和引导。通过大数据分析实现多楼宇、楼宇与周边环境的信息互通。

2) 人工智能技术

人工智能对智慧园区的生产流程、节能环保、人员管理、物流管理有很大的帮助。可以通过大量数据训练出智能算法，实现城市园区更精细、更智能化的管理。如利用人脸识别技术实现人员实名制录入、安全管理，同时控制出入规范。

3) 云计算技术

云计算技术是一种采用互联网可提供的弹性资源提供服务的方式。云计算技术可以帮助园区收集大量的数据并进行分析，从而提供一流的数据安全和应用协调服务，使智慧园区的各个部分形成统一的链路，实现更好的资源利用和数据共享。

4) 物联网技术

智慧园区需要大量的设备、传感器等。物联网技术可以集成这些设备，通过网络将它们连通，使其实现自动化控制。例如，可以把园区内的空调、照明等设备智能化，由远程控制来实现集中管理，以此减少能源消耗，提高生产效率。

5) 数字孪生技术

实体与数字孪生体可对建筑物内的传感器数据、历史维护数据进行信息交互，可对挖掘产生的派生数据进行整合，可预测装配式智能建筑的运行状况，也可预见关键事件的系统响应。

3. 安防的概念

安全防范系统是以安全为目的，综合运用实体防护、电子防护等技术构成的防范系统。(国标 GB 50348—2018《安全防范工程技术标准》)。安防的 3 个基本要素是探测、延迟和反应。

(1) 探测：对显性和隐性风险事件的感知，为防范工作赢得时间上的主动。

(2) 延迟：延迟或推迟风险事件发生的进程，推迟违法犯罪的实施时间和治安灾害事故的蔓延，为安防人员争取宝贵的反应时间，以便及时处置风险事件。

(3) 反应：对发生的风险事件采取的行动，以阻止危险的发生或终止犯罪活动。

4. 安防的基本手段

(1) 人力防范：相应素质的人员有组织地防范、处置等的安全管理行为，简称人防。

(2) 实体防范：利用建(构)筑物、屏障、器具、设备或其组合延迟或阻止风险事件的发生的实体防护手段，又称物防。

(3) 电子防范：利用传感、通信、计算机、信息处理及其控制、生物特征识别等技术提高探测、延迟、反应能力的防护手段，又称技防。

5. 技术设备

智慧园区综合安防系统中常见的技术设备包括摄像头、视频录像机[NVR(Network Video Recorder，网络视频录像机)/ DVR(Digital Video Recorder，数字视频录像机)]、视频中心存储设备(Central Video Recorder，CVR)、网络存储器(Network Attached Storage，NAS)、存储网络(Internet Protocol Storage Area Network，IPSAN)、门禁一体机、报警控制器、感应器、防护网等。

6. 数据管理与安全

智慧园区综合安防系统会产生大量的监控数据和相关信息，需要对这些数据进行合理的管理和存储，并保证数据的安全性和隐私保护。

[任务实施]

综合安防系统中涉及多媒体视音频技术、报警探测技术、网络技术、存储技术、显示和控制技术等。

随着多媒体网络技术日新月异的发展，综合安防系统与多媒体的结合应用也日益广泛和深入。无论是视频监控系统、入侵报警系统、门禁系统还是停车场管理系统，多媒体技术在综合安防系统中无处不在，准确了解多媒体的概念和参数含义对日后学习相关综合安防系统应用有积极的意义。

一、智慧园区综合安防系统项目背景

智慧园区是在物联网技术的支持下，通过将各个设备和系统互联互通，实现信息化、智能化管理的现代化城市发展模式。智慧园区不仅注重提升工作和生活的便利性，而且注重提升园区的安全性。传统的园区安防系统往往无法满足城市快速发展对安全和管理的需求，因此设计一套智能化、综合性的安防系统成为当务之急。

二、综合安防系统设计的目标

智慧园区综合安防系统的设计目标是在保障人身安全和财产安全的前提下，提供全方位、智能化的安防解决方案，实现园区的高效管理和安全运营，具体目标如下。

1. 完善的监控系统

搭建高清晰度、全天候、全景监控系统，实现对园区内各个区域、角落的实时监测和记录，提高对突发事件的预警和快速应对能力。

2. 全面的门禁管理

建立安全可控的门禁系统，通过智能识别技术实现对出入园区人员的有效管理和控制，防止未经授权的人员进入，确保园区的安全性。

3. 强大的入侵报警系统

配置先进的入侵报警设备包括红外探测、周界报警等，及时发现非法入侵行为，及时采取应对措施，保护园区的安全。

4. 高效的应急响应

建立紧急事件响应机制，与相关应急机构建立联系，实现快速的信息传递和应急响应，保障园区内的员工和财产的安全。

5. 智能化的管理系统

采用先进的物联网技术和大数据分析构建智慧园区综合管理平台，实现对安防系统的集中监控和管理，提高园区的管理效率和安全水平。

6. 人性化的用户体验

综合安防系统设计强调用户友好性，简化操作流程，提供直观的界面和报警提示，确保用户能够方便地使用和管理整个安防系统。

7. 数据整合和分析

通过合理设计和配置，将各个安防子系统的数据进行整合和分析，实现对园区内安防事件的趋势分析和预测，以便更好地制订安全策略和应对措施。

8. 智能化的视频分析

应用先进的人工智能和计算机视觉技术实现智能视频分析功能，如人脸识别、车辆识别等，以提高安防系统的准确性和敏感性。

9. 跨系统协同工作

除了综合安防系统内部，还要与其他智慧园区管理系统进行协同工作。例如，与楼宇管理系统、公共安全系统、能源管理系统等相互连接和通信，实现资源共享和信息交互，提高整体园区的效能。

10. 可扩展性和适应性

考虑到智慧园区的快速发展和升级需求，综合安防系统的设计要具备良好的扩展性和适应性，能够随着园区规模的增大、功能的增加进行相应的升级和调整，确保系统长期稳定运行。

11. 高可靠性和安全性

综合安防系统设计要重视系统的可靠性和安全性，采用冗余备份机制，防止单点故障；加强数据加密和网络安全措施，防止数据泄露和系统遭到非法入侵。

12. 遵循法律法规和隐私保护

综合安防系统设计要遵守相关的法律法规，并重视对人员隐私的保护。确保系统操作和数据处理符合法律要求，并对数据进行安全存储和访问控制，保护个人隐私权益。

通过设置以上设计目标，能够建立起一套智慧、高效、安全的园区综合安防系统，为园区内的企业、员工及其财产提供全方位的保护。这样的系统设计可以有效提升园区的整体安全性和管理水平，能够为智慧园区的可持续发展和安全运营提供坚实的基础。

三、综合安防系统设计的依据

安防技术领域的标准是安防行业发展的技术基础，标准化工作对行业的规范和引领是保障综合安防技术可持续发展的关键因素。标准体系根据发布者不同可分为国家标准、行业标准、地方标准、团体标准和企业标准。

在安防系统技术领域中，国家标准作为安全防范顶层设计，具体到重点行业中产生的行业标准，落地到省、自治区、直辖市范围内可以制定地方标准，在企业范围内可以制定企业标准。近年来，团体标准作为其他类型标准的补充而出现。随着新技术的发展和其在安防行业的应用，将来会研究和制定更多的标准来规范和推动行业发展。常见的安防建设标准如表 2-1-1 所示。

表 2-1-1   常见的安防建设标准

标准类型	标准号	标准名称
国家标准	GB 55029—2022	《安全防范工程通用规范》
	GB 50348—2018	《安全防范工程技术标准》
	GB/T 28181—2022	《公共安全视频监控联网系统信息传输、交换、控制技术要求》
行业标准	GA/T 1992—2022	《公安监管场所安全防范与信息管理系统技术要求》
	GA 1766—2021	《公安视频图像信息系统验收规范》
	GA 38—2021	《银行安全防范要求》
地方标准	DB32/T4433—2022	《物联网智慧小区安防信息系统安全技术要求》 注：江苏省
	DB33/T 2487—2022	《公共数据安全体系建设指南》 注：浙江省

四、编写智慧园区综合安防系统设计报告

为了完成智慧园区综合安防系统项目的任务实施，需编写一份完整的智慧园区综合安防系统设计报告。这份报告将对整个项目的设计方案进行详细描述和说明，同时提供必要的技术和实施细节。

首先，明确文档的结构和目标。在设计报告中可以介绍智慧园区的背景和目标，包括园区规模、功能需求和安全要求等。详细描述项目的设计理念和原则，说明设计方案的基本思路和依据。

其次，详细描述综合安防系统的各个组成部分。通过逐一介绍监控摄像头、报警器、门禁系统、入侵紧急报警系统等设备的选型原则和功能特点，进行各个设备之间的连接和布局安排，以及与其他智能设备和系统的集成情况。

再次，详细描述智慧园区的布线拓扑结构和网络架构。根据园区的实际情况，给出布线路径的选择原则和技术要求，包括有线连接和无线连接的规划和设计；介绍网络设备和系统的设置和配置，以确保系统的稳定和高效运行；说明如何对监控设备进行布置和调整，如何设置报警规则和触发条件，以满足园区的安全需求；描述监控数据的采集、存储和分析方法，并介绍可以提供给园区管理人员的报告和统计信息。

最后，总结关键设计决策和实施注意事项，项目的预算、时间规划，项目的交付和验收标准，提出对未来系统扩展和升级的建议，以适应园区的发展需求。

通过编写这份设计报告，能够全面了解智慧园区综合安防系统的设计和实施过程，培养项目管理和技术实施的能力，并为在实际工作中面对类似项目提供有益的经验和指导。

五、绘制智慧园区综合安防系统布线拓扑结构图

根据智慧园区的应用情况进行相关调研，研究园区的布局、面积、建筑结构以及综合

安防系统所需的监控区域和覆盖范围等，按照园区的布局和设备的位置考虑设备之间的连接方式、布线路径，合理规划布线的复杂性和稳定性，完成综合安防系统的布线结构图。

完成布线任务后，可以通过比对已绘制的拓扑图与实际布线情况的一致性来评估其准确性和可行性。如有必要，还可以根据实际情况对综合安防系统的布线结构图进行修改和优化。

六、任务实施

通过查阅教材、上网搜索资料、听课、讨论等完成表 2-1-2 所示的任务，确保项目顺利实施，并进行自我评价。

表 2-1-2　任务实施清单

序号	工　作　要　求	工　作　内　容	验收方式
1	调研用户需求，进行总体设计		总体设计报告
2	列出项目依据标准		相关标准
3	编写园区综合安防系统详细设计		详细设计报告
4	根据园区布局绘制综合安防系统拓扑结构图		拓扑结构图

任务 2　视频监控系统

[任务描述]

本任务根据智慧园区视频监控需求，进行监控设备及视频存储设备选型，实现各类视频监控设备的安装与接线操作，搭建视频传输网络，进行视频监控系统的安装和调试，确保视频监控系统正常工作。

[知识准备]

一、视频监控系统

视频监控系统可实时、真实地反应被监控对象，其应用非常广泛。从应用规模上看，智能家居、智能小区、智慧园区乃至智慧城市中，处处都有视频监控系统的身影；从应用行业来看，智慧交通、智慧物流、智慧医疗、智慧超市等，几乎所有行业都有视频监控系统的应用。以智慧园区为例，简单展示视频监控系统在实际场景中的应用，如图 2-2-1 所示。

图 2-2-1　视频监控系统在园区中的应用

以园区监控为例，视频监控系统的应用主要为在园区周界、核心要道、楼道内部安装摄像机，实时记录现场视频图像。图 2-2-2 为楼道内安装的半球型网络摄像机，图 2-2-3 为园区周界安装的枪机和球机。

图 2-2-2　楼道内半球型网络摄像机　　　　　　图 2-2-3　园区周界枪机和球机

室外摄像机需要的电源、网络等基础设备一般放在落地机柜和配电箱内，如图 2-2-4 所示。

图 2-2-4　落地机柜及配电箱

数据将通过传输设备(落地机柜内的交换机)接入中心机房中，供存储设备、视频管理平台调配和使用。机房中的控制设备会根据用户需求将实时图像或存储的录像投放在显示屏上面，如图 2-2-5 所示。

图 2-2-5　中心机房(左)及监控中心(右)

二、视音频概述

广义的图像是所有具有视觉效果的画面，照片、绘画、地图、书法作品、X 光片、卫星图等都是图像。综合安防行业所说的图像特指经由光学系统采集物体反射或者投射光线后，形成的反映客观世界的画面。而当连续的图像变化超过每秒 24 帧(frame)画面时，由于人眼的视觉暂留原理，人眼无法辨别单幅的静态画面，看上去是平滑连续的效果，这样连续的画面称为视频。因此，视频本质上就是连续的图像。

音频信息是指自然界中各种音源发出的可闻声和由计算机通过专门设备合成的语音或音乐，按照表示媒体的不同，可以分为语音、音乐和效果声。下面主要介绍图像和声音的相关基础知识。

1. 图像

1) 图像的色彩模型

色彩模型也叫颜色空间或色域。从本质上看，图像就是各种颜色的组合。在多媒体系统中常涉及用不同的色彩模型来表示图像的颜色，如计算机显示时采用 RGB 色彩模型，在彩色全电视数字化系统中使用 YUV 色彩模型，彩色印刷时采用 CMYK 色彩模型等。不同的色彩模型对应不同的应用场合，在图像生成、存储、处理及显示时，可能需要做不同的色彩模型处理和转换。下面将重点介绍综合安防领域较为常用的 RGB 模型和 YUV 模型。

RGB 模型是根据颜色的发光原理设计的，任何一种颜色都可以由红(Red)、绿(Green)、蓝(Blue)3 种颜色按不同比例混合而成。在图像中，每一个像素的颜色可以由不同亮度的红、绿、蓝色光组合而成。

YUV 模型的特点是将亮度和色度分开，从而更适合图像处理领域。在 YUV 中，Y 代表明亮度，是灰阶值，U 和 V 表示色度，作用是描述图像色彩和饱和度。YUV 分量之间的独立性原理很好地解决了黑白和彩色显示设备之间的兼容问题。

2) 图像的参数

亮度、对比度、饱和度和锐度是描述画面质量是否符合人眼对真实环境的感受的参数。亮度是画面的亮暗程度；对比度是图像暗部与亮部的对比程度；饱和度是图像色彩的纯度；锐度是图像物体边缘的锐利程度。

2. 声音

声音是物体振动产生的声波，是通过介质(空气、固体、液体)传播并能被人或动物听觉器官所感知的波动现象。人耳不仅能分辨出声音的强度、音调及音色，还能分辨出声音的方向和深度，并感受空间感和纵深感。通常将人耳对声音的主观感受，即响度、音调和音色称为声音的三要素。

1) 响度

在物理学中，把人耳感觉到的声音的强弱叫作响度。响度又被称为音量或声量。在声学上，通常用分贝(dB)来计量声音的强弱。

2) 音调

声音的高低叫作音调，发声体在 1 s 内振动的次数叫作频率，单位是赫兹(Hz)。频率决定音调。物体振动得快,发出声音的音调就高;物体振动得慢,发出声音的音调就低。人耳能听到的声音频率范围为 20~20 000 Hz,低于 20 Hz 的声音叫作次声波,高于 20 000 Hz 的声音叫作超声波。

3) 音色

不同发声体由于材料、结构等的不同,其所发出的声音在波形方面会有自己的特点。例如,不同的乐器发出的声音不一样,每个人的声音也不一样,因此可以把音色理解为声音的特征。

三、图像处理技术

综合安防系统通过摄像机来完成图像的采集,摄像机通常由镜头、图像传感器(Sensor)、图像信号处理器(Image Signal Processor,ISP)和数字信号处理器(Digital Signal Processor,DSP)组成,主要功能是将被摄物体反射的光学信号转变成数字信号。

目前主流的网络视频监控系统使用的前端编码设备是网络摄像机(Network Camera,也称 IP Camera,即 IPC)。它的工作原理是:被摄物体反射的光线传播到镜头,经镜头成像在图像传感器 CCD(Charge Coupled Device,感光耦合组件)/CMOS(Complementary Metal-Oxide-Semiconductor,互补金属氧化物半导体)表面,将视频转变成数字信号。由于光的强弱不同,图像传感器会积累相应的电荷,在相关电路控制下,积累电荷逐点移出,经过滤波、放大后输入数字信号处理器进行图像信号处理和编码压缩,最后形成数字信号,通过网络(NET)输出,如图 2-2-6 所示。

图 2-2-6 网络摄像机信号处理

自第一台摄像机问世以来,历经 150 余年的发展,图像质量已经实现了质的飞跃,这当中离不开光学镜头制造技术与传感器制造技术的快速发展。除了通过调节摄像机镜头参数来改变图像基本参数(比如调节镜头光圈来改变图像亮度)之外,在大多数情况下,图像质量的提高还是要依靠摄像机的传感器以及内部图像处理芯片的处理技术。

1. 增益

增益是指通过增加信号的幅度来提高图像的亮度,调整图像的对比度,使其更适合观察和分析。在环境照度较低的情况下,图像传感器输出电平信号较低,利用信号放大电路进行处理可以提升画面整体亮度。但是,盲目提升增益会带来图像噪声[1]的问题。

自然场景的光线亮度变化范围非常大,晴天太阳光下的照度有几千勒克斯[2],到夜晚

---

[1] 图像噪声:图像中一种亮度或颜色信息的随机变化(被摄物体本身并没有),通常是电子噪声的表现。

[2] 勒克斯:光照度的单位,用 lx 表示,是被摄物体表面单位面积上受到的光通量。

可能会小于 0.01 lx。通过增益的自动调节可以将曝光亮度调整至合理范畴。

2. 白平衡校正

白平衡校正是摄像机在不同色温下仍能将白色还原为纯白(灰)色的能力。

人眼所看到的白色是物体在一束包含全部可见光光谱的光线照射下，全反射形成的"颜色"，但在实际环境中存在大量有非全光谱光线补光的情况(如常见的钨丝灯泡，其光源是暖色偏黄的，在该情况下，原来白色的纸会出现偏黄情况)。

对各类非全光谱的光源，以色温表征其特性。当某一光源所发出的光的光谱分布与不反光、不透光、完全吸收光的黑体在某一温度辐射出的光谱分布相同时，就把绝对黑体的温度称为这一光源的色温，单位为"开尔文(K)"。低色温光源的特征是能量分布中红辐射相对较多，通常称为"暖光"；色温提高后，能量分布集中，蓝辐射的比例增加，通常称为"冷光"。

3. 宽动态

宽动态中的"动态"指摄像机在面对强光和暗光同时存在的场景时，能够同时清晰捕捉到明亮区域和暗淡区域的能力。宽动态技术是为了解决在明亮背景下画面主体过暗而丢失细节问题而产生的，分为数字宽动态和真宽动态。

数字宽动态利用图像信号处理技术，使得画面暗部提亮，过曝处降暗，是一种纯软件处理的方式。它能处理的情况有限，对于完全过曝或欠曝区域的处理会带来严重的噪点情况。

真宽动态技术通过软硬件结合的方式实现，要求使用的摄像机必须配备具有宽动态功能的 CMOS 图像传感器，还需要配合数字图像处理器进行处理。

4. 透雾

透雾是在大雾天气让画面变清晰的技术手段，分为算法透雾与光学透雾。

算法透雾是依赖图像信号处理的纯软件技术。它通过增强画面的物体边缘、提升画面对比度等手段，使物体的轮廓更清晰。算法透雾保留了画面的颜色信息。

光学透雾是一种软硬件结合的图像处理技术。在大雾环境中，它通过滤光片截取特定近红外波段光线，并采用针对红外波段成像特殊优化的镜头，利用雾气中的红外光进行成像。尽管画面只能是黑白图像，但整体透雾的效果有较大提升。

5. 降噪

硬件处理电路由于其性能限制，在各类处理环节无法将噪声信号完全过滤，或在处理过程中引入新的噪声信号，最终图像呈现出不规则运动的图像噪点，导致图像清晰度下降。降噪技术就是对图像噪点进行去除和优化的技术，其基础原理是各类噪声的加权平均和为零。

6. 图像拼接技术

图像拼接技术是通过检测并提取图像的特征和关键点进行算法比较，匹配两个画面内最接近的特征和关键点，并通过估算单应矩阵、透视变换等算法处理，找到重叠的图片部分完成连接。

目前行业内全景拼接技术最常见的应用是鹰眼、双拼双舱等设备，呈现出广角的预览画面。

四、音频处理技术

综合安防系统除了要能看到，还需要能听到，即让指挥中心拥有"顺风耳"。计算机想要处理自然界中的声音，需要通过专门的设备对声音进行采集。在采集的过程中将声音转换为计算机可以理解的二进制形式(即声音的数字化)，用于后续的处理与存储。拾音器是常用的音频采集设备，它由麦克风和音频放大电路构成，可以将自然界中的声音转换成电信号，在综合安防系统中常用于采集摄像机所处环境的声音。

1. 噪声抑制

在语音通话的过程中，存在背景噪声太大无法听清正常话音的问题，音频系统可对音频信号中含有的噪声进行抑制，以提高音频质量。

2. 回音消除

在两方对讲的场景中，调度员在监控中心讲话，声音通过麦克风传到室外摄像机外接的扬声器，扬声器发出的声音又被摄像机外接的拾音器拾取，传回到监控中心的音响，这样调度员就会听到自己讲话的回音。

回声消除技术采用回波抵消方法，通过自适应方法估计回波信号的大小，然后在接收信号中减去此估计值以抵消回波。

3. 自动增益控制

自动增益控制是使放大电路的增益自动随信号强度变化而调整的自动控制方法。当输入信号达到一定强度时，减小增益，使输出信号的强度减小；当输入信号比较弱时，增大增益，使输出信号的强度增强。

五、视频编解码技术

1. 视频编码技术

视频编码压缩的原理是：原始视频图像中存在很大的冗余度，在传输之前先去除冗余数据[1]，达到压缩效果。最基本的视频压缩编码方法有预测编码、变换编码和熵编码。

1) 预测编码

预测编码是最简单实用的视频压缩编码方法。同一幅图像的邻近像素之间有着相关性，而邻近像素之间发生突变或不相似的概率很小，可以利用这些性质进行视频压缩编码。预测编码后传输的并不是像素本身的取样幅值，而是该取样的预测值和实际值之差。

2) 变换编码

变换编码的基本原理是通过正交函数把图像从空域转换为能量比较集中的变换域，然后对变换系数进行量化和编码，从而达到缩减数码率[2]的目的。因此变换编码也称为正交变

---

[1] 冗余数据：指同一个数据在系统中多次重复出现。

[2] 数码率：数据传输时单位时间内传送的数据位数，常用单位是 kb/s，即千位每秒。通俗一点的理解，数码率就是取样率，单位时间内取样率越大，精度越高，处理出来的文件就越接近原始文件。

换编码。

在变换编码时，初始数据要从初始空域或时域进行数学变换，变换为一个更适于压缩的抽象域。经过变换后，信息中特征最明显的部分更易于识别，并可能成组出现。变换编码要选择一个最佳的变换，以便对特定数据实现最优的压缩，常用的数学变换是离散余弦变换。

3) 熵编码

利用信源的统计特性进行码率压缩的编码称为熵编码(或统计编码)。常用的熵编码有两种：变长编码(或哈夫曼编码)和算术编码。熵编码的特点是无损编码，但是压缩率比较低，一般在变换编码后作进一步压缩。

2. 视频压缩标准

国际标准化组织(ISO)根据视频通信的发展制定了一系列图像压缩标准，如静止图像压缩标准 JPEG，运动视频图像压缩标准 H.26X、MPEG-X 系列等。下面简单介绍 MPEG-X、H.264 和 H.265 标准。

1) MPEG-X 系列标准

MPEG(Moving Pictures Experts Group，动态图像专家组)系列标准是 ISO 和国际电工委员会(IEC)建立的。MPEG 制定了可用于数字存储介质上的视频及其相关音频的压缩算法国际标准，这些标准简称 MPEG-X 系列标准。

MPEG-X 系列标准具有兼容性好、压缩率较高(最高可达 200∶1)和音视频失真小的特点，应用广泛。

2) H.264 图像编码压缩标准

国际电信联盟电信标准化部门(ITU-T)是制定视频编码标准的另一国际组织，成立于1993 年，它的前身是国际电报和电话咨询委员会(CCITT)。ITU-T 研究和制定除无线电以外的所有电信领域标准，已通过的建议书有 2600 多项。

ITU-T 的视频编码标准包括 H.263 和 H.264，此类标准主要应用于实时视频通信领域，如会议电视、视频监控等。相对于早期的视频压缩标准，H.264 引入了很多先进技术，包括 4×4 整数变换、16×16 亮度块预测、基于空域的帧内预测技术、高精度的运动估计等。新技术带来了较高的压缩比，但同时大大提高了算法的复杂度。

H.264 不仅比 MPEG-4 节约了 50%的码率，而且在网络传输方面具有更好的支持功能，有利于网络中视频的流媒体传输，可获得平稳的图像质量。因此，H.264 在综合安防领域应用广泛，网络摄像机和硬盘录像机基本都支持 H.264 标准编码。

H.264 标准使用 I 帧、P 帧、B 帧来表示传输的视频画面。其中 I 帧称为帧内编码帧，是一种自带信息的独立帧，无须参考其他图像便可独立解码显示。在视频序列中第一个帧始终为 I 帧，因此 I 帧又称为关键帧。P 帧称为帧间预测编码帧，需要参考前面的 I 帧才能进行编码，表示的是当前帧画面与前一帧(I 帧或 P 帧)画面的差别，因此 P 帧占用的数据位更少。B 帧称为双向预测编码帧，记录的是本帧与前、后帧的差别。在解码 B 帧时，需要对前后两帧解码，叠加本帧的数据才能获得最终的画面。因此，B 帧是这 3 种帧中压缩率最高的，对解码性能要求也更高。

3) H.265 图像编码压缩标准

2013 年，ITU-T 和 ISO/IEC 通力合作发布了新一代高效视频编码标准(High Efficiency

Video Coding，HEVC 或 H.265)。H.265 包含最新的视频编码技术，与上一代 H.264 相比，在相同的编码质量下能够节约 50%左右的码率，其软硬件实现也具有更好的实用性。H.265 已经逐步取代 H.264，在各种视频业务中获得了广泛的应用。

3. 视频解码技术

解码设备位于视频监控系统的中心位置，是系统的"大脑"和"心脏"，是整个系统功能的指挥中心。其工作包括对视频的解码上墙[①]、本地信号的输入输出切换，并在切换的同时对图像进行拼接、漫游、缩放、分屏等多样化处理。解码设备主要包括解码器、视频综合平台、网络键盘等，如图 2-2-7 所示。

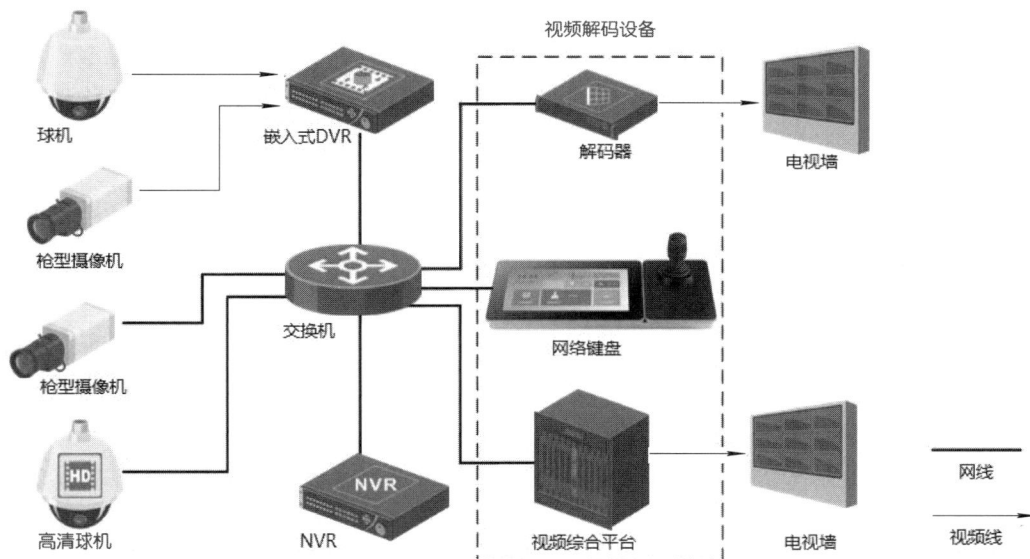

图 2-2-7 解码设备

视频解码是视频编码的逆过程，完成该工作的设备是视频解码器，其主要功能是将网络数字信号转换为模拟视频信号，然后输出到电视墙上进行视频显示。常说的解码器指硬解码器，使用 DSP 解码芯片来完成解码工作。

解码器有多种输出口规格，可按照监控中心屏幕数量和解码需求选择对应的规格，通常适用于中小型监控场所。

六、音频编解码技术

一般来说，采样频率和量化位数越高，声音质量就越高，保存这段声音所用的空间也就越大，因此对数字音频进行压缩是有必要的。与视频压缩情况一样，对音频进行压缩的同时需要尽量减少受损的程度。

1. 音频编码技术

在实际应用中，音频压缩技术的选择需要综合考虑音频质量、压缩比、计算复杂度等

---

① 上墙：将预览视频、回放视频、报警触发视频、本地桌面等内容显示到电视墙上。

因素。常用的音频压缩编码方法主要有波形编码、参数编码、混合编码和感知编码等。对于不同的音频编码方式，其运算复杂度、重构信号的质量、压缩率、编码和解码的延迟都会有很大的不同，因此它们的应用场景也不同。

1) 波形编码

波形编码是基于信号统计特性进行音频压缩的编码方法，也是最简单、应用最早的音频编码方法，具有实施方便、适应性强、音频质量好等特点，其不足之处是压缩比不高，数据量较大。由于波形编码损耗较低，常见的 Audio CD、DVD 采用了 PCM(Pulse Code Modulation，脉冲编码调制)编码，以提供最保真的听音享受。

2) 参数编码

人类发声器官产生声音的过程可以用一个数学模型来逼近，称为语音信号模型。参数编码方法基于语音信号模型中的参数，将提取的参数进行采样、量化、编码，最后将合成的数据发送。接收端接收合成的数据后，通过语音生成模型重构语音信号。

参数编码的优点是压缩比高，适用于窄带信道①的语音通信，如航空通信。其缺点是计算量大、重构的信号质量差。常用的参数编码方法是线性预测编码(Linear Predictive Coding，LPC)。

3) 混合编码

混合编码将波形编码的高质量与参数编码的低数据率相结合，可以在较低数据率下获得较高的音质。它将综合滤波器引入编码器，得到一种可变的激励信号，使得产生的波形尽可能接近原信号的波形。

这种编码方式克服了波形编码和参数编码存在的弱点，有较好的编码效果。常见的混合编码包括码激励线性预测编码(Code Excited Linear Prediction，CELP)和多脉冲激励线性预测编码(Multi-Pulse LPC，MPLPC)等。

4) 感知编码

感知编码利用了人类听觉系统中的某些特定缺陷，通过消除不被感知的冗余信息来实现信号编码。感知编码一方面运用信号的统计特性移除了信号之间的冗余度，另一方面利用心理声学中的掩蔽特性去掉了人耳系统无法感知的部分，从而实现更高效率的音频压缩。

我们熟知的 MP3 和 AAC 音频格式都基于感知编码技术，如 MP3 能够在 12∶1 的压缩比下达到近似 CD 的音质。

2. 音频压缩标准

当前音频压缩编码的国际标准主要有针对多媒体通信制定的 G.7xx 语音编码系列和 MPEG 音频系列。

---

① 窄带信道：信源信号通常需要一个载波信号来调制，才能发送到远方。信源信号带宽远小于载波中心频率的是窄带信号，反之，二者大小可比拟的称为宽带信号。信道是信号在通信系统中传输的通道，是信号从发射端传输到接收端所经过的传输媒质。

1) G.7xx 语音编码标准

G.7xx 是综合安防领域使用的主流标准之一。CCITT 先后提出了一系列语音编码标准，它采用的是自适应差分脉冲编码(Adaptive Differential Pulse Code Modulation，ADPCM)，数据率为 32 kb/s。这两个标准已用于 200～3400 Hz 窄带话音信号。

低码率、短时延、高质量是人们期望的目标，CCITT 在 1992 年和 1993 年分别公布了浮点和定点算法的 G.728 标准，该算法时延小于 2 ms，话音质量可达 MOS 4 分以上。

2) MPEG 音频编码标准

MPEG 在制定运动图像编码标准的同时也为图像伴音制定了 20 kHz 的音频编码标准，包括 MPEG-1、MPEG-2、MPEG-4 音频编码。

七、视频监控系统的组成

视频监控系统通常由前端编码设备、传输设备、存储设备、控制设备、显示设备及管理终端几部分组成。设备根据所在组成部分的功能特点，在系统中发挥不同作用。处于同一系统的所有设备不仅在功能上相互补充，在性能上也要相互协调，从而共同达到系统的最佳应用效果。

视频监控
系统架构

1. 系统结构

视频监控系统的结构如图 2-2-8 所示。

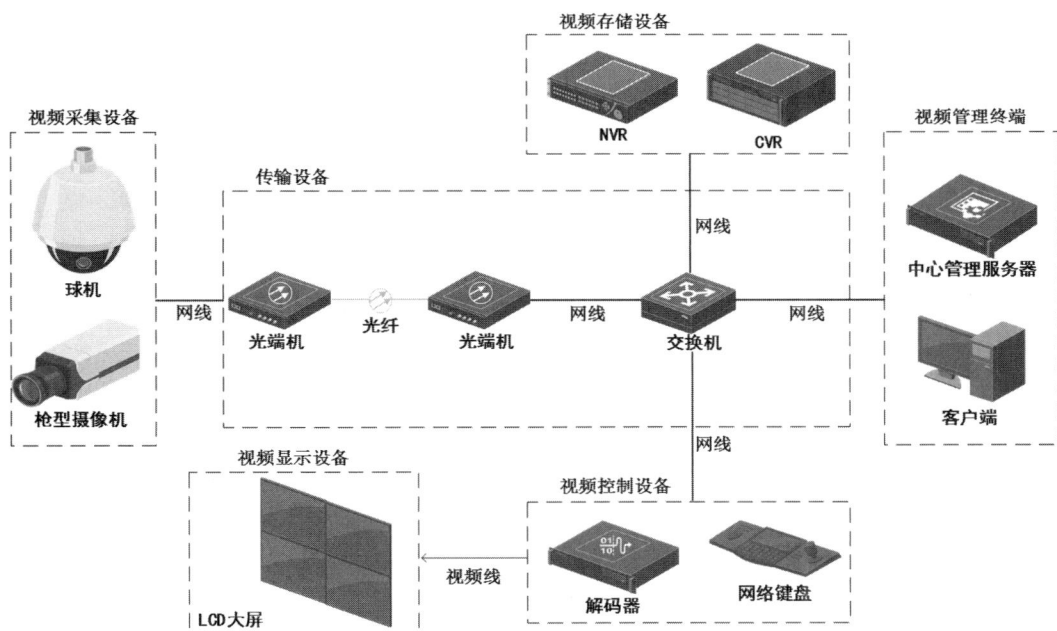

图 2-2-8　典型视频监控系统的组成

前端编码设备是指视频监控系统中的各类摄像机，属于前端部分，主要用于采集和探测目标区域，将收集到的图像以及各类数据经过视音频编码压缩后，通过传输设备传输到其他子系统。

视频传输设备在视频监控系统中负责传送视频和控制信号。选择何种介质、设备以及方案设计直接关系整个视频监控系统的图像质量、稳定性、可靠性。传输系统通常由交换机、光端机、无线网桥、传输介质等基础设备组成。

视频存储设备将前端编码设备传回的图像保存在存储介质(硬盘)中，以供后续调取查看。如果前端编码设备是模拟摄像机，则存储设备往往还要具有视频压缩的功能。目前主流的网络视频监控系统中，图像的编码压缩由前端摄像机完成，存储设备负责录像存储。

视频显示设备的作用是对视频信号进行还原显示，供操作人员或值班人员观看。主流的视频显示设备按照显示方式大体可分为 DLP(背投)、LCD(拼接屏、监视器)和 LED 3 种。每种设备都有各自的优缺点，可以根据应用需求选择合适的显示设备。

视频控制设备的主要功能是将前端编码设备采集到的图像或历史录像按照实际业务需求显示在视频显示设备上，并实现拼接、开窗、轮巡、漫游、缩放等功能。它主要包括网络键盘、解码器、视频综合平台、拼接控制器等设备。

视频管理终端主要用于对视频监控系统中种类众多、数量庞大的设备进行统一使用、管理和运维。(这里所说的管理终端与解码设备中的视频综合平台并非同一种产品。管理终端是一套软件，视频综合平台则是硬件设备。)

2. 前端编码设备

前端编码设备的核心是摄像机。如图 2-2-9 所示的网络摄像机主要负责监控和探测关注区域，实现光信号到电信号的转变，提供高质量的视频信号和相关探测数据。

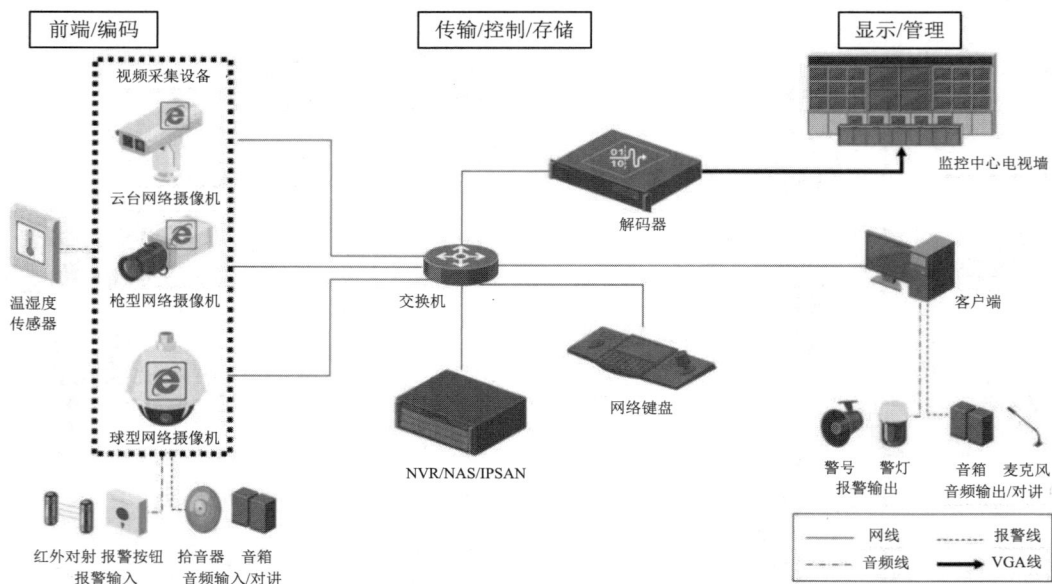

图 2-2-9　网络视频监控系统中的前端编码设备

3. 摄像机的镜头

镜头是摄像机的关键成像器件，由多个不同材料、不同形状的透镜按照一定方式组合而成。被摄物体的光线通过多个透镜折射后最终聚焦在图像传感器上，好比人的眼睛将五彩缤纷的世界成像在视网膜上。

一个好的镜头能够带来通透、清晰、锐利的图像，所以镜头的选择非常关键。镜头的关键参数有以下 5 个：

1) 焦距

焦距是摄像机镜片到图像传感器靶面的距离，如图 2-2-10 所示。焦距使用 f 表示，例如 $f=2.8\sim12$ mm 代表焦距范围是 $2.8\sim12$ mm。

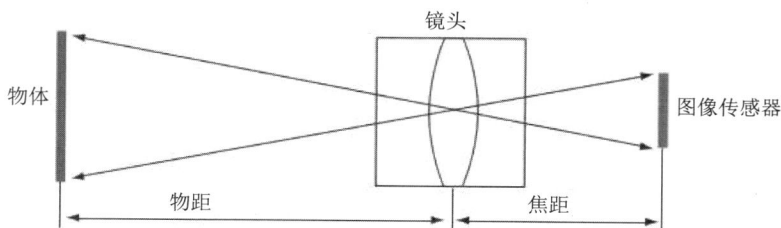

图 2-2-10　焦距

镜头焦距的长短决定着拍摄距离、拍摄范围(视场角)和成像景深[①]等。当摄像机拍摄远近不同的物体时，会进行拉近拉远的操作，以获得不同的画面大小，这个过程称为变焦。焦距越大，拍摄距离越远，拍摄范围(视场角)越小，如图 2-2-11 所示。而对景深而言，镜头焦距越长，景深越浅；镜头焦距越短，景深越深。

标准焦距镜头　$f=50$ mm

长焦镜头　$f=135$ mm

鱼眼镜头　$f=8$ mm

短焦镜头　$f=24$ mm

图 2-2-11　焦距与成像大小、视场角的关系

2) 像面尺寸

像面尺寸是镜头能够采集到的实像的尺寸。不同款的摄像机图像传感器靶面大小不同，镜头也有对应的像面尺寸与之匹配。镜头像面尺寸必须不小于传感器尺寸，否则图像四周

---

① 景深：在摄影机镜头或其他成像器前沿能够取得清晰图像的成像轴线所测定的被摄物体前后的距离范围。

会出现黑边。例如，摄像机的传感器尺寸为 1/1.8 in，如果匹配像面尺寸为 1/3 in 的镜头，就会出现黑边，如图 2-2-12 所示。

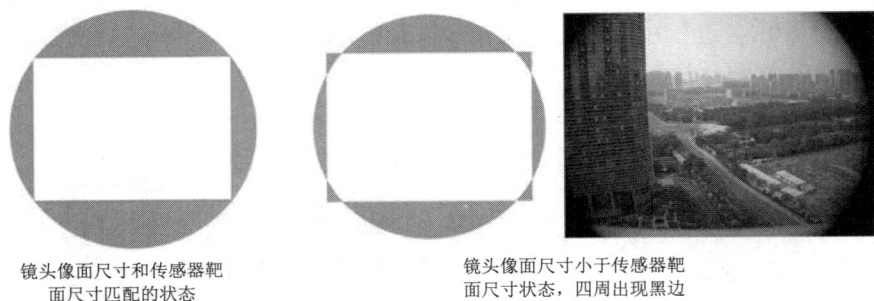

图 2-2-12   镜头像面尺寸与传感器靶面尺寸的关系

3) 光圈

人眼通过控制进入眼睛的光线来更好地观察物体：看到强光源(如太阳)时会眯眼，而傍晚光线较弱时会睁大眼睛。摄像机的镜头也是如此：为了控制镜头通光量的大小，镜头后部设置了一些带孔的金属薄片，称为光圈。

镜头光圈越大，表示通光量越大，图像传感器能接收到更多的光，低照度下成像效果越好。通光量以镜头的焦距 f 和通光孔径 D 的比值来衡量，称为光圈系数，用 F 来标记：$F=f/D$。

每个镜头上都标有最大 F 值，如图 2-2-13 所示，如 $F1$、$F1.4$、$F2$、$F2.8$、$F4$ 等。F 值越小，表示光圈越大，通光量也就越大。

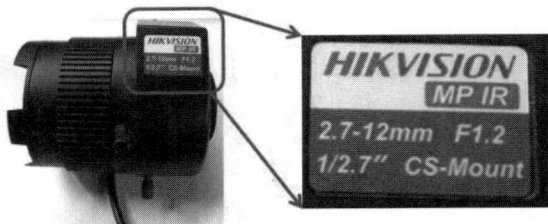

图 2-2-13   镜头 F 值

图 2-2-14 为 $F1.4$ 和 $F3.0$ 光圈镜头夜间成像对比图。在同样的环境下，F 值越小，通光量越大，成像效果越好。

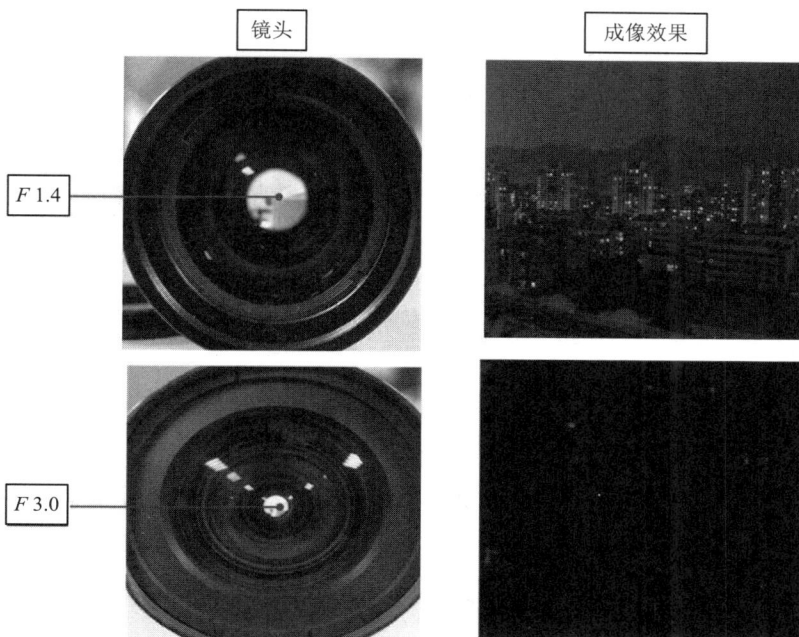

图 2-2-14　镜头光圈大小和成像的关系

4) 镜头接口

镜头接口用于裸摄像机和镜头对接，须匹配使用，在枪型网络摄像机中应用比较广泛，如图 2-2-15 所示。目前主流的镜头接口是 C 与 CS 接口，二者的区别在于镜头与摄像机接触面至镜头焦平面(摄像机图像传感器的位置)的距离不同。C 型镜头与 CS 型摄像机之间增加一个 C/CS 转接环即可配合使用，如图 2-2-16 所示。而 CS 型镜头与 C 型摄像机无法配合使用。

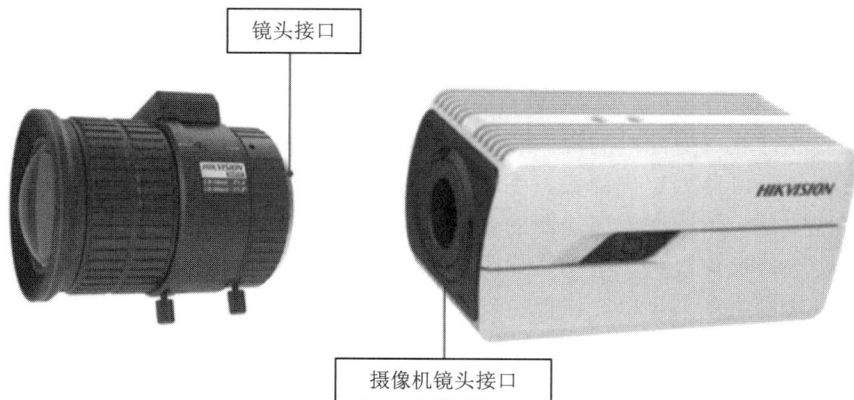

图 2-2-15　枪型网络摄像机的镜头接口

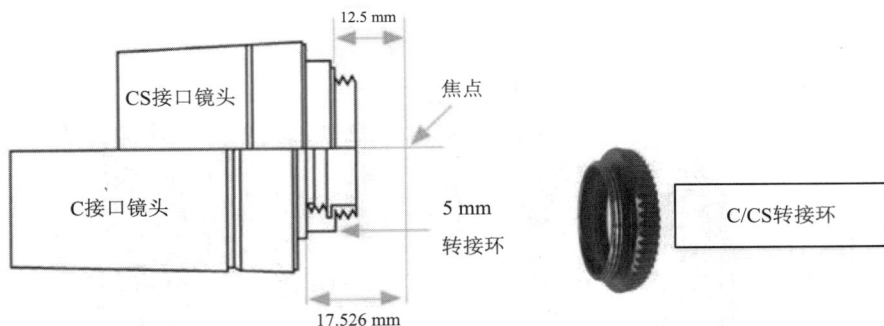

图 2-2-16   C 接口镜头和 CS 接口镜头

5）镜头分辨率

镜头分辨率表示该镜头能匹配使用的图像传感器所对应的最高成像像素。镜头搭配摄像机使用时，需保证镜头分辨率大于等于图像传感器的分辨率，否则可能导致成像的画质受损，如图 2-2-17 所示。若镜头上标注 MP，则说明该镜头支持百万级像素。目前综合安防领域主流使用的镜头普遍为百万级。

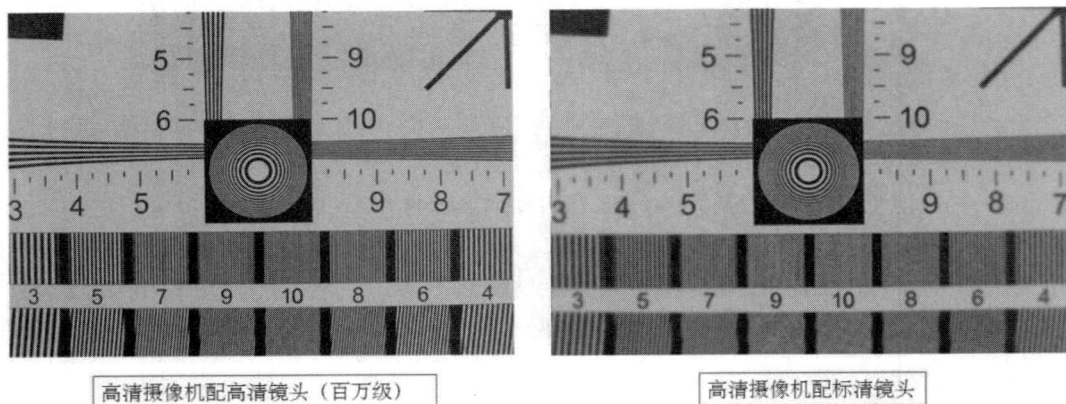

图 2-2-17   镜头分辨率

4. 镜头的种类

在视频监控行业，摄像机的镜头通常以镜头的关键参数来分类。

镜头根据焦距可分为定焦镜头、手动变焦镜头和电动变焦镜头。定焦镜头的焦距不可调，需要根据实际应用选择对应焦距的定焦镜头——近距离监控需要选择短焦镜头，远距离监控则需要选择长焦镜头。手动变焦镜头的焦距可以调节，但必须根据监控场景选择合适的焦距。电动变焦镜头可以在摄像机安装好后通过网络远程调整焦距和聚焦，以满足不同场景的监控需求。

根据光圈区分，可分为手动光圈镜头和自动光圈镜头。手动光圈镜头适用于环境亮度相对恒定的应用场景，比如室内场景；自动光圈镜头适用于环境亮度变化大的应用场景，比如室外场景。

根据镜头接口区分，可分为 C 接口镜头和 CS 接口镜头，摄像机的镜头接口与镜头类型必须匹配才能正常使用。

根据镜头分辨率区分，可分为高清镜头(适配百万级像素图像传感器)和标清镜头。为了保证监控画面清晰，应尽量选择高分辨率的镜头。

5. 摄像机的类型

根据摄像机的外形区分，目前主流摄像机为网络摄像机，常见的类型有固定网络摄像机、云台网络摄像机和球型网络摄像机。

1) 固定网络摄像机

固定网络摄像机用于拍摄固定场景，如室内、重要路段、重点出入口等。根据应用环境和需求的不同，通常分为枪型网络摄像机、护罩一体机、筒型网络摄像机和半球型网络摄像机。

(1) 枪型网络摄像机(简称枪机)主要由裸摄像机和镜头组成，如图 2-2-18 所示。其结构简单小巧，通常在室内场景使用，一般需要手动调试镜头。枪型网络摄像机的接口和可用配件(如镜头、护罩、云台等)丰富，具有非常强的可扩展性，适用于多种复杂场景。

图 2-2-18　枪型网络摄像机的外形

(2) 护罩一体机在枪型网络摄像机的基础上加入了护罩，如图 2-2-19 所示。除了加强防水防尘性能外，护罩通常还支持补光、雨刷、加热、制冷等功能，大大增强了枪型网络摄像机的环境适应性，应用更加灵活。

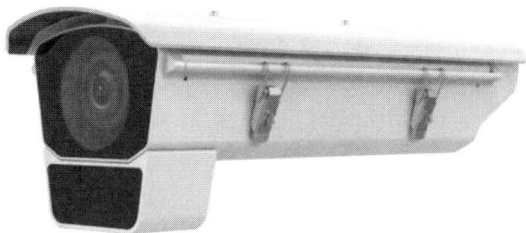

图 2-2-19　护罩一体机的外形

(3) 筒型网络摄像机(简称筒机)采用一体化设计，如图 2-2-20 所示。镜头组件安装在摄像机内部，体积小且防水防尘，可直接安装在室内或者室外场景。护罩一体机虽然解决了枪机无法适配环境变化的问题，但它体型相对较大，通常需要投入较大的人力去现场组装和调试，筒机的出现解决了这部分难题。

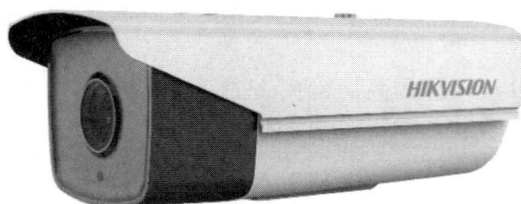

图 2-2-20   筒型网络摄像机的外形

(4) 半球型网络摄像机(简称半球)如图 2-2-21 所示。它的外观主要以白色、银灰色为主，小巧轻便，一般依托室内天花板吸顶安装。半球型网络摄像机一般安装于室内。由于其既能保证监控效果，又能和整体环境融为一体，适用于对整体装饰美观协调要求较高的场所，如商铺、办公写字楼等场景。

图 2-2-21   半球型网络摄像机的外形

2) 云台网络摄像机

云台网络摄像机(简称云台)主要由一体化摄像机和云台组成，如图 2-2-22 所示。云台网络摄像机可以远程控制摄像机在水平、垂直方向转动，并且支持远程调节摄像机的焦距，根据被摄目标的远近和大小选择合适的放大倍率进行实时监控。同时，云台内部集成了加热、制冷、雨刷、补光灯模块，能够适应复杂多样的环境，适用于广场、公共园区、机场、火车站、体育馆、操场、野外、山顶等大型场景。

图 2-2-22   云台网络摄像机的外形

云台网络摄像机根据载重量区分，可细分为轻载云台、中载云台和重载云台。和球型网络摄像机相比，它具备更大的仰角，外形更有威慑力，抗风能力更强，且由于云台尺寸较大，内部集成的镜头焦距可达 1000 mm，气象情况良好时，可在 2 km 外看清车牌。

　　3) 球型网络摄像机

　　球型网络摄像机(简称球机)内置电动云台，可在水平、垂直方向转动，能够手动或自动对感兴趣目标进行变倍追踪，可以兼顾大场景、多场景监控和细节提取，适应于大范围追踪监控，如图 2-2-23 所示。球机的云台控制、镜头变倍控制精细，响应快速；机型适中，一体化防水，可集成多种功能模块，如补光灯、雨刷、温控系统等；场景适应能力强，有多种安装方式，依托现有的墙面、立杆即可完成安装。

图 2-2-23　球型网络摄像机的外形

6. 摄像机的接口及配件

　　为了确保摄像机的正常使用、增强摄像机的环境适应性、拓展摄像机的功能，通常需要给摄像机增加一些外设配件，常见的外设配件有护罩、支架、电源适配器、补光灯、拾音器、音箱、报警、传感器等。

　　1) 摄像机的接口

　　摄像机的配件通过连接摄像机的不同接口来接收或传输数据，常见的摄像机接口形式是后面板接口和一体化线接口。摄像机接口如图 2-2-24 所示。

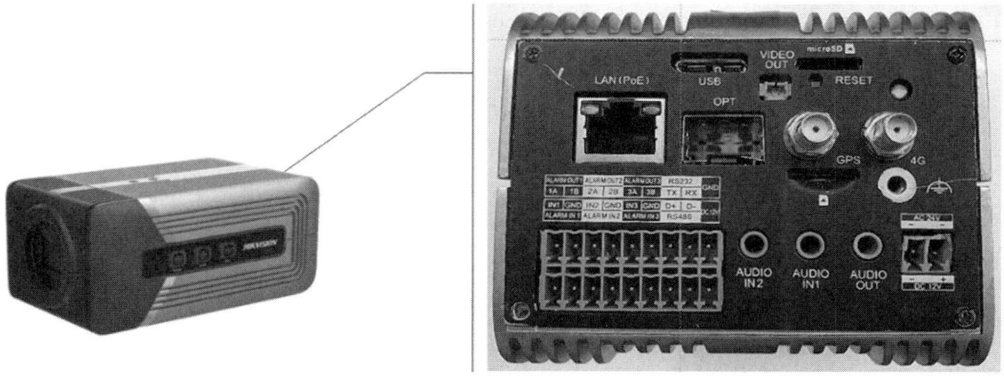

枪型网络摄像机(无镜头)　　　　　　　　　摄像机的后面板

图 2-2-24　枪型网络摄像机的后面板

　　枪型网络摄像机的后面板有非常多的接口，可以通过表 2-2-1 查询对应接口说明。

表 2-2-1   摄像机后面板常见接口

接口标识	说　明	接口标识	说　明
VIDEO OUT 或 CVBS	模拟视频输出接口	RS-485	D+、D-连接 RS-485 控制线
AUDIO IN	音频输入接口	AUDIO OUT	音频输出接口
ALARM IN	报警输入接口，IN1 和 GND1，IN2 和 GND2 分别为一组报警输入	ALARM OUT	报警输出接口，1A 和 1B，2A 和 2B，3A 和 3B 分别为一组报警输出
LAN	网络接口	LAN(POE)	网络接口，支持 POE
OPT	光纤接口	HD-SDI	SDI 输出接口
4 G	4 G 天线接口	Wi-Fi	连接全向或者定向天线接口
ANT	天线接口	GPS	GPS 接口，用于定位经纬度信息
RESET	一键恢复按键	ABF	自动背焦调节按钮
DC12 V，AC24 V	电源输入接口，接入直流电源时，应正确连接电源正、负极	DC12 V，GND 或 DC 12 V_OUT	电源输出接口
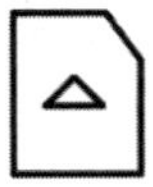 (SIM 卡图标)	SIM 卡插槽，可插入运营商 SIM 卡	micro SD  (SD图标)	micro SD 卡插槽，可插入 micro SD 卡进行本地存储
 (接地图标)	接地端	USB	USB 接口

　　摄像机一体化线包含电源线、RS-485 控制线、同轴视频线、报警线等接口，如图 2-2-25 所示。

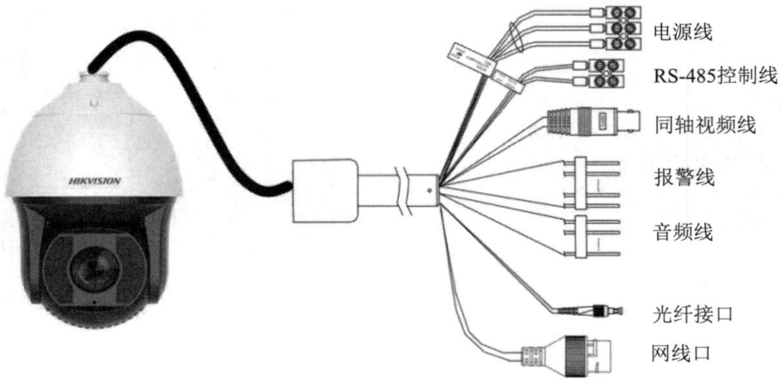

图 2-2-25　摄像机一体化线

摄像机一体化线可以通过表 2-2-2 查询对应接口标识说明。

表 2-2-2　摄像机一体化线常见接口

接口标识	说　　明
电源线	不同球型网络摄像机的电压不同，具体以线缆标签为准。若球型网络摄像机的 DC 直流供电，需注意电源正、负极不要接错
RS-485 控制线	通常用于控制球机转动变倍
同轴视频线	模拟视频输出
报警线	包括报警输入和报警输出。ALARM-IN 与 ALARM-GND 构成一路报警输入；ALARM-OUT 与 ALARM-COM 构成一路报警输出
音频线	AUDIO-IN 与 GND 构成一路音频输入；AUDIO-OUT 与 GND 构成一路音频输出
光纤接口	光信号输出，FC 接口
网线口	网络信号输出

2) 外设配件

摄像机的外设配件主要包括护罩、支架、电源适配器、补光灯、音频配件、报警配件、传感器。

(1) 护罩主要用于保护枪型网络摄像机，防止外界水汽、尘土等侵入。护罩主要分为室内护罩、室外护罩两类，外形如图 2-2-26 所示。室内护罩的材质一般为塑料或铝合金，无风扇；室外护罩均带风扇，依据不同特性还可以分为带雨刷(-W)、加热(-H)、制冷(-R)、广角(-T)等不同型号。由于室外护罩用于室外，防护等级需要达到 IP66 或 IP67。

图 2-2-26　室内护罩(左)与室外护罩(右)的外形

(2) 支架是摄像机和护罩的支撑产品，与摄像机和护罩的产品形态紧密相关。摄像机支持多种安装方式来满足不同环境的安装需求。根据支架安装方式的不同，通常分为壁装、吊装、横杆装、立杆装等，如图 2-2-27 所示。

壁装支架　　　吊装支架　　　横杆装支架　　　立杆装支架

图 2-2-27　不同形态的支架

(3) 电源适配器用于给摄像机和护罩供电。常用的电源有 DC12 V 直流电源、AC24 V

交流电源、集中供电电源、POE 供电器、POE 分离器等，如图 2-2-28 所示。

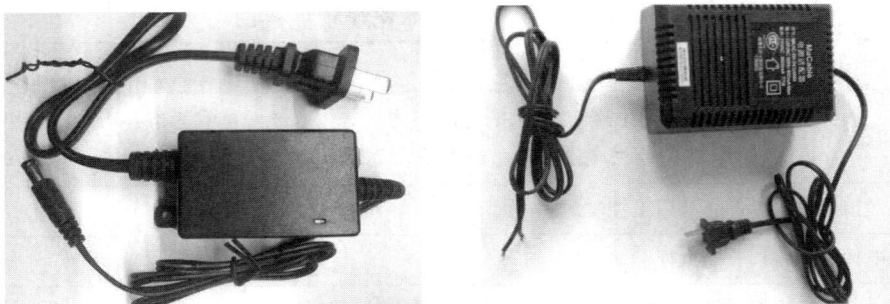

图 2-2-28   DC12 V 直流电源(左)与 AC24 V 交流电源(右)

(4) 补光灯在弱光或无光场景下为摄像机提供补光，可提高监控范围内的光照强度，使目标物体成像清晰。常见的补光灯种类有红外灯、白光灯、暖光灯、混合补光灯等。补光灯可以集成到摄像机上，如护罩一体机、筒机、球机、一体化云台等，由摄像机控制其工作状态；也可以单独架设，根据环境是否需要选择性加配，如图 2-2-29 所示。

图 2-2-29   补光灯的外形

(5) 音频配件包括拾音器和音箱。摄像机除了采集视频外，还可以通过外接拾音器获取现场的声音或者通过外接音箱从监控中心向前端广播喊话。拾音器和音箱的外形如图 2-2-30 所示。

图 2-2-30   拾音器和音箱的外形

(6) 报警配件主要指报警输入配件和报警输出配件。摄像机的报警输入可以对接开关量[1]，用于外界报警触发摄像机联动。以最常见的周界防范[2]为例，当红外对射探测器检测

---

① 开关量：电路的开和关或触点的接通和断开。

② 周界防范：利用各种探测技术对区域的边界做防护和报警。

到有人闯入警戒区域时，其产生的开关量报警可以联动控制球型网络摄像机转动到闯入区域，并上传报警信息到监控中心。红外对射探测器和警号的外形如图 2-2-31 所示。

图 2-2-31　红外对射探测器(左)和警号(右)的外形

报警输出用于摄像机联动外部配件。仍以周界防范为例，摄像机在做视频智能分析时识别到入侵事件，可以联动报警输出给音箱或者警号，音箱或者警号发出警戒音对正在警戒区域活动的目标起到警示作用。

(7) 传感器是安防监控领域常用的一种设备。摄像机通过外接传感器能实现数据采集，比如对接温湿度传感器可以将现场环境的温湿度情况及时反馈到控制中心，如图 2-2-32 所示。

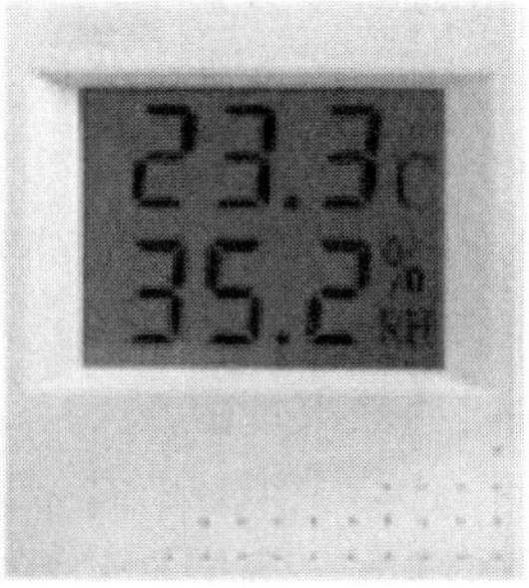

图 2-2-32　温湿度传感器

八、网络技术

随着互联网技术的普及应用，综合安防系统可通过 IP 网络连接实现功能应用。在视频监控系统中，网络技术是至关重要的基础，包括网络拓扑、网络协议、IP 地址规划、网络安全、带宽要求、QoS(服务质量)管理等。

在视频监控系统中，传输系统主要用于连通前端设备与监控中心终端，实现视频数据在不同终端的应用。传输系统包括同轴电缆、双绞线等通信介质，还包括具体的传输设备，如交换机、路由器、光端机、无线产品等。综合安防轻智能视频传输系统[①]如图 2-2-33所示。

---

① 轻智能视频传输系统：海康威视基于综合安防系统集成网络设备管理功能，以连接可视化的方式实现对综合安防系统各类设备的多维度、多层次的智能化管理，降低了对多套系统建设维护的成本、人员能力的要求，适用于小型综合安防系统。

统一拓扑　告警推送　远程配置　设备信息　链路带宽　路径展示　视频质量　终端识别　视频预览

图 2-2-33　综合安防轻智能视频传输系统

(1) 交换机。以太网交换机是网络系统中的重要设备。以太网交换机根据 TCP/IP 模型层次分为二层交换机、三层交换机等；根据硬件外观分为盒式交换机、框式交换机；根据是否可管理分为网管型、非网管型以及轻网管型。

网管型交换机提供了基于终端控制口(Console)、Web 页面以及 Telnet 远程登录等多种网络管理方式，网络管理员可以对交换机的工作状态、功能配置进行管理，实现不同的组网业务需求，满足各种复杂的网络应用，优化网络管理等。在网络架构中，核心层、汇聚层一般采用网管型交换机。

轻网管型交换机将部分网络管理功能集成到综合安防管理系统中，配合轻智能视频传输系统实现小型监控网络中网络拓扑自动生成、设备状态直观显示、故障告警实时推送、设备连接可视化等功能，最终实现多维度、多层次的智能化管理和应用。

非网管型交换机不具备管理功能，即插即用。在综合安防系统中，直接连接前端采集设备，作为接入层交换机。

(2) 光纤产品。在网络传输中，由于双绞线的特性，其有效传输距离一般小于 100 m，但通过光纤传输则可以有效延长传输的距离。

(3) 光端机。光纤传输产品中最常用的设备是光端机。光端机采用全数字非压缩技术，可通过单模单纤实时传输双向音频、RS-485 数据、以太网、开关量等数据信号，传输过程如图 2-2-34 所示。

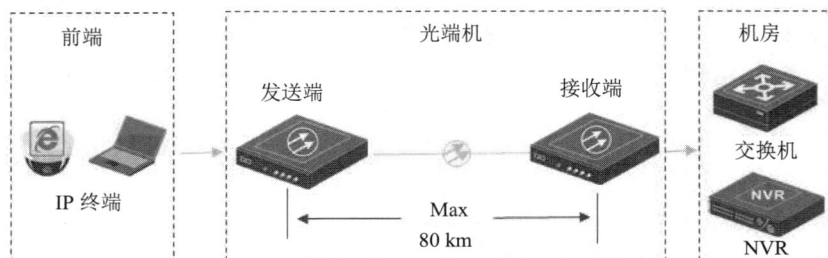

图 2-2-34　光端机传输应用

(4) 光电转换模块。光电转换模块是进行光电和电光转换的光电子器件，一般成对使用。发送端把电信号转换成光信号，接收端把光信号转换成电信号。

(5) 无线网桥。无线传输方式一般是指通过无线局域网通信技术将终端设备连接起来，不再使用有线线缆，从而使网络的构建和设备的部署更加便捷。无线网桥是利用无线传输方式实现在两个或多个网络之间搭起通信的桥梁，主要用于解决不方便部署有线网络的场景中传输视频数据的问题，如工地、电梯、景区等。

九、存储技术

后端存储设备是指根据不同的应用环境采取合理、安全、有效的方式将录像数据保存到存储介质，并能实现录像数据读取及转发的一种设备。视频监控系统中常用的存储设备有 NVR、CVR 和 DVR，常见的存储方式有分布式存储和集中式存储。

1. NVR

在视频监控系统中，NVR 主要负责前端网络信号的接入(常见网络信号的设备有固定网络摄像机、球型网络摄像机等)、视频码流的存储和视频码流的转发。

以 NVR 接入网络摄像机为例，网络摄像机完成视音频的编码后，通过网络将视音频码流传输给 NVR，NVR 进行视音频存储。NVR 连接显示器可对网络摄像机的图像进行实时预览和历史录像的回放，也可通过网络将实时视音频数据和历史录像转发给平台，平台进行远程实时预览和历史录像回放，其应用方案如图 2-2-35 所示。

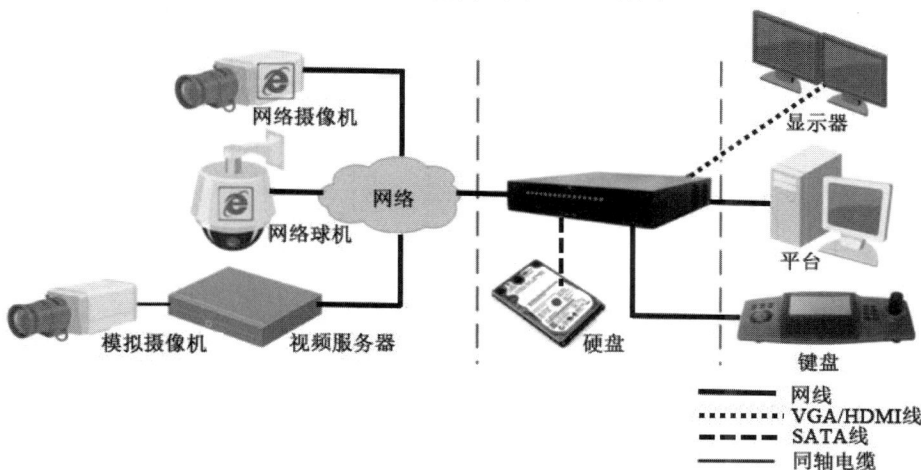

图 2-2-35　NVR 应用方案

2. CVR

CVR 是集编码设备管理、录像管理、存储、转发功能为一体的视频专用存储技术。CVR 是由标准的 IPSAN/NAS 网络存储设备结合视频监控应用发展而来的一类安防视频监控专用设备的统称。

通过安装不同的安防视频监控软件，CVR 可以实现视频流直写(又称流媒体直写)、iSCSI 数据块直写(又称 IPSAN 直写)、标准存储服务器+IPSAN 模式、标准 NAS 协议(NFS、CIFS)等多种模式，还可以增配管理服务器组成网络视频监控云存储系统。

3. DVR

DVR 的核心功能是将模拟视音频信号经过视音频编码压缩后转成数字信号，进行视音频数据的存储和转发。DVR 支持接入 CVBS 信号。

4. 分布式存储

高清监控系统中的分布式存储是将摄像机的高清视频数据存储在摄像机的 SD 卡、NVR、DVR、H-DVR、XVR 中。在进行视音频数据存储时，设备直接将数据写入其内置的存储设备。视频流的写入一般采用顺序写入方式，当硬盘写满后，自动进行循环覆盖。其优势在于将数据集中于各分中心，在较大规模的系统中管理便利，可靠性好。分布式存储拓扑如图 2-2-36 所示。

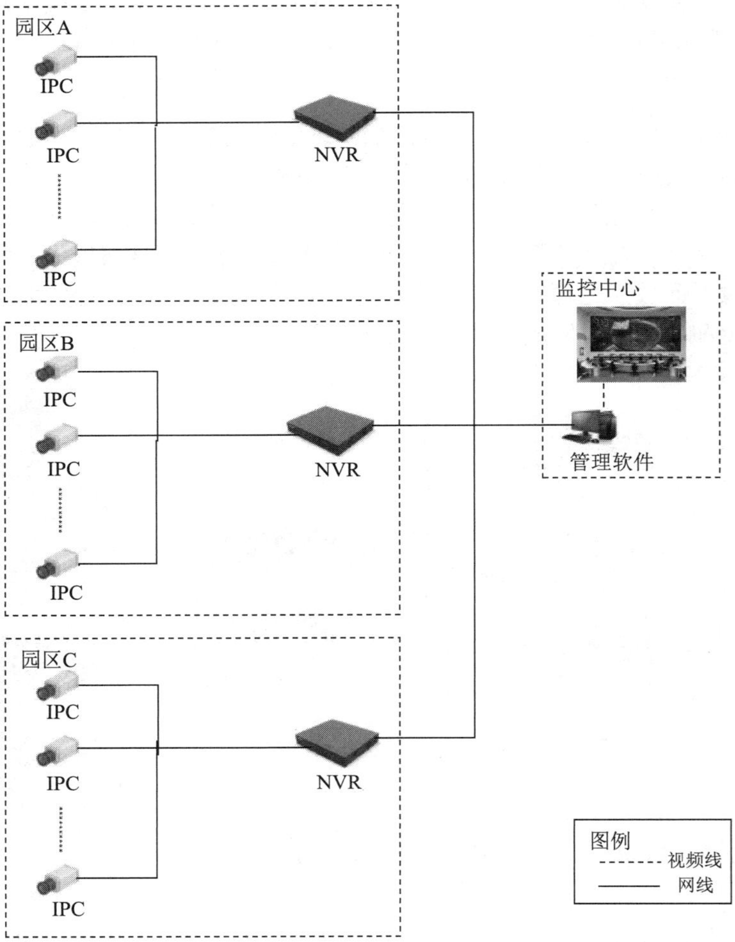

图 2-2-36　分布式存储拓扑

5. 集中式存储

高清监控系统中的集中式存储是将前端的高清视频数据通过 CVR、云存储等集中存储在监控中心。它由一台或多台主计算机组成中心节点，数据集中存储于这个中心节点，并且整个系统的所有业务单元都集中部署在这个中心节点上，系统所有的功能均由其集中处理。在集中式系统中，每个终端或客户端仅负责数据的录入和输出，而数据的存储与控制处理交由主机来完成。集中式存储拓扑如图 2-2-37 所示。

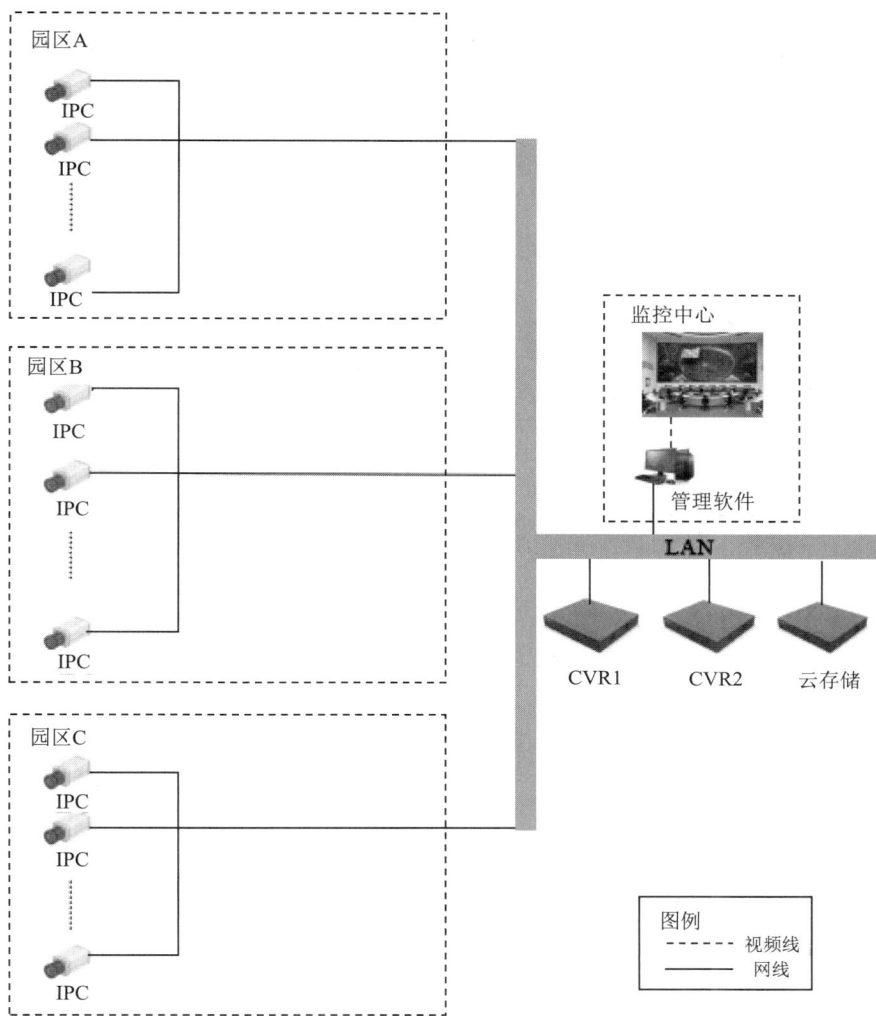

图 2-2-37　集中式存储拓扑

　　集中式存储的安全性好，其最大的特点是部署结构简单。由于集中式系统基于底层性能卓越的大型主机，因此不需要考虑服务多个节点的部署，也不需要考虑多个节点之间的分布式协作问题。

6. 分布式与集中式存储并行方式

　　为了保证存储的稳定性，同时为了更方便地集中管理海量存储，可以使用集中存储与分布式存储并行方式，如图 2-2-38 所示。分布式存储体现在各管理区域中心安装网络存储设备，利用 NVR、H-DVR 等保存本区域的视频图像；集中式存储体现在总中心安装网络设备，利用 CVR 或云存储保存中心直属区域的视频图像和全网关键录像的冗余数据。

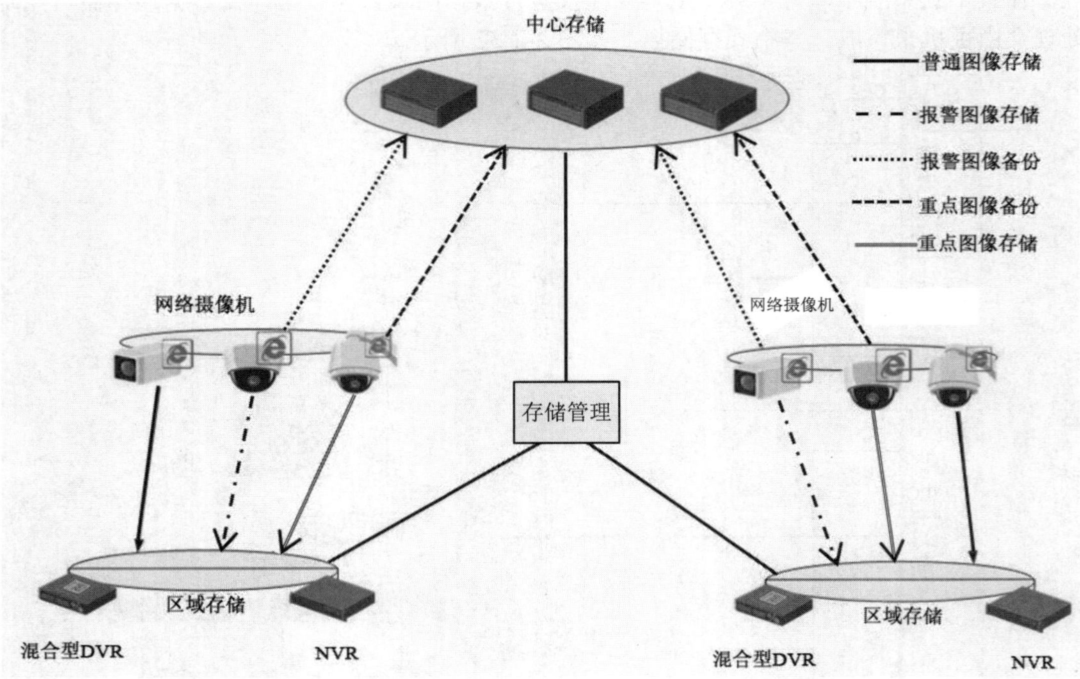

图 2-2-38   集中存储与分布式存储并行拓扑

7. 磁盘阵列技术

磁盘阵列(Redundant Arrays of Independent Disks，RAID)是指由独立磁盘构成的具有冗余能力的阵列。RAID 是由很多块独立的磁盘组合成一个容量巨大的磁盘组，利用个别磁盘提供数据所产生的加成效果提升整个磁盘系统效能。利用这项技术，将数据切割成许多区段，分别存放在各个硬盘上。

RAID 还能利用同位检查(Parity Check)的机制，在数组中任意一个硬盘发生故障时，仍可读出数据；在数据重构时，将数据经计算后重新置入新硬盘中。

一般把 RAID0、RAID1、RAID2、RAID3、RAID4、RAID5、RAID6 这 7 个等级定为标准的 RAID 等级。标准 RAID 可以组合，即 RAID 组合等级，以满足对安全性、可靠性要求更高的存储应用需求。

1) RAID0

RAID0 是一种无数据校验的数据条带化技术。它不能提供数据的冗余或错误修复能力，但实现成本是最低的，需要 2 块及以上的硬盘即可。

RIAD0 能提高整个 RAID 的性能和吞吐量，其性能是所有 RAID 等级中最高的。RAID0 最大的缺点在于 RAID 中任何一块硬盘出现故障时，整个系统将会受到破坏。因此，RAID0 一般适用于对性能要求较高但对数据安全性和可靠性要求不高的应用场景。

2) RAID1

RAID1 称为镜像，它将数据完全一致地写到工作磁盘和镜像磁盘，它的磁盘空间利用率为 50%。RAID1 提供了最高的冗余保护，无论是工作磁盘还是镜像磁盘发生故障，均不影响系统读取数据。因此 RAID1 的冗余最高，但是成本也较高。RAID1 适用于对数据的安全性要求较高的应用场景。

3）RAID2

RAID2 称为纠错海明码磁盘阵列，其设计思想是利用海明码实现数据校验冗余。海明码是一种在原始数据中加入若干校验码来进行错误检测和纠正的编码技术。海明码自身具备纠错能力，可以在数据发生错误的情况下纠正错误，保证数据的安全性。但是，海明码的数据冗余太大，其数据输出性能受阵列中最慢磁盘驱动器的限制。由于这些缺陷，再加上大部分磁盘驱动器本身具备纠错功能，因此 RAID2 在实际中应用较少。

4）RAID3

RAID3 是使用专用校验盘的并行访问阵列，它采用一个专用的磁盘作为校验盘，其余磁盘作为数据盘，数据按位和字节的方式交叉存储到各个数据盘中，校验值写入校验盘中。

RAID3 至少需要 3 块磁盘。RAID3 的读性能非常高，但写性能较低。如果 RAID3 出现 1 块坏盘，不会影响数据的读写，当坏盘被更换后，系统根据校验信息将数据恢复至新盘中。由于 RAID3 在出现坏盘时性能会大幅下降，因此常使用 RAID5 替代 RAID3 来运行具有持续性、高带宽、大量读写特征的应用场景。

5）RAID4

RAID4 与 RAID3 的原理基本相同，区别在于条带化的方式不同。RAID4 写操作只涉及当前数据盘和校验盘，有效提高了系统性能。

RAID4 的读性能较高，但单一的校验盘会成为系统性能的瓶颈，导致其写性能较差。由于组成 RAID4 的磁盘数量越多，校验盘的系统瓶颈将更加突出，因此 RAID4 在实际应用中也很少见。

6）RAID5

RAID5 是目前使用最多的 RAID 等级，它的原理与 RAID4 相似，区别在于校验数据分布在阵列中的所有磁盘上，而没有采用专门的校验盘。对于数据和校验数据，它们的写操作可以同时发生在完全不同的磁盘上。因此，RAID5 不存在 RAID4 中的并发写操作时的校验盘性能瓶颈问题。另外，RAID5 还具备很好的扩展性。当阵列磁盘数量增加时，并行操作量的能力也随之增长，可比 RAID4 支持更多的磁盘，从而拥有更高的容量以及更高的性能。

RAID5 的数据和校验数据不在同一块硬盘上，当其中一块盘损坏更换后，可以根据校验信息将数据恢复至新盘中。当阵列重构数据时，其性能会受到较大的影响。

RAID5 兼顾存储性能、数据安全和存储成本等各方面因素，可以理解为 RAID0 和 RAID1 的折中方案，是目前综合性能最佳的数据保护解决方案。RAID5 基本上可以满足大部分存储应用需求，数据中心大多采用它作为应用数据的保护方案。

表 2-2-3 给出了 RAID0、RAID1、RAID5 从磁盘数量、数据冗余、可用存储空间、写入速度和读取速度方面的对比。

表 2-2-3　RAID0、RAID1、RAID5 对比表

磁盘阵列	所需的最少硬盘数	是否有数据冗余	可用的存储空间	写入速度	读取速度
RAID0	2	无	100%	高	高
RAID1	2	有	50%	较慢	较慢
RAID5	3	有	$(N-1)/N$(N 为组成阵列的硬盘数量)	较高	较高

7) RAID6

RAID6 使用的是双重校验，具有快速的读取性能、更高的容错能力。其允许同时坏 2 块硬盘，而不影响整个阵列中的数据。但是，它的成本比 RAID5 高许多，写性能也较差。因此，RAID6 很少得到实际应用，主要用于对数据安全等级要求非常高的场合。它一般是替代 RAID10 方案的经济性选择。

8. 其他阵列

以上各个标准 RAID 等级各有优势和不足。可以通过把多个 RAID 等级组合起来实现优势互补，从而达到在性能、数据安全性等指标上更高的 RAID 系统。目前常见的 RAID 组合等级有 RAID00、RAID01、RAID10、RAID100、RAID30、RAID50、RAID53、RAID60，但实际应用较为广泛的只有 RAID01 和 RAID10 这 2 个等级。

[任务实施]

视频监控系统通过对前端编码设备、后端存储设备、中心传输显示设备、解码设备的集中管理和业务配置，实现视频安防设备接入管理、实时监控、录像存储、检索回放、智能分析、解码上墙控制等功能，满足用户多样的视频监控需求。

视频监控系统设备安装主要包括采集设备、控制设备、存储设备、显示设备及传输设备的安装。安装时应参考设备使用手册，结合现场环境规范进行操作，以确保设备使用效果。

一、实施规范

1. 安防工程实施规范

根据国家标准 GB 55029—2022《安全防范工程通用规范》，安防工程实施应符合以下规定：

(1) 安全防范工程应按深化设计文件进行施工。

(2) 应在施工前查验进场设备、材料及其质量证明文件，并在查验合格后安装。

(3) 隐蔽工程应进行工序验收，验收合格后方可进行下一道工序。

(4) 安全防范工程的线缆接续点、线缆两端、线缆检修孔、分支处等应统一编号，并设置永久标识。

(5) 文物保护单位的安全防范设备安装、管线敷设应采取对文物本体和文物风貌的保

护措施。

(6) 在易燃、易爆等特殊环境中安装安全防范设备时，应根据危险场所类别采用相应的施工工艺。

(7) 安全防范工程初步验收通过或项目整改完成后，应进行系统试运行，时间不应少于 30 天。

2. 视频监控系统实施规范

根据国家标准 GB 50348—2018《安全防范工程通用规范》，视频监控系统实施应符合以下规定：

(1) 摄像机、拾音器的安装具体地点、安装高度应满足监视目标视场范围要求，注意防破坏。

(2) 在强磁干扰环境下，摄像机安装应与地绝缘隔离。

(3) 电梯厢内摄像机的安装位置及方向应满足对乘员有效监视的要求。

(4) 信号线和电源线应分别引入，外露部分应用软管保护，并不影响云台转动。

(5) 摄像机辅助光源等的安装不应影响行人、车辆的正常通行。

(6) 云台应运转灵活，运行平稳。云台转动时监视画面应无明显抖动。

(7) 控制、显示等设备屏幕应避免光线直射。当不可避免时，应采取避光措施。在控制台、机柜(架)、电视墙内安装的设备应有通风散热措施，内部接插件与设备连接应牢靠。

(8) 控制台、机柜(架)、电视墙不应直接安装在活动地板上。

(9) 设备金属外壳、机架、机柜、配线架、各类金属管道、金属线槽、建筑物金属结构等应进行等电位连接并接地。

(10) 设备间设备安装应考虑设备安置面的承重能力，必要时应安装散力架。

(11) 显示屏的拼接缝、平整度、拼接误差等应符合现行国家标准 GB 50464—2008《视频显示系统工程技术规范》的有关规定。

二、前端编码设备实施

在视频监控系统建设过程中，摄像机的实施是一项系统化的工作。从前期的需求沟通、勘测选点、设备选型，到后期的建设安装、调试，各部分工作相互关联、相互影响，需要作业人员具备专业化技能。前端编码设备实施流程如图 2-2-39 所示。

需求沟通 ➡ 安装前确认 ➡ 摄像机安装 ➡ 配件安装 ➡ 防雷防水 ➡ 基础配置 ➡ 安装效果验收

图 2-2-39 前端编码设备实施流程

1. 需求沟通

充分的需求沟通是实施的前提，用户需求沟通包括但不限于以下内容：

(1) 应用目的：关注用户设备是否应用于普通监控、城市治安、人车抓拍等目的。

(2) 使用环境：关注用户使用环境是否为海边、冶金化工厂、电网条件特殊地区等特殊环境。

(3) 功能要求：关注用户是否有特殊功能要求，比如周界分析、定时重启、国标对讲[①]等，是否需要定制相应功能。

(4) 性能指标：关注用户是否有对分辨率、多路取流、与其他设备对接等要求。

(5) 规模数量：关注用户设备需求量、项目规模大小以分析现场设备需求量是否满足用户功能的实现。

重点关注用户个性化的需求，比如与多个厂家设备对接、对接协议、设备定制型号等。

2. 现场勘测

任何一个系统的设计都不能脱离实际的使用需求和应用环境。通过勘测可准确掌握实际使用环境，为后续设备选型、项目实施提供重要的参考意见。

1) 勘测准备

勘测前可咨询相关设备厂商，索取相关勘测指导资料，并准备相应的辅助工具。常用的辅助工具包括电脑、测距仪、卷尺等。

2) 勘测内容

现场勘测须关注以下信息：

(1) 防护等级：环境对于设备防水防尘的能力要求参考 GB 4208—2008《外壳防护等级》要求，记录可以满足使用环境的 IP 等级。

(2) 可安装的位置：明确现有立杆或墙面是否可供设备安装，评估是否需要新增立杆，并记录新增立杆的数量、位置及高度数值。

(3) 监控范围：记录现场监控需要覆盖的范围，查看是否存在遮挡物和其他不利于监控覆盖的死角。

(4) 照明条件：明确现场是否有照明光源，光源的位置、朝向、功率大小及开启时间范围。

(5) 用电用网：明确是否满足供电位置和距离、无线网络信号强弱、网线/光纤等线缆铺设条件。

(6) 气候环境：明确室外光照时长，南北朝向，年最高温度/最低温度、湿度范围，风、雨、雾、霜等变化情况和持续时间(以当地气候资料为准)、雷电活动情况和所采取的雷电防护措施。

(7) 电磁辐射环境：明确现场周围的电磁辐射情况，有无强电磁，必要时可实地测量电磁辐射强度和辐射规律。

(8) 特殊环境：明确是否存在长期震动或者电磁干扰，如安装在车辆、轮船、飞机、大型机器上；若存在粉尘、腐蚀性气体液体、易燃易爆气体液体的环境，须重点记录化学成分组成、浓度和密度。

(9) 特殊功能：若项目有智能检测功能的需求，则勘测时应按照该功能的具体要求选择合适位置。

3) 勘测结果记录

现场勘测应做好记录，并整理出《勘测信息记录表》，如表 2-2-4 所示。

[①] 国标对讲：中心用户和前端用户之间通过 GB 28181 协议实现一对一语音对讲功能。

表 2-2-4 勘测信息记录表

XXX 项目监控摄像机点位信息勘测记录表			
项目名称： 地点： 参加单位： 记录人员：			
序号	勘 测 项	现 场 情 况	特殊说明
1	室内/室外	□室内 点位数量： □室外 点位数量：	
2	监控范围(以人体为参考目标)	最远监控距离： m 最大覆盖宽度： m	
3	可安装的高度	高度范围： m	
4	是否需要立杆或者借杆	□新立杆 数量： □借杆 数量：	
5	环境光源	日夜光线充足 数量： 白天光线正常，夜晚无环境光 数量： 全天光线昏暗或者存在逆光 数量：	
6	网络条件	有线网络：□ 网线 □ 光纤 无线网络：□ Wi-Fi □ 4 G	
7	供电距离	供电距离：	
8	环境温湿度	最高温度： 最低温度： 湿度范围：	
9	电磁辐射	大功率电器情况记录： 电磁辐射强度测量值：	
10	特殊环境	煤矿矿井、加油站、油气库、输油管道、 粉尘车间、炼化厂、危化品存储仓库 海边、离岛	
11	移动环境	汽车、客车、地铁、高铁、火车等 飞机或者航天载具 轮船(内河、海运) 移动运行的大型机器	
12	其他		
审核人： 建议： 日期：			

4) 勘测结果检查

系统实际施工应满足《民用闭路监视电视系统工程技术规范》(GB 50198—2011)、《安全防范工程技术标准》(GB 50348—2018)等规定，根据使用环境选择适配的设备进行安装。摄像机安装环境要依据以下规范对《勘测信息记录表》记录的勘测结果进行检查，不符合规范的需要按照要求进行整改。

摄像机宜安装在监视目标附近，且不易受外界破坏的地方。安装位置要求不影响现场设备运行和人员正常活动。室内安装高度应距离地面 2.5～5 m，室外应距地面 3.5～10 m。摄像机安装点位需要稳固牢靠，对于剧烈震动的环境，不推荐安装普通摄像机。摄像机监控范围应避免强光直射，镜头视角范围内不得有遮挡监视目标的物体。

室外环境下存在太阳暴晒、雨水冲淋、浸泡、灰尘侵扰的情况，摄像机外壳防护等级不得低于 IP54，建议选择 IP66 或者更高。

摄像机应避免在高温、潮湿、强电磁的环境下工作，应当远离大功率开关电源设备和工作频率相近的高频设备等强干扰源。电磁兼容性应当参考现行国家标准《安全防范报警设备电磁兼容抗扰度要求和试验方法》(GB/T 30148—2013)的相关规定。

在海滨地区盐雾环境下，摄像机应具有耐盐雾腐蚀的性能。

在腐蚀性气体和易燃易爆环境下，摄像机要满足《爆炸性气体环境用电气设备第 2 部分隔爆型》(GB 3836.2—2000)等现行国家相关标准规定的防护保护等级要求。

车辆、船只、飞机等特殊环境，摄像机的设计与安装均要满足《轨道交通机车车辆设备冲击和振动试验》(GB/T 21563—2008)等现行国家和行业相关标准的要求与规定。

山区、旷野、高层建筑楼顶、电塔等易出现雷击的环境，应当满足现行国家标准《建筑物电子信息系统防雷技术规范》(GB 50343—2012)的设计要求。

视频监控
系统安装

3. 摄像机安装

视频监控摄像机根据不同的用户需求、场景类型而演化出不同的外观形态。不同外观形态的摄像机在使用方式和配属部件上存在一定差异。下面将对壁装枪型网络摄像机进行安装介绍，其他形态的摄像机及安装方式可以参考摄像机说明书。

1) 安装准备

(1) 安装人员须具备的基本要求。安装人员需具有从事视频监控系统安装、维修的资格证书或经历，并有从事相关工作(如高空作业等)的资格，此外还必须具有以下知识和操作技能：

① 具有视频监控系统及组成部分的基础知识和安装技能。

② 具有低压布线和低压电子线路接线的基础知识和操作技能。

③ 具备基本网络安全知识及技能，并能读懂本手册内容。

(2) 安装过程中常用的工具。安装过程中常用的工具有扳手、螺丝刀组或电动螺丝刀组、自攻螺钉、膨胀螺栓、安全帽、安全绳、高度升降设备(如人字梯、登高车等)。

(3) 安装注意事项。

① 在安装前，应确认包装箱内的设备完好，所有部件齐全。

② 安装墙面应具备一定的厚度。若无特殊说明，墙面要求至少能承受 4 倍于摄像机及

安装配件的总重。

③ 避免将摄像机安装到表面振动或容易受到冲击的地方，以防摄像机受损。

④ 避免在高温、低温或者高湿度的环境下安装摄像机，具体对温湿度的要求应参照摄像机的参数表。

⑤ 适用于低温环境的摄像机在启动之前会自动进行预加热。在不同环境下，预加热时间有所不同，以确保加热充足后正常启动设备。

⑥ 避免将摄像机的镜头瞄准强光物体，如太阳、白炽灯等，否则会造成镜头损坏。

⑦ 安装具有红外或激光等补光灯的摄像机时，补光灯附近应避免出现树叶、墙壁等遮挡物体，此类物体易造成近处反光而导致画面偏白过曝。

⑧ 在进行接线、拆装等操作时，应将摄像机电源断开，切勿带电操作。

⑨ 适用在室内安装的摄像机类型，应避免安装在可能淋到雨或十分潮湿的区域。

⑩ 避免将摄像机安装在阳光直射、通风不良、加热器和暖气等热源处，以防造成火灾。

⑪ 取下透明罩时，避免用手直接接触透明罩。因为手指膜的酸性汗迹可能会腐蚀透明罩的表面镀层，硬物刮伤透明罩可能导致摄像机成像模糊。

⑫ 清洁透明罩时，应使用足够柔软的干布或其他替代品擦拭内外表面，切勿使用碱性清洁剂洗涤。

(4) 支架的选择与摄像机形态、适用环境、安装要求的关系。支架是视频监控摄像机的配属部件，为摄像机适应不同环境、满足不同安装需求提供了支撑。在选择支架时，需考虑外观颜色、适用机型、材质材料、最大承重、调整角度范围、可配支架等因素。

① 外观颜色：支架的外观颜色通常依据摄像机的颜色选择相应颜色的支架。

② 适用机型：主要依据支架和摄像机固定螺丝口的接口是否匹配。

③ 材质材料：不同材质的支架最大承重不同。同时，支架材质需依据摄像机所处的安装环境来选取。例如存在腐蚀性气液体的环境中，需要选择不锈钢材质的支架。

④ 最大承重：支架最大承重应大于监控摄像机及其配属部件的总重量。

⑤ 调整角度：关注支架可调整的水平、垂直方向角度范围是否符合现场环境所需求的观察角度。

⑥ 可配支架：如现有支架无法满足场景安装要求，需要考虑与其他类型支架配合使用。

2) 安装步骤

枪型网络摄像机主要由机身和镜头组成，该形态的摄像机结构简单、镜头可选、安装方便。枪型网络摄像机最常见的安装方式是壁装，其具体安装如下：

(1) 壁装枪型网络摄像机中安装 micro SD 卡。在机身上找到卡槽位置，并插入 micro SD 卡，安装完成后可用于摄像机的视频和图片本地存储，如图 2-2-40 所示。

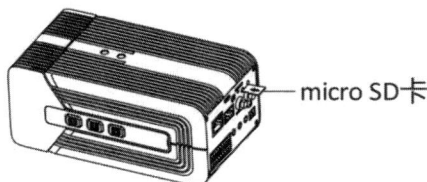

图 2-2-40　安装 micro SD 卡

（2）壁装枪型网络摄像机镜头安装。安装步骤如下：

① 参考镜头选型要求，检查镜头参数和摄像机参数是否匹配。如需要转接环，需先将转接环安装到摄像机接口上。

② 打开镜头和摄像机的外包装，检查镜头外观有无损坏和脏污。

③ 移开镜头尾部的防尘保护罩，将镜头与摄像机接口对齐并迅速旋转接入、拧紧。

④ 检查镜头的控制线缆，将控制线与摄像机或者控制板连接。

⑤ 如果是自动光圈镜头，需要将镜头上的光圈驱动线插入摄像机侧边的四孔接口上，如图 2-2-41 所示。

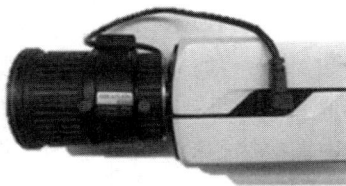

图 2-2-41　光圈驱动线连接

（3）壁装枪型网络摄像机镜头调试。镜头类型不同，其调试步骤和注意事项也存在一定差异。常见调试顺序为：调节光圈、调节焦距、调节聚焦位置、检查图像效果。

（4）壁装枪型网络摄像机调节光圈。当镜头为固定光圈时，光圈大小无须调整；当镜头为手动光圈时，光圈大小可以手动调节。根据镜头类型的不同，调节方式通常有以下两种：

① 通过手动拧转镜头上的光圈控制螺杆来调整光圈大小，方向一般为 O(OPEN)～C(CLOSE)，O 方向为变大至完全打开，C 方向为缩小至关闭，如图 2-2-42 所示。

图 2-2-42　手动光圈镜头

② 镜头通过控制线与摄像机机身或控制板连接，利用调节软件，通过控制协议调整光圈大小，光圈调节界面如图 2-2-43 所示。

图 2-2-43　光圈调节界面

当镜头为自动光圈时，光圈大小由摄像机自动调节。摄像机根据视频图像的亮度、增益等参数的变化，通过光圈驱动线主动控制光圈的大小，保证视频图像的采光和亮度维持在合适的水平。

(5) 壁装枪型网络摄像机调整焦距。一般大场景监控焦距调小；远距离物体监控焦距调大。

当镜头为固定焦距时，镜头焦距大小无须调整；当镜头为手动变焦时，镜头焦距大小可以手动调整。根据镜头类型不同，调节方式通常有以下两种：

① 通过手动拧转镜头上的焦距控制螺杆来调整焦距大小，调整方向为 T(Tele)～W(Wide)。T 方向为长焦端，调整后焦距增大视角变小；W 方向为广角端，调整后焦距减小视角变大。

② 镜头通过控制线与摄像机机身或控制板连接，利用浏览器或调节软件，通过控制协议调整焦距大小，焦距调节界面如图 2-2-44 所示。

图 2-2-44　焦距调节界面

(6) 壁装枪型网络摄像机调整聚焦位置。手动聚焦即镜头焦点位置手动可调。根据镜头类型不同，调节方式通常有以下两种：

① 通过手动拧转镜头上的聚焦控制螺杆来调整聚焦位置，调整方向为 N(Near)～F(Far)。N 方向为聚焦位置后退(靠近)，F 方向为聚焦位置前移(远离)。

② 镜头通过控制线与摄像机机身或控制板连接，利用调节软件，通过控制协议调整聚焦位置的前移和后退，聚焦调节界面如图 2-2-45 所示。

图 2-2-45　聚焦调节界面

自动聚焦指摄像机通过自动聚焦算法或者变倍聚焦曲线对监控图像进行监测判断。当镜头焦距发生变化、监控场景发生变化、图像中物体模糊、边缘不清晰时，自动进行聚焦位置的校准。拥有自动聚焦功能的镜头和摄像机通常只需调整焦距，摄像机将自动完成聚焦位置的判断和锁定。

半自动聚焦与自动聚焦的实现原理相同，但使用场景略有差异。原因在于自动聚焦可能会带来摄像机误判或者频繁进行聚焦操作导致该时段的监控图像模糊，无法看清。使用半自动聚焦时，通常只需调整焦距，摄像机将自动完成聚焦位置的判断和锁定，聚焦清楚后不会再次聚焦。

(7) 壁装枪型网络摄像机检查图像效果。检查图像的亮度是否存在较多跳跃变化的噪点；检查监控范围是否满足预期设计，是否存在未完全覆盖的区域；检查监控范围内目标物体是否边缘清晰；若是手动调节的镜头，图像整体效果确认后，应锁紧调节螺杆，并检查接线状态是否牢固。

(8) 壁装枪型网络摄像机安装。安装步骤如下：

① 拆卸支架的上下摆动支架，将上下摆动支架安装至摄像机底部，如图 2-2-46 所示。

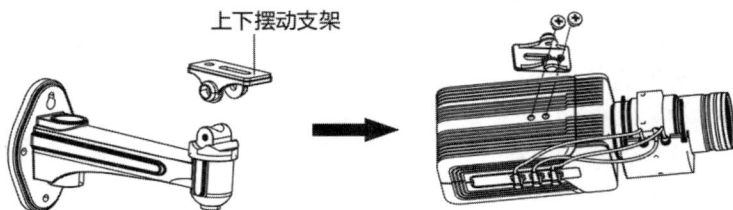

图 2-2-46　安装上下摆动支架

② 将壁装支架固定在安装墙面后，拧入(不拧紧)垂直调节螺丝，固定摄像机至壁装支架上，如图 2-2-47 所示。

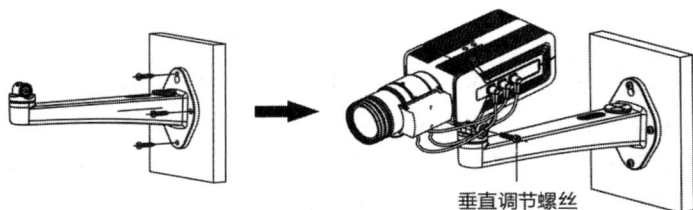

图 2-2-47　固定摄像机

③ 整理并连接摄像机的电源线、网线等，并做好线缆的防水和绝缘处理。

④ 拧松垂直和水平调节螺丝，调整摄像机的角度至目标监控场景，并拧紧调节螺丝，如图 2-2-48 所示。

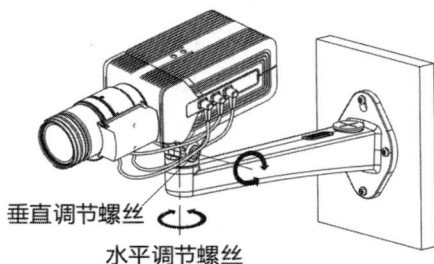

图 2-2-48　调节安装角度

⑤ 安装结束后，将摄像机的原包装箱及其他配套工具、说明书整理收回。

(9) 壁装枪型网络摄像机调整焦距。摄像机安装到支架后通常需要根据实际监控场景调整焦距和聚焦来获得合适的视场角和清晰的画面。

部分设备可通过手动调节镜头焦距螺杆来获得合适的焦距、视场角，通过调节聚焦螺杆来获得清晰的图像，最后锁紧镜头的焦距、聚焦调节螺杆。部分设备支持电动调焦，可登录设备配置界面进行调整。

(10) 壁装枪型网络摄像机安装护罩。护罩主要用于保护枪机，防止外界水汽、尘土等的干扰影响，一般为塑料或铝合金材质，可以支持 IP66 防护等级，可以按需选择带风扇、雨刷、加热或制冷的型号。

安装时需注意摄像机和护罩接线一一对应，如图 2-2-49 所示。

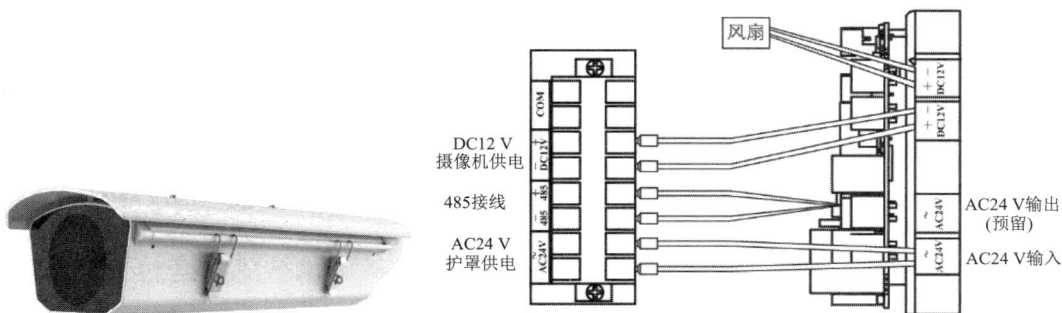

图 2-2-49　护罩安装

3) 防雷防水

(1) 防雷与接地措施。为充分保证摄像机工作的稳定性和可靠性，应对摄像机采取有效的避雷接地措施，以避免受到雷击和静电的干扰。避雷接地的措施应符合《建筑物电子信息系统防雷技术规范》(GB 50343—2012)中的有关规定。

① 摄像机接地一般通过终端设备，如通过硬盘录像机接地实现间接接地。若无终端设备，则建议在摄像机端做接地处理。

② 集中供电时，电源的交流电和直流电的接地端需共地。

③ 接地线所用的铜芯绝缘导线和电缆，其截面不应少于 6 mm²，埋线深度≥0.5 m，接地电阻＜4 Ω。

(2) 防水绝缘措施。安装在室外的摄像机在结构设计上需要具备防水能力。安装时也需要做好防水绝缘处理，保证摄像机可长期安全的使用。

① 摄像机安装立杆规范。安装 L 型立杆时，建议横杆应有一定的上扬角度，防止因横杆密封性不好而导致雨水倒灌至球型网络摄像机顶部，如图 2-2-50 所示。

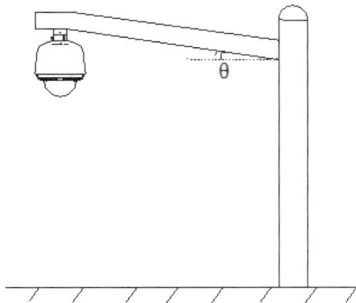

图 2-2-50　立杆安装横杆处上扬一定角度

摄像机壁装时，推荐使用长壁装支架，不推荐使用短壁装支架或者吊装支架。

室外摄像机安装时，如需采用吊装方式，应使用专用防水吊装支架，不可将室内吊装支架应用在室外环境中。

自制球型网络摄像机支架时，应选用连接口为内螺纹的支架，并确保支架可防水。

接线端口需做好防水处理，防止因锈蚀造成图像异常。同时，电源适配器应放置在配电箱内。

室内型号摄像机不能暴露安装于可能淋到雨或非常潮湿的地方。

② 网口防水绝缘安装规范。网口防水绝缘安装需要准备防水帽、防水胶带、绝缘胶带等工具，如图 2-2-51 所示。

防水帽   防水胶带   绝缘胶带

图 2-2-51   防水工具

将未做水晶头的网线按图 2-2-52 所示的顺序穿过网口防水帽的各个部件，然后完成水晶头制作，插上网线。

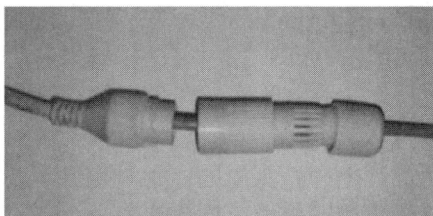

图 2-2-52   穿线

将防水帽组合完成后，顺时针拧紧即可，如图 2-2-53 所示。如无网口防水帽，则使用防水胶带与绝缘胶带将防水帽上下部分缠绕，上下各覆盖至少 3 cm。

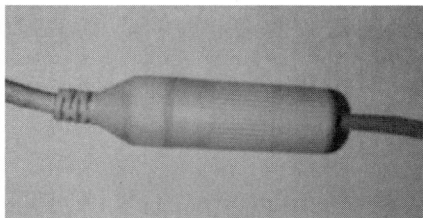

图 2-2-53   拧紧防水帽

③ 电源防水绝缘安装规范。电源防水绝缘安装需要准备防水胶带和绝缘胶带等工具。完成摄像机电源接口的接线，并拧紧固定接头的螺丝。剪一小段防水胶带，长度适中，撕掉防水胶带的隔离膜，并将防水胶带拉长至原长度的 200% 左右，如图 2-2-54 所示。

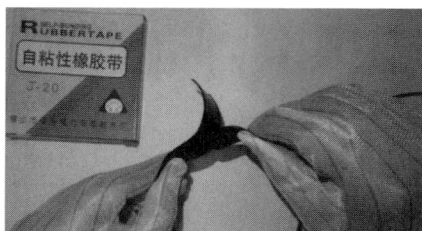

图 2-2-54 撕掉隔离膜(左)和拉长防水胶带纸 200%(右)

将防水胶带以半搭式缠绕在需要做防水的接口上，需覆盖接口上下部分至少各 3 cm，如图 2-2-55 所示。

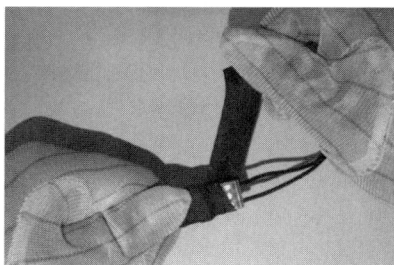

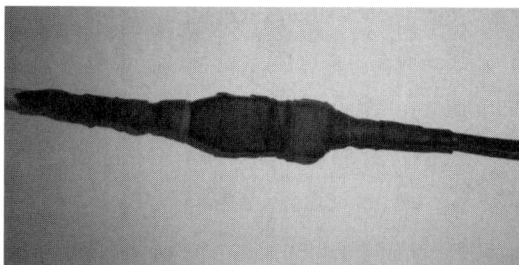

图 2-2-55 半搭式缠绕防水胶带(左)和防水胶带覆盖接口上下 3 cm(右)

依照防水胶带的缠绕方式，在表层缠绕一层绝缘胶带，如图 2-2-56 所示。

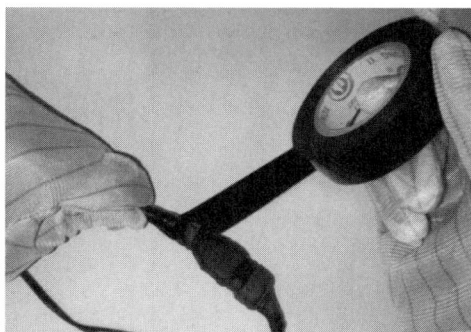

图 2-2-56 半搭式缠绕绝缘胶带(左)和绝缘胶带覆盖接口上下 3 cm(右)

其他未使用的线缆也须进行相同的防水和绝缘处理，如图 2-2-57 所示。

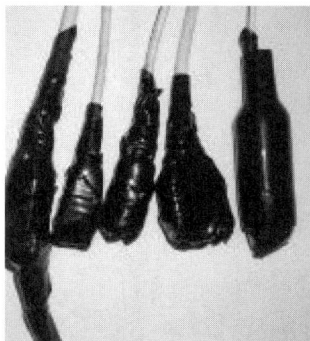

图 2-2-57 防水及绝缘处理

4. 任务实施

填写如表 2-2-5 所示的视频监控设备识别清单并完成相应的操作。

表 2-2-5 视频监控设备识别清单

视频设备知识点	答案/案例	自我评价
1.下面是什么摄像机？如何与网络报警主机系统连接？(绘制接线图) 		
2.下面是什么摄像机？如何与网络报警主机系统连接？(绘制接线图) 		
3.网络报警主机系统提供了哪些接口？可以连接哪些设备？ 		

三、后端存储设备实施

1. 录像机安装

硬盘录像机是一种专用的监控设备，在安装使用前应对使用环境进行检查，确保硬盘录像机可以正常使用。检查项目如下：

(1) 机柜需要安装在干净整洁、干燥、通风良好、温度控制在稳定范围的场所内，严禁出现渗水、滴漏、结露现象。

(2) 硬盘录像机工作在允许的温度(-10～50℃)及湿度(10%～90%)范围内。

(3) 安装录像机的机柜应有水平托盘，用于放置录像机。

(4) 安装多台设备时，设备上下空间应有 1 U 高度预留。

(5) 确保机柜可靠接地。

(6) 信号线缆应沿室内墙壁走线，尤其应避免室外架空走线。

(7) 信号线缆应避开电源线、避雷针引下线等高危线缆走线。

(8) 建议使用不间断电源(UPS)，以免服务器受到电源波动和临时断电的影响。

(9) 安装硬盘录像机时应注意以下细节：

① 设备安装时应佩戴绝缘工作手套或静电腕带。

② 安装设备期间应保持环境清洁，避免汗液、杂物进入设备。

③ 录像机为精密电子设备，操作期间应轻拿轻放，避免撞击和暴力操作。

2. 录像机上架

硬盘录像机主要使用在室内场景，并放置在机柜托盘中。

安装硬盘录像机到机柜时，将硬盘录像机放置在干净、平坦的机柜托盘上，如图 2-2-58 所示。操作中需要注意的是，应保证机柜平稳性良好并接地，录像机四周应预留 50 mm 以上的散热空间。安装完成后，设备上禁止堆放杂物。

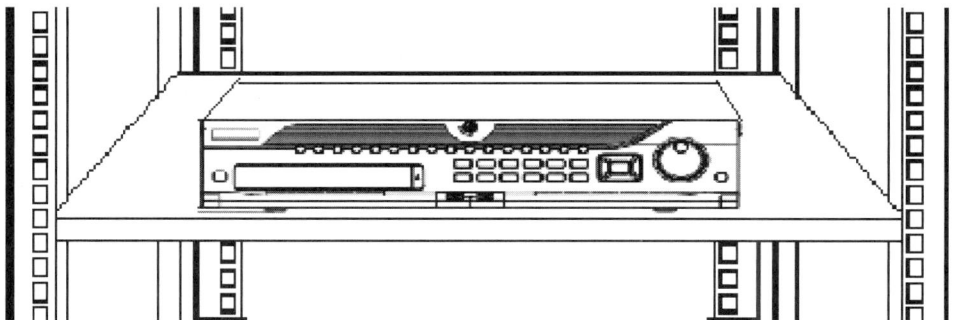

图 2-2-58　录像机托盘安装

3. 设备供网供电

以上接线完成后，连接网线和电源线并打开电源开关，设备上电。

4. 任务实施

填写如表 2-2-6 所示的视频监控系统存储设备识别清单并完成相应的操作。

表 2-2-6　视频监控系统存储设备识别清单

视频设备知识点	答案/案例	自我评价
下面是什么设备？在视频监控系统中起什么作用？		

四、中心传输设备、解码设备安装

1. 安装前的准备

1) 设备安装安全事项

(1) 通电安全。应保持交换机清洁、无尘，勿将交换机放置在潮湿的地方，也不能让液体进入交换机内部。

应确保安装人员所处位置的地面干燥、平整，并确保做好防滑措施。

在安装和维护交换机时，勿穿宽松的衣服、佩戴首饰(如项链等)，或者其他可能被机箱挂住的东西。

(2) 用电安全。应仔细检查工作区域内是否存在潜在危险，比如电源未接地、电源接地不可靠、地面潮湿等。

在安装前，应熟悉交换机所在房间的紧急电源开关的位置。当发生意外时，应先切断电源开关。

在对交换机进行带电状态下的维护时，应尽量不要独自一人操作。

需要对交换机进行断电操作时，应先仔细检查，确认电源已经关闭。

(3) 静电安全。为了避免静电对交换机的电子器件造成损坏，应在安装和维护交换机时注意以下要求：

① 为交换机提供良好的接地系统，并确保交换机良好接地。

② 在安装交换机的各类可插拔模块时，应佩戴防静电腕带或防静电手套，并确保防静电腕带良好接地。

③ 存放单板时，应使用防静电屏蔽袋，切勿将其随意搁置。

2) 检查安装场所

(1) 温湿度要求：机房内的温湿度过高、过低或者剧烈变化，都会降低交换机的可靠性，影响其使用寿命。

(2) 洁净度要求：机房内须维持一定的洁净度，以保证交换机正常工作。

(3) 接地要求：良好的接地系统是交换机稳定、可靠运行的基础，是交换机防雷击、抗干扰、防静电的重要保障。交换机机箱与地面之间的电阻应小于 $1\,\Omega$。

（4）防水要求：当传输设备需要应用在室外时，通常会配置防水配电箱用于设备的供电供网，其箱体采用不锈钢材料，具有防淋雨、抗腐蚀及电化学反应的功能；箱体门采用不锈钢铰链，具有防水功能；设备箱结构为露天防雨箱设计；防护等级至少为 IP55。

2. 交换机安装

交换机按外形可分为盒式交换机和框式交换机。本节以海康威视 DS-3E03xxP-S 系列盒式交换机为例介绍交换机安装方法。

1) 准备工作

交换机出厂时随机附带接地线、螺钉、脚垫、L 型支架和电源线。安装前还需要提前准备一字螺丝刀、十字螺丝刀、记号笔、防静电手腕和浮动螺母等工具。

2) 设备安装

交换机配置了 L 型支架盒固定螺钉，支持标准 19 英寸机架安装。具体步骤如下：

(1) 检查机柜，确定交换机安装位置，并安装浮动螺母组件到预设位置，如图 2-2-59 所示。

图 2-2-59　安装浮动螺母到机柜

(2) 使用螺钉将两个 L 型支架分别固定安装在交换机两侧，如图 2-2-60 所示。

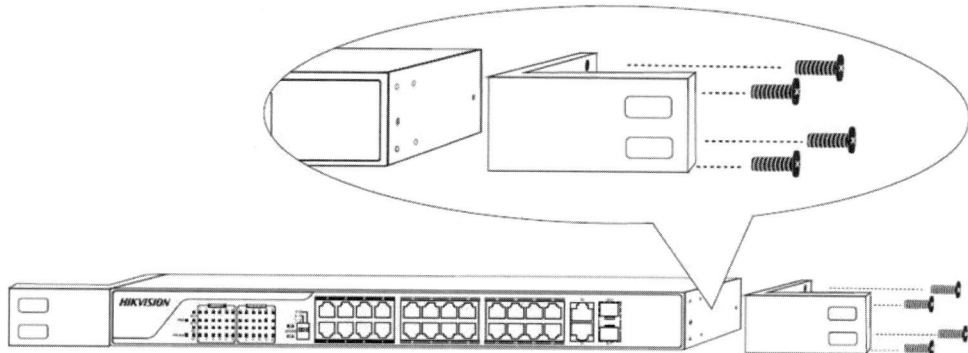

图 2-2-60　安装 L 型支架到交换机两侧

(3) 将交换机托举到预设位置，用螺钉将 L 型支架固定在机架两端导槽上之前固定的浮动螺母上，如图 2-2-61 所示。

(4) 连接接地线。当机房内已做好接地排时，只需用接地线将交换机接地端子与机房工程接地排接线柱连接起来，并拧紧固定螺钉即可，如图 2-2-62 所示。

图 2-2-61   机架安装示意图(以海康威视 DS-3E0326P-S 为例)

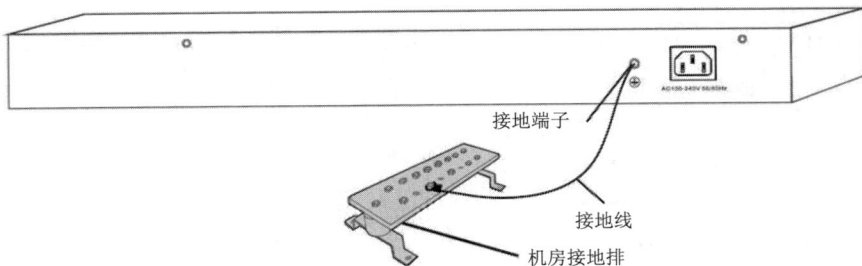

图 2-2-62   交换机接地端子与机房接地排连接

3. 设备上电及确认

上电前应对交换机做好安全检查:

(1) 供电电源是否符合交换机输入电压规格。

(2) 地线是否连接正确。

(3) 接口线缆是否都在室内走线,如存在室外走线,应确认是否进行网口防雷器等保护手段处理。

上电并进行确认:接通电源后,确认设备指示灯、网口灯是否正常。

4. 任务实施

填写如表 2-2-7 所示的中心传输设备、解码设备识别清单。

表 2-2-7   中心传输设备、解码设备识别清单

视频设备知识点	答案/案例	自我评价
1.下面是什么设备?如何连接视频监控设备? 		
2.下面是什么设备?在视频监控系统中起什么作用? 		

五、任务实施工单

根据已学习的视频监控系统基础知识、实施要求和实施步骤完成以下任务实施，并填写表 2-2-8。

视频监控
系统调试

表 2-2-8　视频监控系统安装任务实施工单

序号	工 作 要 求	工 作 内 容	验收方式
1	项目总体设计		设计报告
2	项目详细设计		材料提交 拓扑结构图
3	系统设备安装		实物成果展示
4	设备调试		测试报告
5	系统联调与测试		测试报告
6	系统验收与总结		总结报告 成果展示

⊗ [任务拓展]

一、拓展知识：摄像机的专业应用

不同形态和功能的摄像机产品能够满足不同场景的专业应用需求。

(1) 教育行业。教育行业专用摄像机除了基本的视频监控需求，还能解决教育行业的业务难题，如辅助老师课堂点名、识别学生认真听讲等。

(2) 司法行业。司法行业专用摄像机除了常规的视频监控，还能检测人员离岗、攀高、剧烈运动、玩手机等行为，并推送报警给监控中心。

(3) 交通行业。交通行业专用摄像机可以帮交警解决城市道路违章(如违停、逆行、压线、变道、机占非、掉头等)取证难的问题和道路事件(如路面抛洒物、行人过马路、路障、施工、拥堵等)，并及时响应。

(4) 能源行业。能源行业专用摄像机需要摄像机解决野外不方便通电通网的问题，因此通常使用太阳能低功耗且支持无线传输的摄像机。

(5) 水利行业。水利行业通常对防汛应用需求强烈，需要专门的水位检测摄像机来实现对水位的远程巡查和水位超过阈值自动报警。

(6) 防腐蚀。在沿海、化工厂等易腐蚀环境下必须使用符合防腐蚀标准的专用摄像机。

(7) 防爆炸。在潜在爆炸性风险的环境(如煤矿瓦斯气体环境、爆炸性气体混合物、爆炸性粉尘环境)中必须使用防爆专用摄像机，且在不同环境下需要选择对应防爆等级的摄像机，以防安全隐患。

(8) 耐高温。垃圾焚烧厂、火力发电厂、水泥厂回转窑对于火焰和燃烧情况的监控，普通摄像机不能在超高温下使用，因此需要专用的耐高温(通常需要风冷或水冷)摄像机。

(9) 车载。普通摄像机不能安装在强烈震动环境下，因此车载环境下需要专用的车载摄像机，通常配有减震设计以防摄像机故障。

(10) 水下。水下打捞、水产养殖、堤坝监控、水质检测要求摄像机能在水下使用，而普通摄像机不能在水下长时间使用以免进水腐蚀，因此需要具有特殊防水结构的水下摄像机。

(11) 人体测温。热成像人体测温专用摄像机可以实现快速、无接触的人体测温。

(12) 野生动物保护。在野生动物保护领域，需要保证摄像机在野外长时间运行并对野生动物精准识别，且不影响野生动物的生活习性，要求摄像机不显眼。

二、大屏幕类型

在视频监控系统中，视频显示终端是不可或缺的重要环节的设备。目前主流的监控显示设备可分为 DLP(投影)、LCD(拼接屏、监视器)和 LED。不同类型的显示技术具有不同的应用特点，适用于不同的应用场景。

1. DLP

DLP 投影拼接屏作为早期主流的大屏幕拼接显示产品，具有拼缝小(最小拼缝≤0.2

mm)、清晰度高、图像细腻、稳定性高等优点，使得其在一些高端显示场景得到广泛应用。DLP 投影拼接屏适用于高分辨率、大信息量的室内应用场景，如地理信息系统(Geographic Information System，GIS)、轨道交通、电力等调度/指挥/控制中心，如图 2-2-63 所示。

图 2-2-63　DLP 投影拼接屏

2. LCD

LCD 监控显示产品主要包括液晶监视器和 LCD 拼接屏。两者都是采用工业级的液晶面板，最大区别在于拼缝的大小和显示功能。

1) 液晶监视器

液晶监视器具有性价比高、轻薄等特点，广泛应用于单屏监控显示、小型监控室以及信息发布等场景，如小区、企业监控、信息展示等，显示效果如图 2-2-64 所示。目前，随着 4K 技术的日渐成熟，在视频监控领域，4K 超高清监控也在逐渐兴起。4K 超高清、超窄边框已成为液晶监视器的发展趋势。

图 2-2-64　液晶监视器效果

2) LCD 拼接屏

近年来 LCD 拼接屏技术不断突破，拼缝越来越小(最小拼缝达 0.88 mm)、分辨率越来越高，促进了整个拼接市场的发展。同时，LCD 拼接屏具有占地空间小、清晰度高、性价比高等特点，由最初的监控中心、指挥调度中心应用迅速发展到娱乐传媒、银行、展厅、会议室等各个应用场景，占据目前大屏幕拼接显示市场的最大份额。LCD 拼接屏效果如图 2-2-65 所示。

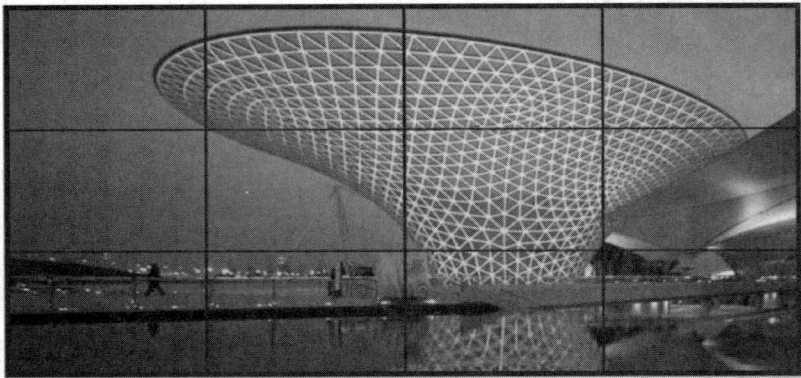

图 2-2-65　3×4 规模 LCD 拼接屏效果

3. LED

LED 显示屏利用发光二极管构成的点阵模块或像素单元组成大面积显示屏，不仅具有整屏无缝拼接、色彩表现力强、性能稳定、环境适应能力强、性价比高、使用寿命长等特点，还可以根据需要搭载触摸、3D 动画、4K、云魔方、智能应用等技术，广泛应用于各种场景：

(1) 室内大空间、远距离、短期观看场景，如大会议厅、商场等；

(2) 电视演播室背景显示；室外环境显示(户外 LED 具备超高亮度、防水等特点)，如图 2-2-66 所示。

图 2-2-66　P1.9 mm 全彩 LED 显示屏效果

除了上述介绍的显示产品，随着科技的不断革新，如 OLED、VR、mini LED、mirco LED 等显示技术的发展，未来显示终端将会拥有更加丰富多彩的应用场景，也必将广泛应用到视频监控领域之中。

三、任务实施拓展

1. 连接大屏幕显示

对当前视频监控系统进行扩展，在系统中接入一个大屏幕，将摄像机视频内容存储到 NVR 中，并直接显示到大屏幕上。

2. 增加一台录像机

在当前系统中增加一台录像机，将录制内容保存到 NVR 中。

任务 3　门　禁　系　统

[任务描述]

本任务以某智慧园区为案例，将为其安装与调试门禁系统。该园区是一个大型综合性商业建筑群，包含写字楼、购物中心、酒店以及停车场等多个功能区域。为了提升园区的安全性与便捷性管理，计划引入智能门禁系统。

根据园区的规划与需求，在园区入口处、各个写字楼与购物中心的大门入口、楼宇单元门口以及停车场出入口等关键区域安装门禁读卡器、电子锁和门禁控制器等设备。这些设备将与园区的物联网平台相连接，实现实时数据传输与共享。

通过配置门禁系统能够实现不同区域的权限设置，例如指定某些员工可以进入特定的区域，限制非法人员进入敏感区域。同时，还能设定不同时间段的门禁策略，如在晚上关闭部分区域的通行权限，以加强夜间安全。此外，系统还将记录每位访客和员工的通行记录，为园区的安全管理提供便利。

对整个安防系统进行联动测试，确保各子系统之间的协调工作，对于发现的问题及时进行调整和优化。通过对门禁系统的全面调试和功能测试，确保其稳定运行和可靠性，实现该智慧园区安全、高效的园区管理，提升员工和访客的体验，为其发展打下坚实的基础。在调试过程中，将验证卡片识别、门禁验证和开门功能等，确保它们能够正常工作并快速响应。

本任务需要完成以下几项内容。

1. 系统设计与准备

(1) 根据实际需求和设计要求，制定门禁系统的安装方案，并与相关团队进行沟通和确认。

(2) 准备门禁系统所需的硬件设备，包括门禁控制器、读卡器、电磁锁、门磁等，并确保其与综合安防系统的其他组件兼容。

2. 安装门禁设备

(1) 按照设计方案，在指定位置安装门禁控制器、读卡器和其他设备，确保设备位置合理、稳定，且易于使用。

(2) 连接门禁设备与综合安防系统的其他组件和网络，确保其能够正常工作，并与其他子系统进行集成。

3. 设定门禁规则和权限

(1) 根据实际需求，设定门禁系统的访问规则和权限设置，包括指定特定人员的进出权限、考勤规则等。

(2) 配置门禁控制器和读卡器，确保其能够准确地验证用户身份，控制门锁的开启和关闭。

4. 联调和集成测试

(1) 与综合安防系统的其他系统进行联调，确保门禁系统与其他系统之间的通信和数据传递正常。

(2) 进行系统集成测试，包括测试门禁设备的工作稳定性、读卡器的读取准确性、门锁的开启和关闭等功能。

5. 故障排除与调试

(1) 在安装和调试过程中，如遇到门禁设备工作异常或与其他系统之间存在问题时，需要进行故障排除和调试，查找并解决问题。

(2) 进行系统功能验证和性能测试，确保门禁系统能够稳定运行并满足设计要求。

6. 编写安装和配置文档

(1) 对门禁系统的安装和配置过程进行详细记录，形成安装和配置文档，包括所使用的设备信息、连接方式、配置参数等。

(2) 提供使用手册和操作指南，以便系统管理员和维护人员能够正确使用和维护门禁系统。

[知识准备]

一、门禁系统

1. 系统概述

门禁系统参考国家标准 GB 50348—2018《安全防范工程技术标准》对出入口系统的定义。

门禁系统的主要应用场景是在企业园区、学校、小区等一卡通项目中，安保、物业等系统管理人员，使用门禁管理功能，可根据卡片、指纹、人脸等权限介质分别配置人员门禁权限，以满足人员进出区域的安全管控。

2. 系统结构

门禁系统主要由前端设备、管理控制设备、执行设备、管理终端和中间的通信传输部分组成，具体结构如图 2-3-1 所示。

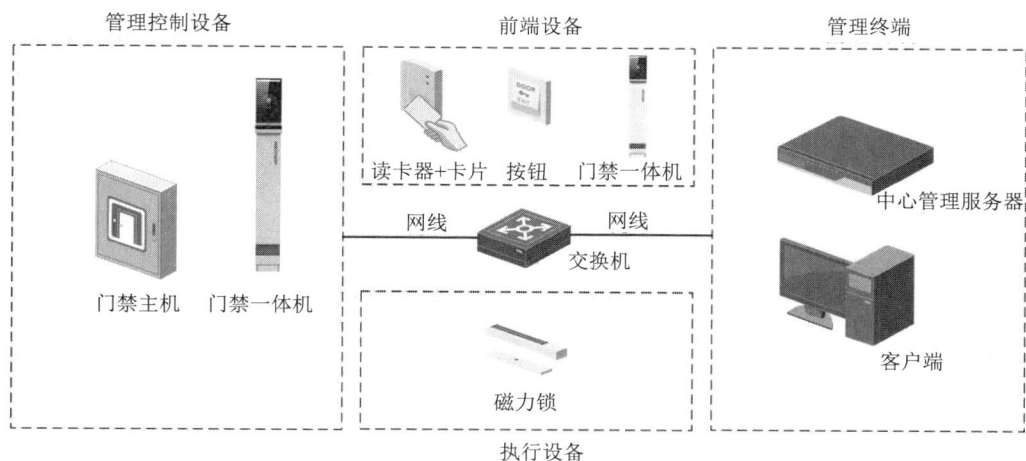

图 2-3-1　门禁系统结构图

　　前端设备指读卡器。这里的读卡器是一个统称，泛指所有在门禁系统中起到身份信息采集和传输作用的设备。使用最广泛的读卡器是卡片读卡器，如图 2-3-2 所示。除此之外，还有多样的生物特征识别读卡器和二维码阅读器等，如图 2-3-3 所示。无论什么形态的读卡器，它们的目的都是通过不同的方式识别人员的唯一特征。

图 2-3-2　卡片读卡器　　　　　　　图 2-3-3　人脸门禁一体机

　　管理控制设备是门禁控制器。它是门禁系统的处理器，具有存储人员信息及逻辑判断的功能。通过比对接收到的人员信息和控制器中有权限的人员信息，为权限匹配的人员执行开门动作，如图 2-3-4 所示。

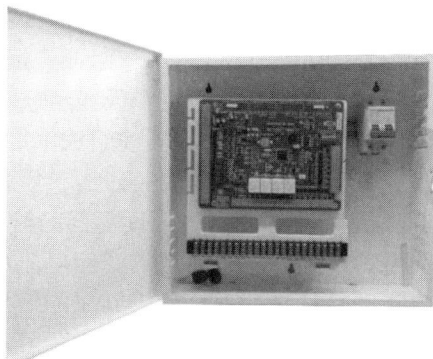

图 2-3-4　门禁控制器

执行设备是门禁控制器权限认证通过后需要执行动作的设备，例如门锁、电机、平移门等，如图 2-3-5 和图 2-3-6 所示。

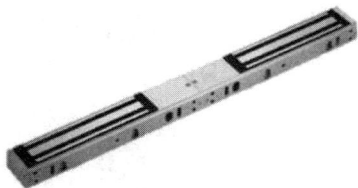

图 2-3-5　磁力锁　　　　　　　　　　　　　　　图 2-3-6　电插锁

二、探测技术

探测技术是一门多学科综合的应用技术，在综合安防领域应用非常广泛，比如小区的门禁、进出机场的安检门、安检仪、高速公路的雷达测速仪器等。因此，了解并掌握相关技术原理及应用特点十分必要。

1. 红外探测技术

任何高于绝对零度的物体都会向外辐射红外线，红外探测技术就是基于对红外线(波长为 0.76～1000 μm)的检测来判断目标温度的技术。红外探测技术分为主动红外探测和被动红外探测两种。

主动红外探测一般是对射类型，也就是由一端发射红外线，另一端接收红外线。发射端与接收端之间有一条或几条红外光束，当有人或物体阻挡时，会将红外光束切断，使接收端接收不到红外而反馈信号。主动红外探测技术在报警系统中可以用于红外对射探测器进行周界防范；在门禁系统中，可以应用在人员通道检测人员是否通过闸机。

被动红外探测本身不发射红外线，而是通过探测人或物体向外发射的红外辐射来反馈信号。被动红外探测技术在报警系统中主要用于红外幕帘探测器检测区域内是否有人存在。同时，被动红外探测技术经常搭配微波探测技术用于双鉴探测器中，可以提高探测准确度。

2. 射频识别技术

射频识别技术(Radio Frequency Identification，RFID)是利用射频方式进行非接触双向通信，以达到识别与数据交换的目的。

RFID 的应用系统主要由读写器和 RFID 卡两部分组成。读写器一般用来实现对 RFID 卡的数据读取和存储，由控制单元、高频通信模块和天线组成。而 RFID 卡则是一种无源的应答器，主要由一块集成电路(IC)芯片及其外接天线组成，其中 RFID 卡芯片通常集成有射频前端、逻辑控制、存储器等电路，有的甚至将天线一起集成在同一芯片上。

RFID 应用系统的基本工作原理是 RFID 卡进入读写器的射频场后，由其天线获得的感应电流经升压电路作为芯片的电源，同时将带信息的感应电流通过射频前端电路检测得到数字信号，并送入逻辑控制电路进行信息处理，所需回复的信息则从存储器中获取，经由逻辑控制电路送回射频前端电路，最后通过天线发回给读写器。

RFID 技术主要应用于门禁、考勤系统，通过刷卡完成对出入口的控制和考勤的管理。

3. X 射线检测技术

X 射线(X-ray)技术是基于 X 射线的特性，使射线源发射到物体上的 X 射线能够根据透过射线的变化而计算并成像，在处理后得到高质量的图像。

X 射线之所以能使物品在荧屏上形成影像，一方面是基于 X 射线的特性，即穿透性、荧光效应和摄影效应；另一方面是基于物品的密度和厚度的差别，使 X 射线透过物品后，探测板接收到 X 射线量产生强弱差异，根据物质的不同原子系数，计算后赋予物质不同的颜色。

X 射线技术在综合安防系统中主要用于安检机，在地铁站、高铁站、机场等场合对行李、包裹中的危险物品进行识别探测。

4. 电磁感应技术

电磁感应技术是当金属物体进入交变电磁场探测范围后，在物体内部会产生涡流电流，该电流又发射一个与原磁场频率相同但方向相反的磁场，从而改变原本的电磁场分布，设备检测到这种变化而产生报警。

电磁感应技术在报警系统中主要用于门磁探测器，检测门的开关状态；在安检系统中主要用于安检门产品，检测人体随身携带的金属物品。

5. 毫米波技术

毫米波是 30～300 GHz 频域(波长为 1～10 mm)的电磁波，位于微波与远红外波相交叠的波长范围，拥有带宽宽、波束窄的特点。在综合安防系统中主要用于毫米波雷达中。

毫米波雷达通过发射机天线把毫米波能量射向空间某一方向，在遇到遮挡物体时毫米波会被反射回来，雷达天线接收此反射波后，提取并处理这些信息，来判断目标物体至雷达的距离、位置或体积等。

6. 生物特征识别技术

生物特征识别(Biometrics)技术，是利用人体所固有的生理特征，如指纹、静脉、人脸等进行取样，提取其唯一的特征并且转化成数字代码，并进一步将这些代码组合成特征模板。在身份认证时，识别系统获取其特征并与预先下发的数据库中的特征模板进行比对，完成相似度匹配。

以指纹特征为例。在指纹采集时，首先进行指纹图像采集，内部处理器将采集到的指纹图像进行去噪等预处理，提高指纹质量；然后提取指纹特征点，建立指纹特征数据后存储。在指纹识别时，仍然先进行指纹图像采集，处理后提取特征点；然后将指纹特征与指纹模板库进行匹配，计算出的匹配结果与预先设置的阈值比对，超过阈值则认为匹配成功。

生物特征识别技术可代替刷卡，通过比对指纹、静脉等方式完成对出入口的管控。

[任务实施]

门禁系统由于使用场景多样，并且当系统整体实施完成后整改难度大，所以要求在施工布线前进行现场勘测、充分考量，避免后续返工。同时，系统设备的安装和连接必须遵照相关规范，以确保系统的运行效果。门禁系统实施流程如图 2-3-7 所示。

图 2-3-7   门禁系统实施流程

一、实施规范

门禁管理系统工程实施应符合国家标准 GB 55029—2022《安全防范工程通用规范》，同时满足国家标准 GB 50348—2018《安全防范工程通用规范》中关于门禁管理系统的规定：

(1) 各类识读装置的安装应便于识读操作；

(2) 感应式识读装置在安装时应注意可感应范围，不得靠近高频、强磁场；

(3) 受控区内出门按钮的安装应保证在受控区外不能通过识读装置的过线孔触及出门按钮的信号线。

(4) 锁具安装应保证在防护面外无法拆卸。

二、安装准备

在门禁管理系统中，通常需要提前对读卡器、电子锁、人脸门禁一体机和人员通道设备的安装现场环境进行确认。

1. 读卡器安装位置确认

读卡器安装高度要求距离地面 1.3 m 左右，尽量不要安装在金属物体上，且安装位置周围不要有强电。

2. 电子锁安装位置确认

电子锁需要根据现场环境和门材质选择锁类型：磁力锁用于木门、玻璃门、金属门、防火门，通常安装在单向开门场景，电插锁用于木门、铁门、玻璃门，其中木门和铁门只能单向开门，玻璃门可以双向开门；灵性锁用于木门或金属门，只能安装在单向开门场景。

3. 人脸门禁一体机安装位置确认

人脸门禁一体机安装建议摄像头距离地面 1.5 m 左右，尽量避免安装在光照强的位置，避免逆光、阳光直射、灯源近距离照射等情况。

在室外安装时，需要勘测现场环境是否有遮阳棚，没有遮阳棚可增加遮阳罩，减弱光线的影响。

4. 人员通道安装位置确认

若安装位置在室外，应选择防水的闸机，如果地面较低洼或者地区雨水较多，需要提前安装水泥基座。基座高于地面 5 cm 左右，与地面保持水平。

在确认通道数量时，一组通道内的闸机数量 = 通道数量 + 1，通行方式分为双向进出、只出不进、只进不出，根据通行方式要求做好通道排布。

在确认现场安装距离时，通道整体安装宽度 = 闸机宽度 × 闸机数量 + 通道宽度 × 通道数量，具体勘测可参考表 2-3-1。

表 2-3-1 人员通道现场勘测表

项目信息	项目名称		勘测人	
			日期	
	勘测地点			
基本信息	安装环境	□室内 □室外 □半室外(带雨棚)		
	意向通道类型	□摆闸 □翼闸 □三辊闸 □全高门 □无障碍通道		
	规划安装宽度/mm (若有多组通道则按组区分)			
	规划通道数 (若有多组通道则按组区分)			
	地面是否水平 (若不是水平则提供地面情况照片)	□是 □否		
	地面材质是否可开槽 (若不可开槽是否使用底座安装)	□是 □否		
	是否使用人证 (若有人证则提供现场光线环境照)	□是 □否		
	强电/网络环境情况 (能否布线，难易度)			
通道规则	进出方向分别标注通行状态 受控、自由、禁止 (多通道以草图形式标注)			
注意事项	① 需要拍几张现场实际环境的图片、地面图片；各个入口都需要有对应的图片 ② 对于多个位置安装的情况，需要每个位置都有对应的图片 ③ 如果室外地面不平，则建议客户通过浇筑水泥等方式保证安装表面水平			
特殊情况说明				

三、布线

门禁系统通用布线参考综合安防系统布线施工规范。设备线材有以下注意事项。

1. 读卡器

(1) 读卡器到控制器的连接线建议采用 RVVP4 × 1.0 mm²。

(2) 接 RS45 读卡器时，线缆长度不超过 800 m，并且距离长的时候读卡器需要就近供电。

(3) 接 Wiegand 读卡器时，线缆长度不超过 80 m，并且距离长的时候读卡器需要就近供电。

2. 电子锁

(1) 锁到控制器的连接线建议采用 RVV4 × 1.0 mm^2；

(2) 锁的电源回路长度建议在 15 m 以内，如现场锁电源回路超过限制距离，需要微调电源电压或更换更粗的线材。

3. 人脸门禁一体机

(1) 人脸门禁一体机由开关电源或变压器供电，采用 RVV2 × 1.0 mm^2 或以上规格线材。

(2) 外接读卡器或锁时参考上述线材。

4. 人员通道

(1) 人员通道 220 V 电源线和网线需要现场预留，电源线建议采用 RVV1.5 × 3 mm^2 以上线材，网线采用超五类线材。

(2) 人员通道过桥线为自带线材，线缆不能剪断延长。

四、安装

门禁设备的安装需要操作人员具有弱电方面的基础知识和操作技能，对所安装设备的形态、功能、适用场景有一定了解，能够根据现场环境灵活选择合适位置并设计安装方案。

人员通道需要准备的安装工具较多，具体参考人员通道安装部分。其他门禁设备须准备螺丝刀组或电动螺丝刀组。

在安装前，须确认包装箱内的设备完好，所有部件齐全，且设备安装位置符合勘测中的要求。

1. 读卡器的安装

常见的读卡器安装底盒的标准尺寸为 86 底盒。读卡器安装时须注意：

(1) 读卡器一般装在距离门较近且方便手触及的位置。

(2) 读卡器感应距离容易受到金属等物质的影响，安装位置如为金属材质，建议在读卡器背面加装适当厚度的塑胶隔离垫片。

(3) 为了保证设备使用的寿命，尽量使读卡器安装在防雨防晒的环境中，对于有可能淋雨的环境要做好防雨措施，如安装亚克力罩和做防水硅胶处理等。

(4) 安装前须进行拨码设置和尾线接线，安装读卡器固定板时，勿用力过大以避免造成弯曲变形。

读卡器安装的具体操作过程为：将安装固定板固定在墙上或其他位置，依照接线说明将线接上，并将各接线端子插上。读卡器上方对准固定板卡榫，将读卡器往固定板方向密合，使用六角扳手将螺丝由下方底部密合锁上。若无底板，则直接将读卡器装到 86 底盒上，如图 2-3-8 所示。

无底板，直接安装到86底盒

图 2-3-8　读卡器安装

2. 电子锁的安装

电子锁安装在门框中间，注意装在门上的铁块需要与电锁对齐，否则电锁指示灯会显示错误。线缆一般通过吊顶走线，需要布管到位，方便后期维护。

门锁的安装场景较多，安装方式也不同，安装时须注意：

若磁力锁安装在木门上或者可开孔的铁门上，当门框宽度足够安装锁体时，无须配 LZ 形支架，磁力锁体直接吊装在门框上，贴片固定在活动门上。当门框宽度不够安装锁体时，需要配 LZ 支架。具体场景安装如图 2-3-9 所示。

图 2-3-9　磁力锁安装实物图

若磁力锁安装在玻璃门上，需要安装 U 形夹，用于固定铁片。此时门只能单向打开，如图 2-3-10 所示。

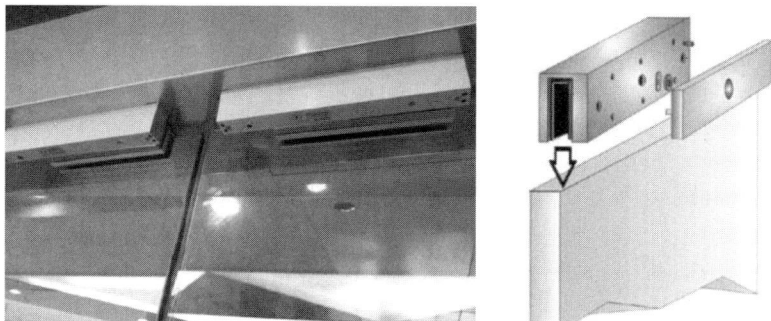

图 2-3-10　磁力锁安装于玻璃门

在安装电插锁时，需要先将门关上，确定门与门框的中心线，然后用包装自带的贴纸与中心线对齐规划好孔位，最后在门框上安装锁体，在门上安装锁扣。需要注意的是，玻璃门上安装电插锁时需要 U 形夹固定锁体，安装完成后，玻璃门可以双向开门。安装实物如图 2-3-11 所示。

图 2-3-11　电插锁安装图

3. 人脸门禁一体机的安装

以室内壁挂安装为例，如图 2-3-12 所示。安装步骤如下：

(1) 根据安装贴纸上的基准线将安装贴纸贴在距离地面基准线 1.4 m 处。

(2) 根据安装贴纸在墙上开孔，并安装 86 底盒。

(3) 将安装挂板固定在 86 底盒上。

(4) 将外接设备线缆与排线线缆连接，整理线缆，确定出线方式。

(5) 将设备自上而下扣挂在安装挂板上，并确保挂板下方凸起部分插入设备背部凹槽处。

(6) 使用螺丝拧入设备固定孔位，固定设备与安装挂板。

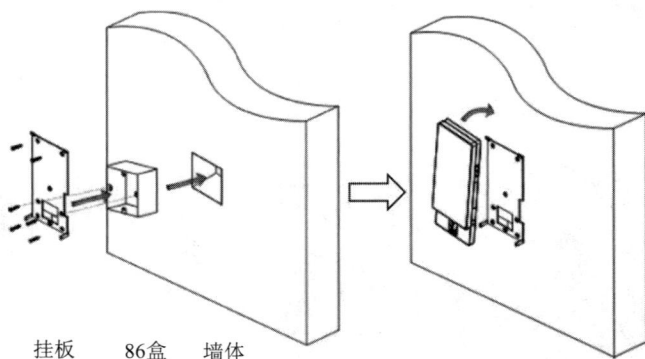

挂板　　86盒　墙体

图 2-3-12　壁挂安装

4. 人员通道的安装

1) 常用工具

人员通道的安装涉及开槽布线，需要用到工程施工上的许多常用工具，如图 2-3-13 所示。

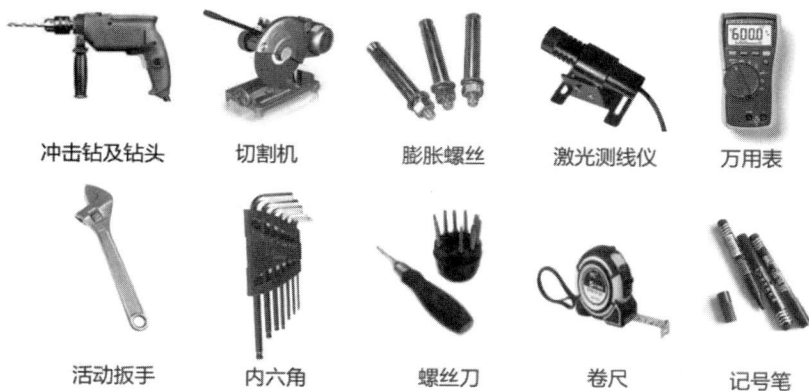

图 2-3-13　人员通道施工常用工具

2) 通道布线

通道布线的步骤如下：

(1) 以最靠边的通道中心为基准，画两条平行线，其间距为 $L+200$ mm(L 为通道宽度)。

(2) 通道对齐，确定各机箱的安装孔位和出线孔并进行开槽和挖孔，如图 2-3-14 所示。

(3) 预埋过桥线。

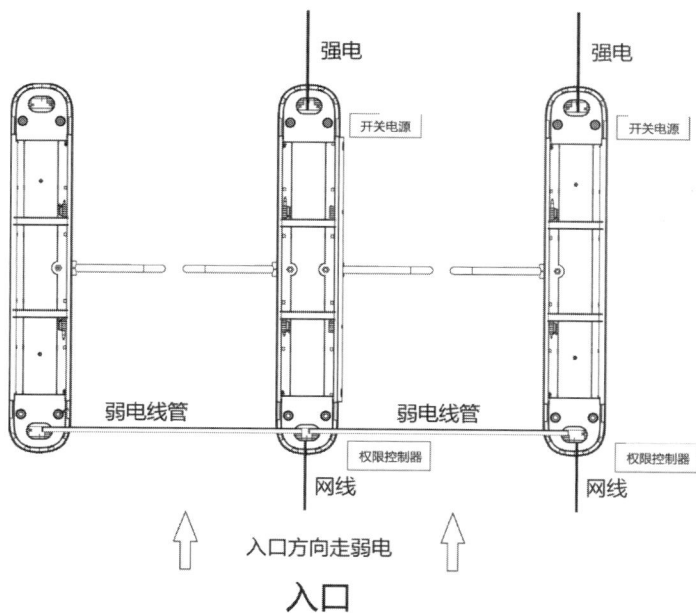

图 2-3-14　通道对齐

3) 通道安装

通道安装的步骤如下：

(1) 准备安装设备的工具，清点配件，整理安装设备的地基基面。

(2) 确定安装孔位后钻孔，埋下膨胀螺丝。

(3) 用封堵材料密封人行通道底部，防止积水。

(4) 根据人行通道上的标签进出方向，将人行通道分别搬到相应的安装位置，逐个对准地脚螺栓并拧紧螺母。

5. 任务实施——填写门禁系统设备清单

填写门禁系统设备识别清单，如表 2-3-2 所示。

表 2-3-2　门禁系统设备识别清单

门禁设备知识点	答案/案例	自我评价
1.下面是什么设备？ 		
2.下面是什么设备？在安防监控系统中起什么作用？ 		
3.下面是什么设备？ 		
4.下面是什么设备？其接口有哪些？分别连接哪些设备？ 		

五、接线

1. 门禁控制器接线

1) 门禁控制器接读卡器

RS-485 读卡器两芯电源线 PWR、GND 分别接到门禁控制器端子电源输出或者电源的 V+、V-。两芯信号线 RS-485+、RS-485-分别接到门禁控制器的 RS-485+、RS-485-端子。如有多个 RS-485 读卡器接入，则多个读卡器并接到这两个端子上，读卡器以自身拨码区分在控制器上的编号。RS-485 读卡器接线如图 2-3-15 所示。

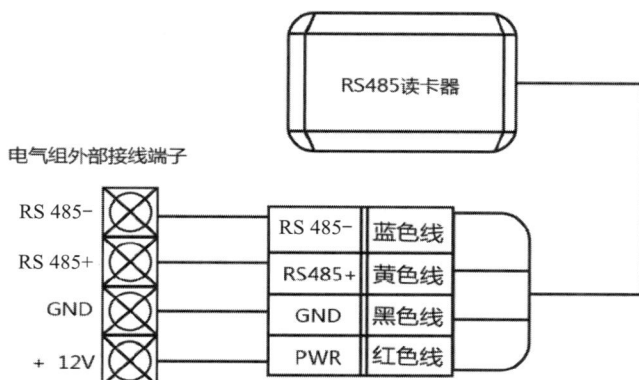

图 2-3-15　RS-485 读卡器接线图

Wiegand 读卡器的两芯电源线 PWR、GND 分别接到门禁控制器端子电源输出或者电源的 V+、V-(一般为 12 V)。五芯信号线 W0、W1、Beep、Red LED、Blue LED 分别接到门禁控制器的 W0、W1、BZ、ERR、OK。Wiegand 读卡器不可并接，需要一对一接线。主机如果要控制 Wiegand 读卡器的蜂鸣声和 LED，必须将 OK/ERR/BZ 端子接好。如果只接 W0/W1/GND 也能正常通信，但无法通过灯的颜色和蜂鸣器声音辨识合法卡与非法卡。以海康读卡器为例，Wiegand 读卡器接线如图 2-3-16 所示。

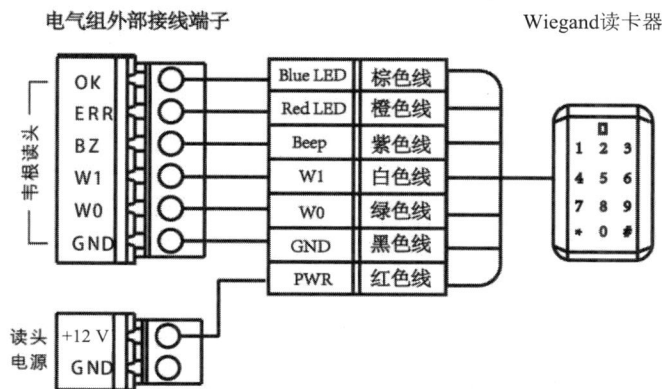

图 2-3-16　Wiegand 读卡器接线图

2) 门禁控制器接电子锁

以使用较为频繁的阳极锁为例。阳极锁通电上锁，断电开锁，可以直接通过控制锁通电断电的状态来控制锁的开合。单门磁力锁和电插锁的两芯电源线分别接到门禁控制器的锁+ 和锁− 端子。门禁控制器的锁+ 和锁− 端子常闭状态下默认带电，即上锁状态，触发开锁指令则断电，锁就打开了。阳极锁接线如图 2-3-17 所示。

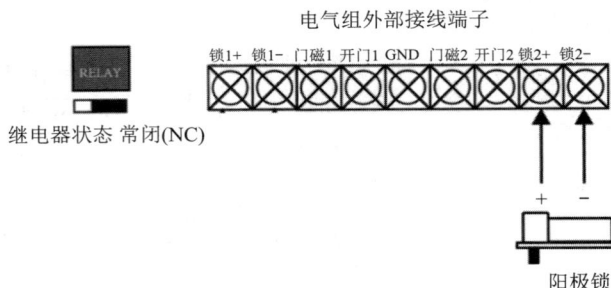

图 2-3-17   阳极锁接线

3) 门禁控制器接开门按钮

开门按钮负责输出开关量信号，将常开节点接到门禁控制器的开门按钮端子即可。开门按钮接线如图 2-3-18 所示。

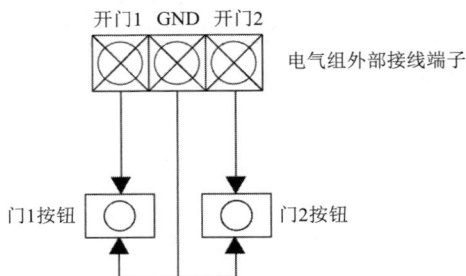

图 2-3-18   开门按钮接线

2. 人脸门禁一体机接线

人脸门禁一体机预留丰富的接线端子，可以外接电子锁、读卡器、开门按钮、门磁等设备，还有报警输入、输出端子。下面以某款人脸门禁一体机为例介绍部分端子接线。

1) 人脸门禁一体机接阳极锁

人脸门禁一体机与阳极锁的接线如图 2-3-19 所示。

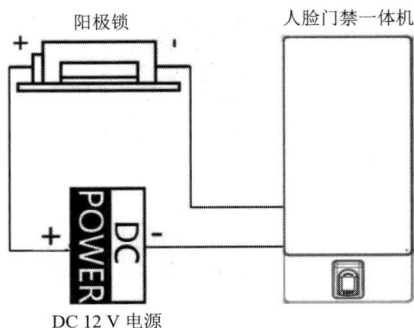

图 2-3-19   人脸门禁一体机接阳极锁

当人脸门禁一体机接的锁工作电流超过 1.5 A 时，直接接上会导致设备继电器过流损坏，需要增加外接继电器来实现控制门锁。外接 12 V 电磁继电器时的阳极锁接线如图 2-3-20 所示。

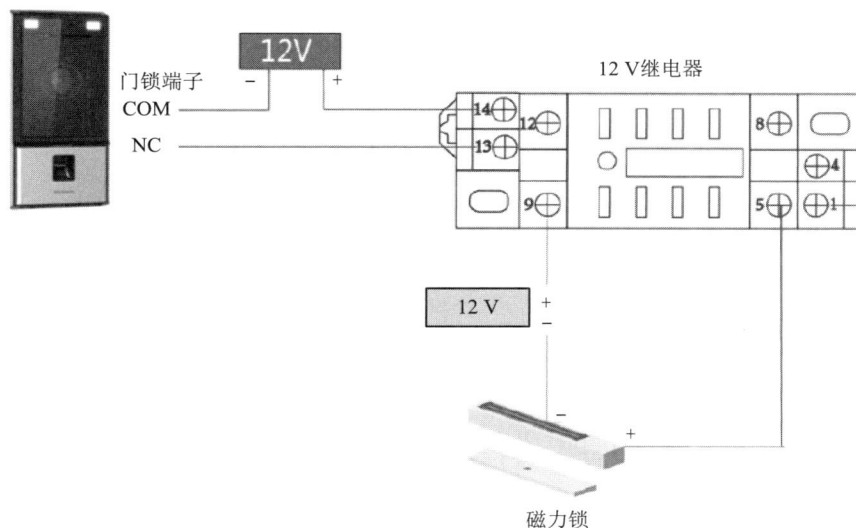

图 2-3-20 一体机接大电流电锁

2) 人脸门禁一体机接读卡器

人脸门禁一体机支持外接 RS-485 读卡器和 Wiegand 读卡器。外接 RS-485 读卡器时，根据丝印标识分别找到人脸门禁一体机和读卡器 RS-485+、RS-485− 接口线，具体接线如图 2-3-21 所示。

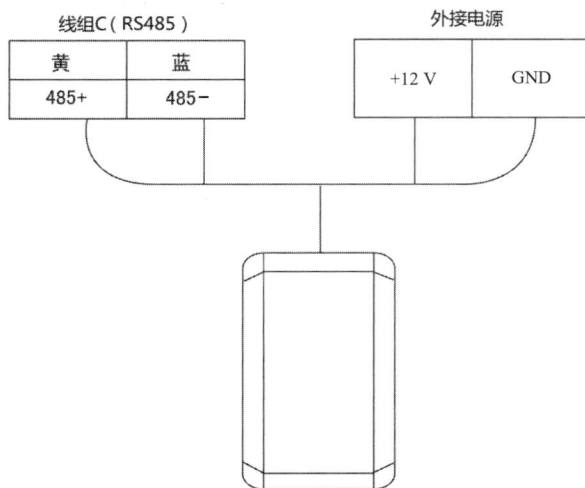

图 2-3-21 人脸门禁一体机接 RS-485 读卡器

外接 Wiegand 读卡器时，根据丝印标识分别找到人脸门禁一体机和读卡器的 W0、W1、GND 接口线，具体接线如图 2-3-22 所示。

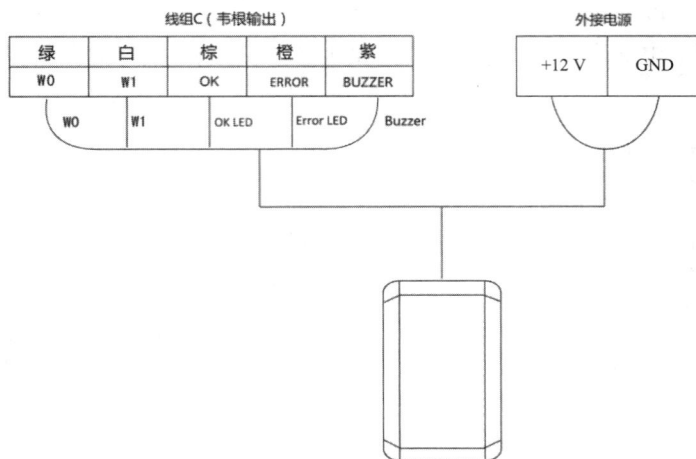

线组C（韦根输出）					外接电源	
绿	白	棕	橙	紫	+12 V	GND
W0	W1	OK	ERROR	BUZZER		
W0	W1	OK LED	Error LED	Buzzer		

图 2-3-22　人脸门禁一体机接 Wiegand 读卡器

3. 人员通道接线

人员通道出厂时，大部分线路已经接好，现场需要接的线主要是以下 3 种情况：

1) 外部的强电线和网线

强电线一般直接接入空开，接地线接入空开旁边的端子或者螺柱上，如图 2-3-23 所示。网线直接接到交换机或者对应门禁控制器上。

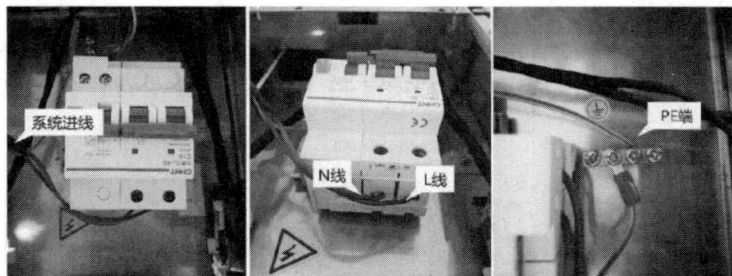

图 2-3-23　通道系统进线接线

2) 两台设备之间的同步线

设备同步线、外设到控制器之间的连接线等统称为同步线。同步线一般是通道出厂自带，需要用同步线将主从通道板连接起来，如图 2-3-24 所示。

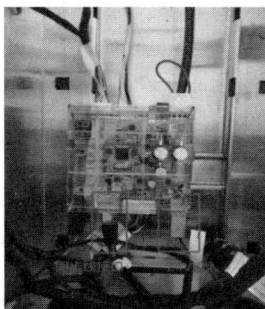

图 2-3-24　同步线接线示意图

3) 权限控制器接其他外设

权限控制器起到存储人员信息、控制闸机输入输出的作用，可以接其他外设，比如读卡器、生物识别读卡器、二维码扫描器等。一般通道外设也是接到闸机的权限控制板上。某人员通道权限控制器接口示意图如图 2-3-25 所示。

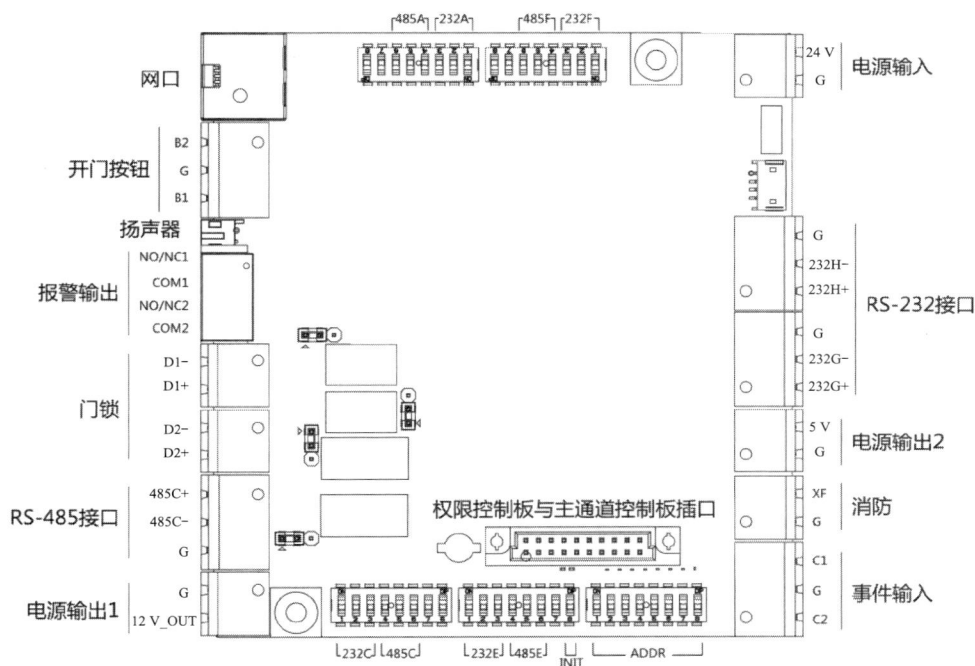

图 2-3-25　人员通道权限控制器接口示意图

RS-485 读卡器和 Wiegand 读卡器接线可参考门禁控制器接线，接线端子一样，RS-485接线方式的拨码稍有不同，人员通道进方向读卡器拨码为 1 或者 2，出方向拨码为 3 或者 4。

人脸一体机作为外接设备接入人员通道时，一般采用 RS-485 方式或者开关量方式。

采用 RS-485 方式对接时，进门方向人脸一体机 ID 设置成 1 或者 2，出门方向人脸一体机 ID 设置成 3 或者 4。如果通道本身已经接了 IC 读卡器(RS-485 通信)，那么 ID 号不能跟 IC 读卡器的拨码冲突。具体接线如图 2-3-26 所示。

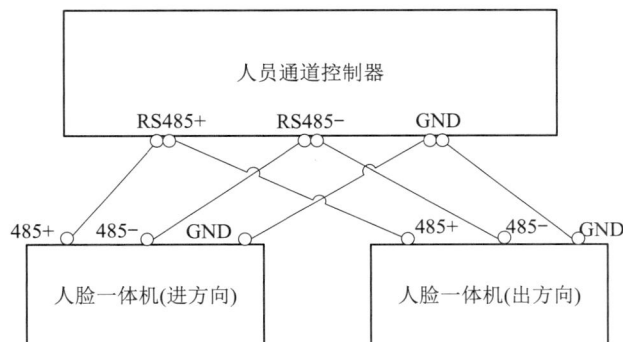

图 2-3-26　通道 RS-485 方式接人脸门禁一体机

采用开关量方式接线时，将人脸门禁一体机的门锁端子 NO 与 COM 接入通道控制器的 BUTTON 端子，进方向接 B1 和 GND，出方向接 B2 和 GND，如图 2-3-27 所示。

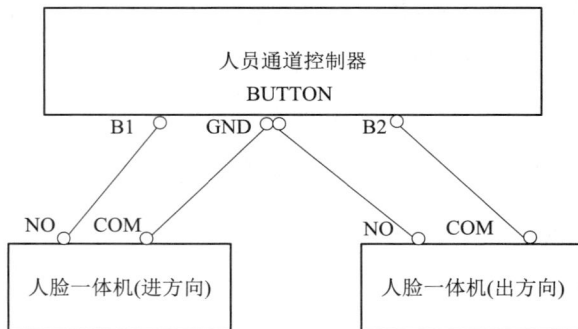

图 2-3-27　通道开关量方式接人脸门禁一体机

二维码扫描器一般采用 RS-232 模式接权限控制器，主副通道均有标注 RS-232 的接口，分别对应通道控制板的 RS-232 串口。若要接到其他串口，则应检查该接口是否为 RS-232 协议接口。通道 RS-232 与二维码扫描器接线如图 2-3-28 所示，左侧为二维码扫描器接线端子，右侧为人员通道接线端子。

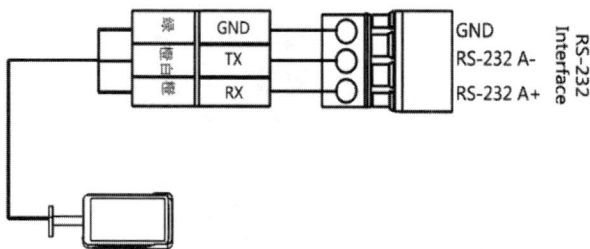

图 2-3-28　通道 RS-232 接二维码扫描器

六、任务实施工单

根据已学习的门禁系统基础知识、实施要求和实施步骤，完成以下任务实施，并填写门禁系统安装任务实施工单，如表 2-3-3 所示。

表 2-3-3　门禁系统安装任务实施工单

序号	工 作 要 求	工 作 内 容	验收方式
1	项目总体设计		设计报告
2	项目详细设计		材料提交 拓扑结构图

续表

序号	工 作 要 求	工 作 内 容	验收方式
3	系统设备安装		实物成果展示
4	设备调试		测试报告
5	系统联调与测试		测试报告
6	系统验收与总结		总结报告 成果展示

[任务拓展]

1. 添加门禁卡设置

要求读取新门禁卡信息，并在系统中进行设置，使系统能够识别新卡并允许新卡的使用。

2. 新用户权限设置

分析新增门禁卡或新增人员用户，对新增门禁卡或新增人员用户设置不同位置门禁系统的权限。

任务4 出入口系统

[任务描述]

智慧园区的安全管理尤为重要，园区第一道防线出入口系统的高效化和智能化是维护园区安全稳定的基本要求。

出入口系统是智慧园区的一个重要组成部分，利用先进的技术和高度自动化设备，对车辆出入进行安全、有效的管理。通过对进出园区门口车辆进行车牌识别，实现车辆控制管理的高度智能化，准确记录识别车牌号码，确保车辆的进出有据可查，进出可控。对于园区的固定车辆，自动放行、快速通过道闸，实现车辆通行高效；对于外来车辆，登记后才能进入园区。出入口系统能最大限度地减少人员费用和人为失误造成的损失，大大提高园区机动车进出的安全性与效率。

本项目将完成智慧园区出入口系统勘测与实施的任务。

[知识准备]

认识出入口系统

一、出入口系统

1. 系统概述

停车库(场)安全管理系统主要控制车辆出入，该系统在工程上和本书中简称出入口系统。

出入口系统主要应用于园区、小区、医院、商场等有机动车辆出入的场景。本项目的出入口系统即智慧园区场景下停车场出入口系统，目前以纯车牌识别模式为主要应用场景，即通过采集车辆信息(主要指车牌和出入时间)实现相应的管理功能，如图2-4-1所示。

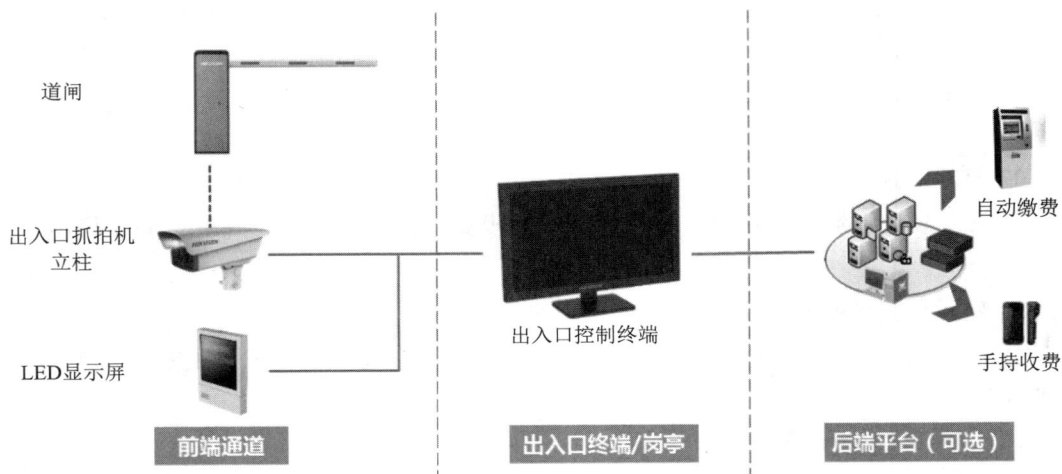

图 2-4-1   纯车牌识别方案

以园区出入口系统应用为例，如图2-4-2所示。整个园区共有东南门、正南门和西门3个通道，每个通道的宽度可以设计拆分成两个车道，分别管理入场和出场的车辆，车辆进入园区或者离开园区必须经过其中一个通道。这样一套出入口系统就可以实现车辆的安全管理。

图 2-4-2　园区出入口系统的应用

出入口系统管理的核心是对车辆的出入进行管理，按照管理方式可分为有人值守方案和无人值守方案。

有人值守方案指在纯车牌识别应用场景下，采用岗亭管理人员辅助进行管控。该方案通过抓拍设备抓拍并识别车牌信息作为车辆进出场的依据，自动化程度较高。由于车牌污损、遮挡、环境因素干扰等，车牌识别准确率无法达到100%，且存在无车牌车辆通行情况，因此仍然需要管理人员进行人工干预处理。

无人值守方案以轻量化、增收降本、快速通行为目标，去掉了岗亭管理人员，通过扫描二维码方式解决无牌车计费的问题，以智能化设备代替传统人工收费员，节省了人工成本，通过网络支付提高了车辆的通行效率。

2. 系统结构

出入口系统是通过计算机、网络设备、车道管理设备搭建的一套针对停车场车辆出入、场内车流引导、停车费收取等进行综合管理的网络系统，主要由出入口抓拍设备、自动挡车器、车辆检测器、出入口控制机(票箱)、出入口控制终端、LED 显示屏等设备组成。出入口系统按功能可以分为识读设备、管理/控制设备、传输设备和执行设备。系统通过采集车牌信息记录车辆出入和场内位置，实现车辆出入的动态管理及场内车辆的静态管理。出入口系统组成设备多样，各设备根据出入口系统的工作流程，有步骤有顺序地执行相应功能，实现停车安全与管理。出入口系统组成如图 2-4-3 所示。

在出入口系统中，识读模块作为整个系统的最前端组成部分，其主要作用是采集和探测进入识读范围的目标车辆，将收集到的目标图像、车牌数据等信息通过传输设备输出到后端系统做进一步处理。

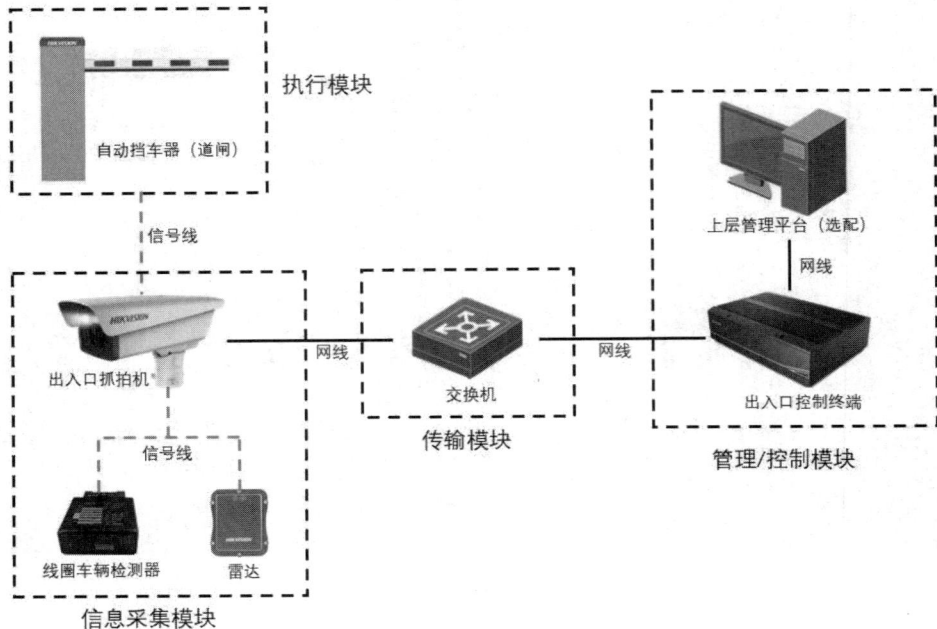

图 2-4-3　出入口系统组成

管理/控制模块即出入口系统后端的数据处理部分，其主要作用是获取前端采集并传输过来的数据，进行比对分析并作出相应的反馈，同时将出入口系统的数据汇总记录，供出入口管理人员查询。

传输模块包括两部分，第一部分将前端采集到的数据信息通过网线或信号线传输至后端管理/控制模块，第二部分是管理/控制模块将数据处理好后转化为需要响应的信息再传输至执行模块。在出入口系统中，信息传输的主要形式有网络信号传输、RS485 信号传输和电平信号传输。

执行模块为系统作出应答机制的模块，即自动挡车器，又名道闸。自动挡车器主要由控制器、电机、减速机和闸杆组成，是一种用于在道路上限制机动车行驶的通道停车场设备。当闸杆成水平状态时，可限制车辆通过；当闸杆打开至垂直状态时，则车辆可通行。自动挡车器支持出入口管理软件自动控制开关，也可通过遥控器和手柄按钮的方式实现人工开关。

二、识读模块

识读模块包含出入口抓拍设备、线圈车辆检测器、雷达等设备，其中出入口抓拍设备为核心信息采集设备，线圈车辆检测器和雷达为辅助采集设备。

1. 出入口抓拍设备

出入口抓拍设备包含防护罩、补光灯以及高清智能抓拍设备，可实现视频检测抓拍，支持车牌、车型、车标、子品牌、车身颜色、无牌车检测，可广泛应用于小区、商场、学校、医院、机场、车站、加油站、4S 店、政府等场景，其外形如图 2-4-4 所示。

图 2-4-4　出入口抓拍设备的外形

出入口抓拍设备的工作原理是：当目标车辆进入监控画面设定区域时，通过外部提供的信号或者抓拍设备自身的智能算法，促使抓拍设备触发抓拍，并识别车牌号码、车型等信息。

2. 线圈车辆检测器

线圈车辆检测器简称车检器，是一款基于环形线圈的数字式智能型车辆检测设备，如图 2-4-5 所示。该设备基于高可靠性设计，采用高性能微处理器和通道顺序扫描技术，能够快速、准确地检测车辆经过，具备频率自适应和环境跟踪功能。

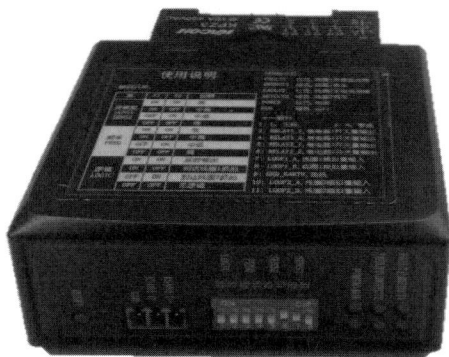

图 2-4-5　线圈车检器的外形

线圈车辆检测器的工作原理是：搭配地感线圈使用，用于检测地感线圈上方是否有金属物(如汽车)。地感线圈通常埋在路面以下，当车辆等金属物通过地感线圈正上方时，车辆检测器能够将地感线圈产生的电感量变化转化成继电器信号输出，用于控制出入口抓拍设备进行抓拍动作或者使自动挡车器进入防砸保护。车辆检测器的工作流程如图 2-4-6 所示。

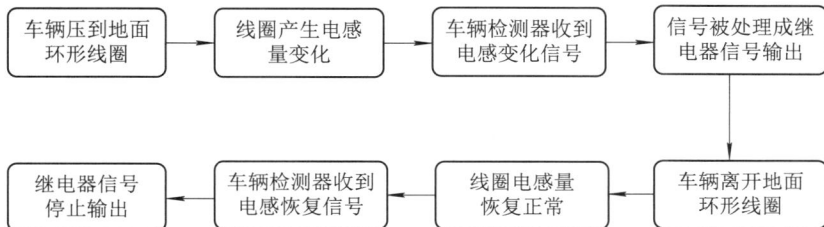

车辆压到地面环形线圈 → 线圈产生电感量变化 → 车辆检测器收到电感变化信号 → 信号被处理成继电器信号输出 → 车辆离开地面环形线圈 → 线圈电感量恢复正常 → 车辆检测器收到电感恢复信号 → 继电器信号停止输出

图 2-4-6　车辆检测器工作流程图

线圈车辆检测器的优点是技术成熟、易于掌握、车辆检测准确率高；缺点是线圈敷设对环境及施工要求高且易被损坏，后续整改维护难度大。

3. 雷达

雷达是利用无线电波探测目标信息的电子设备，如图 2-4-7 所示。雷达适用于出入口系统进出目标的检测，可触发出入口抓拍设备抓拍，控制出入口自动挡车器杆子的起落，有效防止"砸车、砸人"事故的发生，是智能化停车系统不可或缺的组成部分。

图 2-4-7   雷达的外形

雷达的工作原理是：通过雷达探头发射和接收雷达电波来判断指定区域内是否有车辆目标。当有车辆目标进入雷达设定的探测区域内时，雷达会对目标信号做处理并转化成继电器信号输出，用于控制出入口抓拍设备进行抓拍动作或者使自动挡车器进入防砸保护。雷达的工作流程图如图 2-4-8 所示。

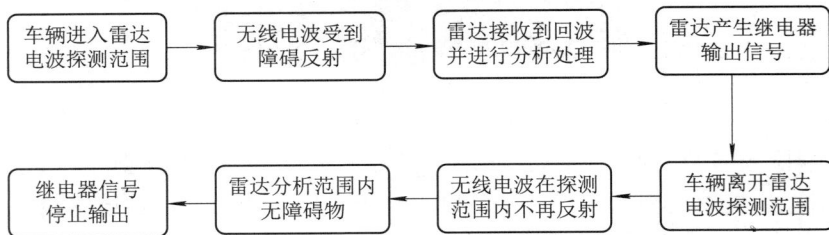

图 2-4-8   雷达工作流程图

雷达采用国际先进的微波高精度测量技术和高速数字信号处理技术，无线电波的传输不受光线、云雾、雨水、灰尘等环境因素影响，具有抗干扰能力强、穿透性好、精度高、调试方便等优点。雷达的缺点是无差别障碍物检测原理易使雷达检测受到误闯入的无关障碍物影响。

三、管理/控制模块

出入口控制终端是一款无风扇、低功耗、高效能嵌入式整机，内置停车场管理软件，具有多种信号接口，满足各类信号传输及数据共享，如图 2-4-9 所示。一台终端可配置管理多个车道，根据不同车辆分组分配对应权限；可根据不同车辆属性分配对应收费规则，并支持多种收费方式(如支付宝、微信、现金等)。出入口控制终端还支持一户多车功能，有序管理内部车辆权限；支持语音对讲功能，远程控制自动挡车器，快速处理应急事件；支持数据统计、报表输出和快速对账。

图 2-4-9　出入口控制终端的外形

四、执行模块

自动挡车器又称道闸，主要由控制器、电机、减速机、闸杆等部件组成，用于限制机动车出入场，可以通过手柄、遥控器、按键等多种方式实现起落杆，管控车辆的出入并记录过车次数，也可结合停车场管理系统实现自动管控，如图 2-4-10 所示。

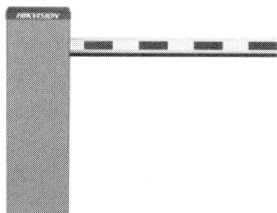

图 2-4-10　自动挡车器的外形

自动挡车器通过控制闸杆的抬起与落下，实现对目标车辆的放行与阻挡。自动挡车器的工作流程如图 2-4-11 所示。

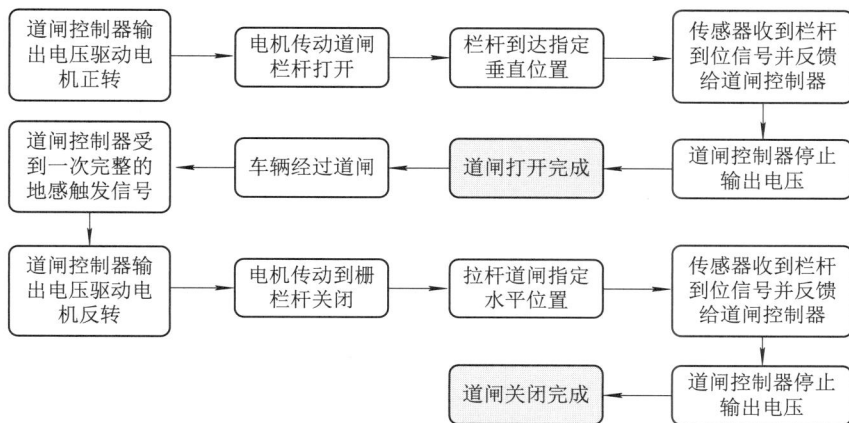

图 2-4-11　自动挡车器工作流程图

（Z）**[任务实施]**

一、系统实施流程

出入口系统的具体实施流程主要包括需求分析、系统勘测、系统设计、系统布线、系统安装、系统接线和系统调试 7 个阶段，如图 2-4-12 所示。

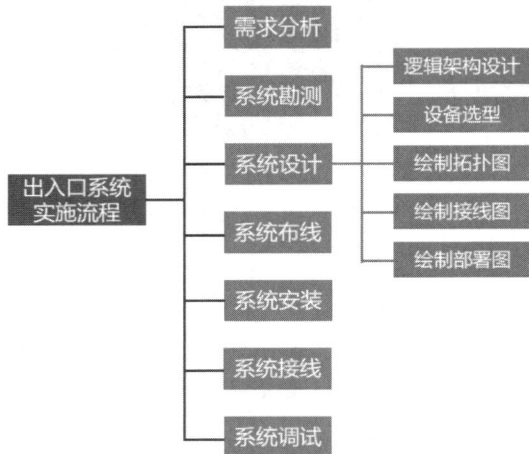

图 2-4-12　出入口系统实施流程

1. 需求分析

需求分析是物联网应用项目中的一个关键过程，其任务是分析背景和现状问题，从而确定物联网应用系统主要的功能和性能指标等。

需求分析是要准确地回答"系统工程必须做什么"。通过需求分析可逐步细化系统工程的功能和性能。

2. 系统勘测

系统勘测是根据用户提出的初步需求进行现场勘测，进一步确认项目的需求；通过勘测，确定现场系统实际要部署的物理环境情况。经过系统勘测，可以使方案设计更贴合现场需求，提前规避可能影响系统施工或引起系统故障的不利因素，确保设备在最佳环境中稳定运行。

3. 系统设计

系统设计主要是基于用户的需求分析和现场环境的勘测情况完成具体方案的设计，包括设计系统整体逻辑架构，完成设备选型，绘制系统具体的拓扑结构图、系统各设备间的具体连线图以及系统实际部署图。

4. 系统布线

系统布线主要是依据不同类型设备对应线材的选择标准选择出入口系统设备间合适的通信线缆，并参考综合安防系统布线施工规范以及实际的勘测情况进行具体的布线施工。

5. 系统安装

系统安装基于系统具体的方案设计，完成系统各设备的安装。

6. 系统接线

系统接线是在系统安装好后，依据设备接口接线说明以及系统接线图完成设备间的接线。

7. 系统调试

系统调试是对安装好的系统进行相关配置调试，以保障系统各项功能满足用户需求和系统的稳定运行，并保障系统交付能够顺利完成。

二、系统需求分析

停车场出入口系统应用领域非常广泛，国内各种大型或超大型商业收费停车场(机场、体育场、展览中心)、中小型商业收费停车场(酒店、写字楼、商场、剧院配套)、园区停车场、小区停车场等都有相应的应用，但不同的停车场对系统软、硬件和性能的要求有所差异，所以在本任务智慧园区出入口系统建设前要充分了解园区用户对于系统的具体需求，做好需求分析，才能确保出入口系统高效、智能地服务于园区安全管理工作，保障系统后期的正常交付。智慧园区出入口系统主要从以下 3 个方面进行需求分析。

1. 背景和现状问题分析

1) 建设背景和政策背景

在智慧城市这一先行概念的引导之下，"智慧园区"的理念也进入了公众的视野。智慧园区是智慧城市的重要表现形态，其体系结构与发展模式是智慧城市在一个小区域范围内的缩影，既反映了智慧城市的主要体系模式与发展特征，又具备不同于智慧城市发展模式的独特性。

在经济快速发展和政府政策的推动下，以产业聚焦为手段的园区经济发展迅速。各地园区经济呈现出覆盖区域不断扩大，产值越来越集中，GDP 占比越来越大的趋势。园区企业逐渐向高(高技术)、新(新领域)、专(专业性)行业发展。未来园区将是高新技术产业的集中研发地、高新企业群集的区域、高新产品孵化和生产的基地。

园区规划建设整体性越来越强，更加注重各种基础配套设施，以更好的服务促进高新产业的发展，尤其是注重产业园区的信息化建设，构建互联互通、资源共享的信息资源网络，以信息化带动产业化是加快产业园区发展的重要内容。

随着云计算、物联网、大数据、人工智能、5G 等为代表的技术迅速发展和深入应用，智慧园区建设已成为全球园区发展的新趋势。近年来，党中央和国务院更加注重智慧园区的建设与发展，相继出台了多项政策推动智慧园区的建设，智慧产业园区、智慧社区等新业态和新模式不断涌现。

智慧园区作为建设数字世界的落脚点，是当今发展数字经济的新理念和新模式。通过融合新技术具备迅捷信息采集、高速信息传输、高度集中计算和智能事务处理能力，实现智慧园区建设和运维全过程的海量异构数据的融合、存储、挖掘和分析，实现园区运营信息化、数字智能化、服务平台化、园区移动化的发展新格局。

2) 现状分析

园区企业多、人员多，在高峰期车流量较大，如果园区出入口采用人工管理方式，会存在乱停乱放、计时不准确、争议较多、人均管理车位少、人力成本高、票款流失、现金缴费、停车难、泊位周转率低等问题。例如，在上班高峰期，核验车辆会发生园区入口的拥堵，费时费力，以致引发车主们的抱怨。当该区域的停车量达到饱和后，后续到达的车主无法及时得知该信息，直到到达该区域后才知道，但这时已经没有车位，大量找不到车位的车辆在园区边行驶边寻找车位，对园区内正常的通行造成不好的影响。

停车场出入口系统是园区安全管理必不可少的一套高效、智能化的基础配套设施系统。

2. 系统功能指标

1) 出入口系统数据中心云平台功能

分析园区用户需求，确认是否需要通过部署数据云平台，实现有效的资源管理，满足业务平台部署、业务数据存储、数据网络安全等需求，具体功能包括计算服务、存储服务、网络服务、资源编排等。智慧园区应用于园区内部建设，与外界业务系统联动较少，为了降低成本，一般在建设过程中应用部署到园区现场，不进行云端部署。

2) 出入口系统运行监测中心功能

运行监测中心即运行监测室，是出入口系统运行管理、信息展示的物理场所。在园区办公场所，需要规划出入口系统监测中心具体的物理场所。

3. 系统性能指标

1) 稳定性需求

应保障系统数据存储与处理的稳定性，避免因某个服务或节点故障影响系统运行和业务应用使用，系统要具备稳定、可靠运行的能力。

系统能够连续 7×24 小时不间断工作，出现故障应及时告警。

系统故障恢复应具备自动或手动恢复措施，以便在发生错误时能够快速地恢复正常运行。

2) 可扩展性需求

随着各种数据的不断汇聚，系统将积累越来越多的数据资源，对这些数据资源的整合、存储、组织、管理和分析是一个任务不断加重的过程。当整个系统容量需要扩充时，系统应具备良好的扩展性。

3) 响应时间

响应时间是指客户发出车牌识别请求到得到系统响应道闸开启的整个过程的时间。响应时间越小，用户所等待的时间就越短。

4) 错误率

错误率是指系统在运行情况下识别失败的概率，其计算公式为

$$错误率 = \frac{失败的事务数}{事务总数} \times 100\%$$

完成需求分析任务工单，如表 2-4-1 所示。

表 2-4-1　需求分析任务工单

项目名称				项目代号	
调研对象		调研人		调研日期	
调研目的					
调研内容	背景分析				
	现状分析				
	系统功能指标				
	系统性能指标				

三、系统勘测

出入口系统对稳定性要求很高。在系统方案设计和施工前进行充分的现场勘测可以使方案设计更贴合现场需求，提前规避可能影响系统施工或引起系统故障的不利因素，确保设备在最佳环境中稳定运行。勘测环节需要明确勘测要求，注意勘测要点，最后输出勘测结果。

出入口
系统勘测

1. 勘测要求

1) 了解需求

出入口系统现场勘测首先需要了解用户需求，明确用户需要部署安装出入口系统的位置及想要实现的功能。

2) 确认现场环境，进行风险评估

了解需求后需要确认现场环境是否符合系统施工要求。针对现场存在的可能影响系统施工及设备后期稳定运行的特殊环境因素，在系统方案选择及施工方案设计时应尽量规避。针对无法规避的问题，应提前与用户沟通，告知风险。

3) 确认方案

现场勘测完成后需要确认系统实施方案，确保方案能满足用户需求的同时使设备在最佳环境中稳定运行。

2. 勘测准备

1) 勘测工具准备

现场勘测需准备卷尺、勘测记录表、纸、笔、手机(用于拍照)以及其他安全辅助工具，采集相关数据后完成勘测工单，如表 2-4-2 所示。其中标注"*"表示重要信息。

表 2-4-2　出入口系统勘测工单

项目信息	项目名称			勘测人	
	勘测地点			日期	
基本数据采集	出入口数量(几进几出)				
	【注意】此处记录的是该项目总的出入口数量，该表下列其他项均只适用于一个出入口				
	出入口类型				
	路面宽度* (单位：m)			入口车道 (单位：m)	
				入口车道 (单位：m)	
	路面纵深* (单位：m)				
	是否限高*	□是	□否	入口车道 (单位：m)	
				入口车道 (单位：m)	
	是否有干扰项(金属/强电)*	□是	□否	具体干扰项	□金属　□强电 □其他
	是否有特殊车辆通行(高底盘、挂车)*	□是	□否	特殊车辆底盘高度(单位：m)	
	安全岛信息	是否有安全岛		□是　　　□否	
		安全岛位置		□车道中间　　□车道两边	
		安全岛尺寸(长×宽) (单位：m)			

设备信息	系统类型	□车牌模式　　　□卡片模式　　　□车牌+卡片模式					
	相机触发类型	□I/O 触发模式　　　　　□视频触发模式					
	【注意】根据以上两条信息大致判断方案类别，再根据方案选择具体设备						
	地感线圈数量 （单位：个）	入口车道	触发		出口车道	触发	
			防砸			防砸	
	雷达数量 （单位：个）	入口车道	触发		出口车道	触发	
			防砸			防砸	
	道闸信息*	入口车道	方向	□左向 □右向	出口车道	方向	□左向　□右向
			是否曲臂	□是　□否		是否曲臂	□是　　□否
			长度			长度	
	【注意】曲臂道闸长度按"2 m(主臂)×1.5 m(副臂)"格式填写						
	LED 显示屏数量 （单位：个）	入口车道	入口提示		出口车道	收费提示	
			余位信息			余位提示	
	远距离读卡器类型	□车牌模式　　　□卡片模式　　　□车牌+卡片模式					
	是否需要控制机	□是　　　　　　　　　□否					
示意草图/图片							
特殊情况说明							

2) 勘测注意事项

勘测的注意事项如下：

(1) 充分考虑场内和场外的车流方向和车辆速度。

(2) 充分考虑安全岛的大小和位置。

(3) 充分考虑环境干扰因素，如窨井盖、伸缩门、排水沟等。

(4) 需要预留车辆最小转弯半径[①]，确保车辆能正常行驶。

(5) 设备安装须预留检修空间，并避免抓拍设备现场受遮挡。

(6) 充分考虑自动挡车器闸杆起落方向。

3. 勘测要点

1) 安全岛位置

根据用户需求确认安全岛位置，通常可分为 3 种，即中间安全岛模式、两侧安全岛模式和单侧安全岛模式，如图 2-4-13～图 2-4-15 所示。

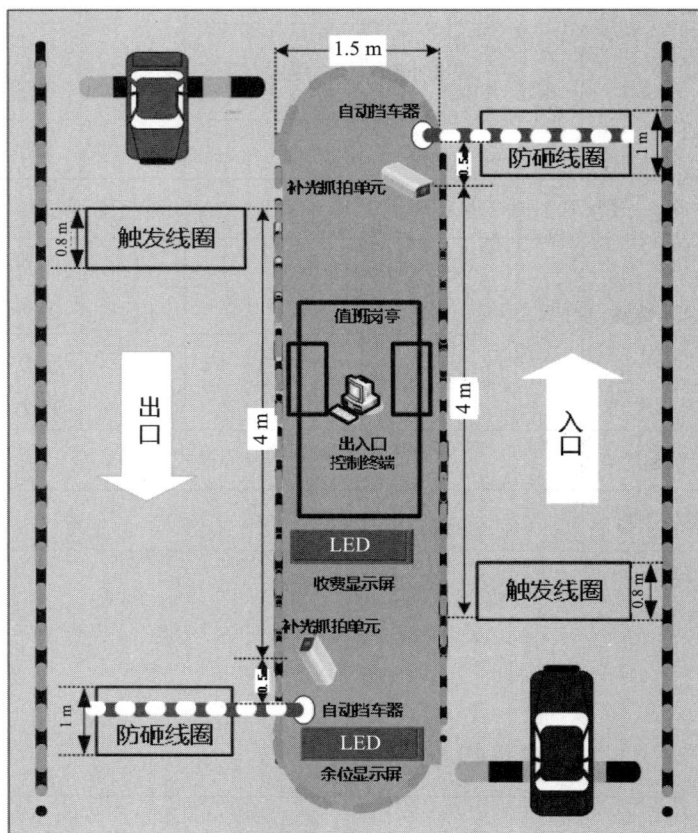

图 2-4-13　中间安全岛模式

---

① 最小转弯半径：当汽车转向盘转到极限位置，汽车以最低稳定车速转向行驶时，外侧转向轮的中心在支承平面上滚过的轨迹圆半径。它在很大程度上表征了汽车能够通过狭窄弯曲地带或绕过不可越过的障碍物的能力。

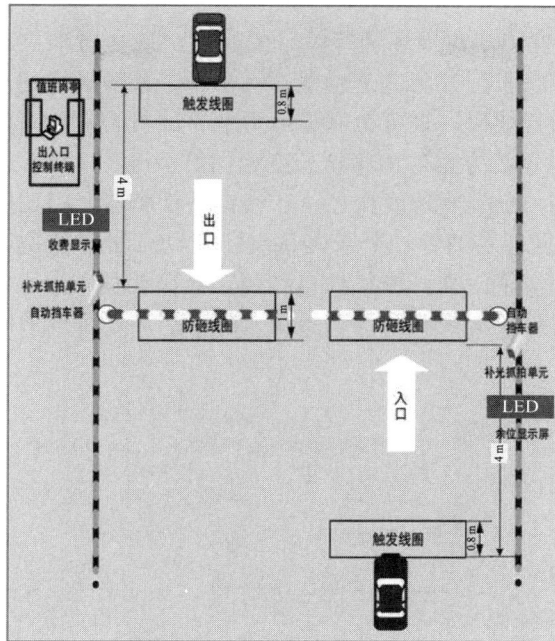

图 2-4-14　两侧安全岛模式

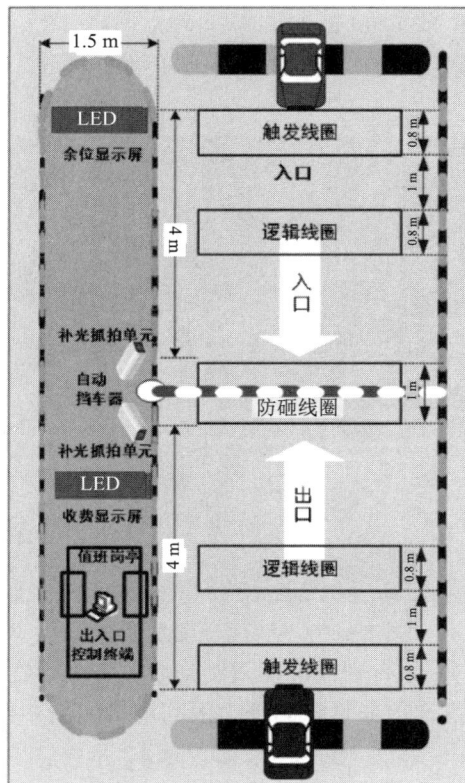

图 2-4-15　单侧安全岛模式

2) 通行效率与管控需求

(1) 通行效率。根据用户对现场通行效率的要求，选择自动挡车器类型及闸杆长度。一般情况下，闸杆长度越长，开闸速度越慢。例如，若某现场道路通行宽度为 6 m，要求加快开闸速度以提高通行效率，则可考虑选用两个 3 m 杆自动挡车器对开的安装方案，替换一台 6 m 杆自动挡车器的方案。而闸杆长度相同的情况下，直杆、曲臂自动挡车器开闸速度最快，栅栏自动挡车器开闸速度次之，广告自动挡车器开闸速度最慢。

(2) 管控需求。根据现场的管控需求确认现场自动挡车器类型，如图 2-4-16 所示。直杆自动挡车器可以实现车辆阻挡，栅栏杆自动挡车器在此基础上可以实现对行人的阻挡，而广告杆自动挡车器不仅能实现对车辆以及行人的阻挡，还可以做广告投放。

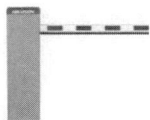

(a) 直杆自动挡车器　　　　　(b) 栅栏杆自动挡车器　　　　　(c) 广告杆自动挡车器

图 2-4-16　自动挡车器的类型

3) 车道宽度、限高及开闸方向

根据现场测量的车道宽度选择自动挡车器闸杆尺寸规格。现场场景测量如图 2-4-17 所示。

图 2-4-17　现场场景测量示意图

确认安装现场是否限高，如有则需确认限制高度。例如，在室内环境中使用时，需考虑净空高度[①]，自动挡车器可选用曲臂型闸杆。限高测量如图 2-4-18 所示。

___

① 净空高度：即净高，指从木地板、地砖或者毛坯的地面到顶板底部的高度。

图 2-4-18　某室内停车场限高测量示意图

　　根据现场过车方向确定自动挡车器左右向，不同方向挡车器如图 2-4-19 所示。站立面对道闸正面，若闸杆在右边，则为右向闸，否则为左向闸。

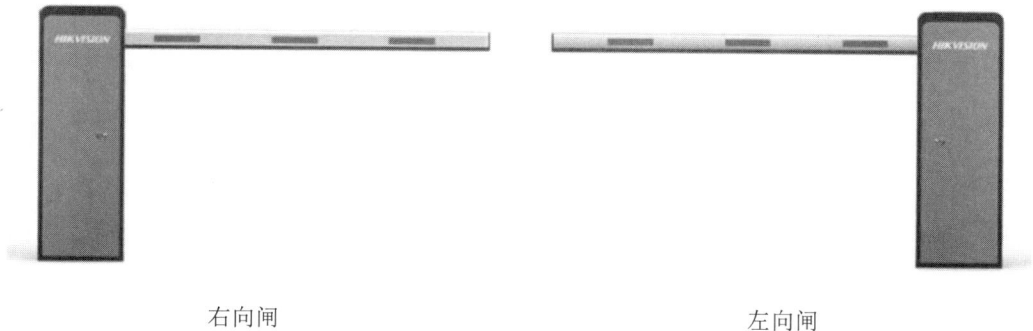

右向闸　　　　　　　　　　　　　　　左向闸

图 2-4-19　自动挡车器左右向示意图

4）行车轨迹与车道纵深[①]

　　为了使抓拍设备能正常识别车牌，通常要求触发抓拍位置到抓拍设备位置间隔约为 4 m（3.5～5 m），且车辆到抓拍位置时车身尽量摆正。如果遇到车道纵深过短、车头到达抓拍位置时车身无法摆正的情况，需加路锥或护栏等装置规范行车轨迹，如图 2-4-20 所示。

---

① 车道纵深：一个车道头尾两端极限位置的纵向距离。

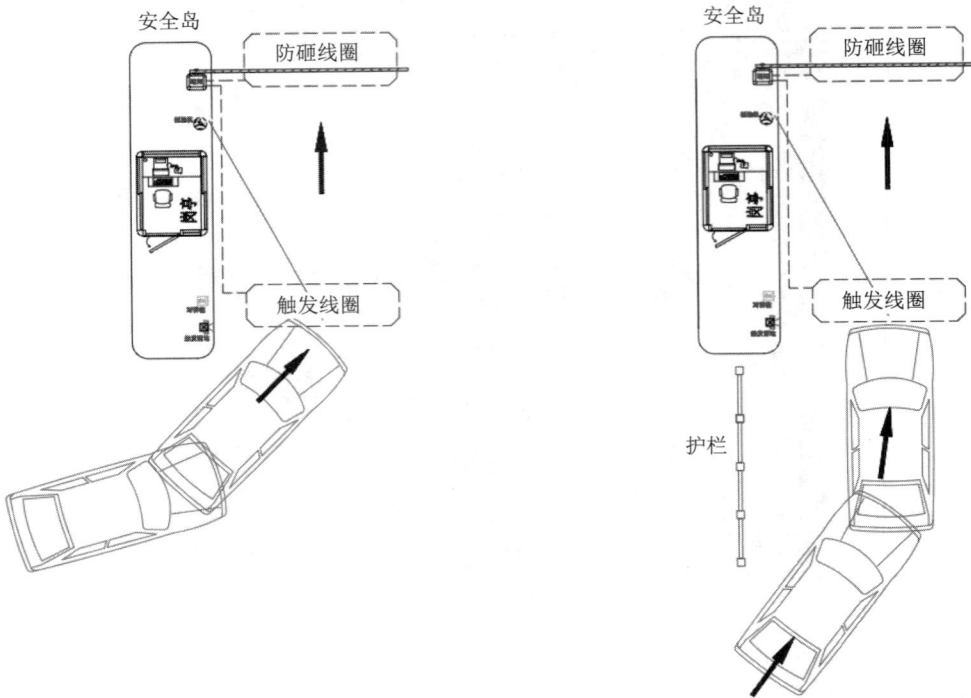

图 2-4-20   加护栏前后对比示意图

　　现场为直行车道或车辆固定从一个方向来车时，出入口抓拍设备镜头应面向来车方向，避免抓拍识别时车牌过于倾斜，如图 2-4-21 所示。在该场景下，若车道宽度在 6 m 以内，一般单台出入口抓拍设备即能满足车辆抓拍识别。

图 2-4-21   直行车道单台抓拍设备场景

　　若现场为 T 字形路口或十字形路口，车辆从不同方向来车，到达抓拍位置时无法保证车身均能摆正，或因车道宽度超过 6 m 导致单台抓拍设备画面无法覆盖整个车道，则需使用双出入口抓拍设备方案，以保证车辆抓拍及车牌识别效果。两个出入口抓拍设备一般分别部署在车道两侧，如图 2-4-22 所示。

图 2-4-22　T 字形路口双抓拍设备场景

5) 车辆检测模式选择

车辆检测模式可分为线圈检测、雷达检测和视频检测 3 种。其中线圈检测和雷达检测均可用作触发车辆抓拍或者道闸防砸感应，视频检测只能用作触发车辆抓拍。

(1) 线圈检测模式。触发线圈位置要求距离抓拍设备在 4 m(可在 3.5～5 m 范围浮动)处切割，保证车牌摆正；防砸线圈在自动挡车器闸杆下，以闸杆为中心按 3∶7(来车方向为 3，离车方向为 7)的比例进行切割，如图 2-4-23 所示。

图 2-4-23　防砸线圈切割位置示意图

选择硬质路面，确保线圈敷设后没有抖动，且要求线圈位置周围 0.5 m 以内不能有大量金属、强磁，如窨井盖、排水沟；线圈位置周围 1 m 以内不能有强电。线圈常见干扰因素如图 2-4-24 所示。

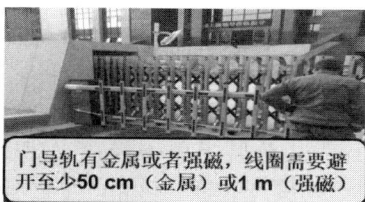

图 2-4-24　线圈常见干扰因素示意图

(2) 雷达检测模式。触发雷达位置要求距离抓拍设备在 4 m(可在 3.5~5 m 范围浮动)处安装，防砸雷达固定在自动挡车器机箱上，安装布局如图 2-4-25 所示。

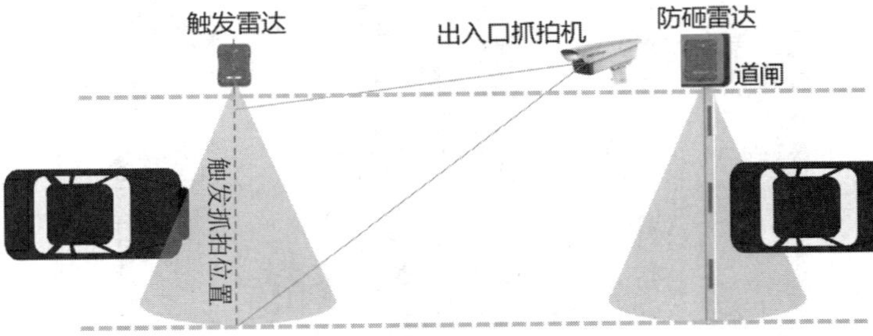

图 2-4-25　雷达安装布局示意图

雷达检测范围内要求无遮挡(不含闸杆)且无可移动物体；车道过宽或车道纵深过短导致车辆大角度出入的场景需加装固定路锥或护栏，使车辆进入或离开雷达检测区域时雷达检测区域垂直车身。车道宽度与护栏长度的关系如图 2-4-26 所示。

车道宽度 W/m	护栏延伸长度 L/m
≤3.0	0.6
3.2	1.0
3.4	1.2
3.6	1.6
3.8	2.0
4.0	2.2
4.2	2.6
≥4.4	3.0

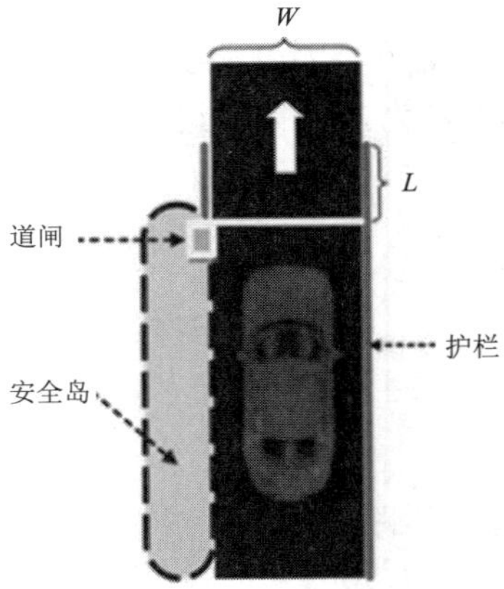

图 2-4-26　车道宽度与护栏长度的关系

(3) 视频检测模式。线圈检测和雷达检测均通过外部信号触发抓拍设备实现抓拍和识别，而视频检测模式是通过抓拍设备内部算法判断车辆运动轨迹来实现自动抓拍并识别车牌。随着算法的不断优化，视频检测已渐渐成为当下主流的车辆检测模式。

6) 车辆类型

不同的停车场场景出入的车辆类型不尽相同，现场勘测过程中需要确认该停车场用途及主流车辆类型，据此选择系统设备组合和实施方案，如线圈尺寸规格、雷达安装高度、是否考虑多防砸的方式等。

对于过普通小轿车的场景，一般情况下线圈宽度为 1 m。安装时要求雷达底边离地面高度为 0.4~0.6 m。

针对过大车场景，或有特殊车辆如大货车、挂车、高底盘车辆等，一般线圈宽度为 1.5 m，使用双线圈防砸；安装时要求雷达底边离地面高度为 0.7~0.8 m，使用双雷达防砸。

特殊车辆通行场景下线圈的具体要求如图 2-4-27 所示。

高底盘大车，线圈宽度要求**1.5 m**，并适当考虑多重防砸保护措施

断层车辆，线圈宽度要求**1.5 m**，并考虑使用双防砸线圈

图 2-4-27　特殊车辆通行场景

4. 勘测输出

从不同角度拍摄能反映现场全貌的场景照片，如图 2-4-28 所示。填写勘测记录表并结合现场实际情况输出勘测草图，如图 2-4-29 所示。结合草图确定施工方案并输出施工图纸，如图 2-4-30 所示。

图 2-4-28　现场场景照片

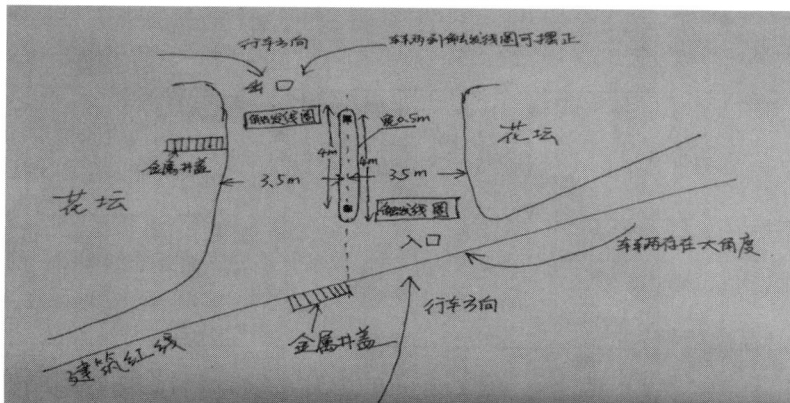

图 2-4-29　现场勘测草图

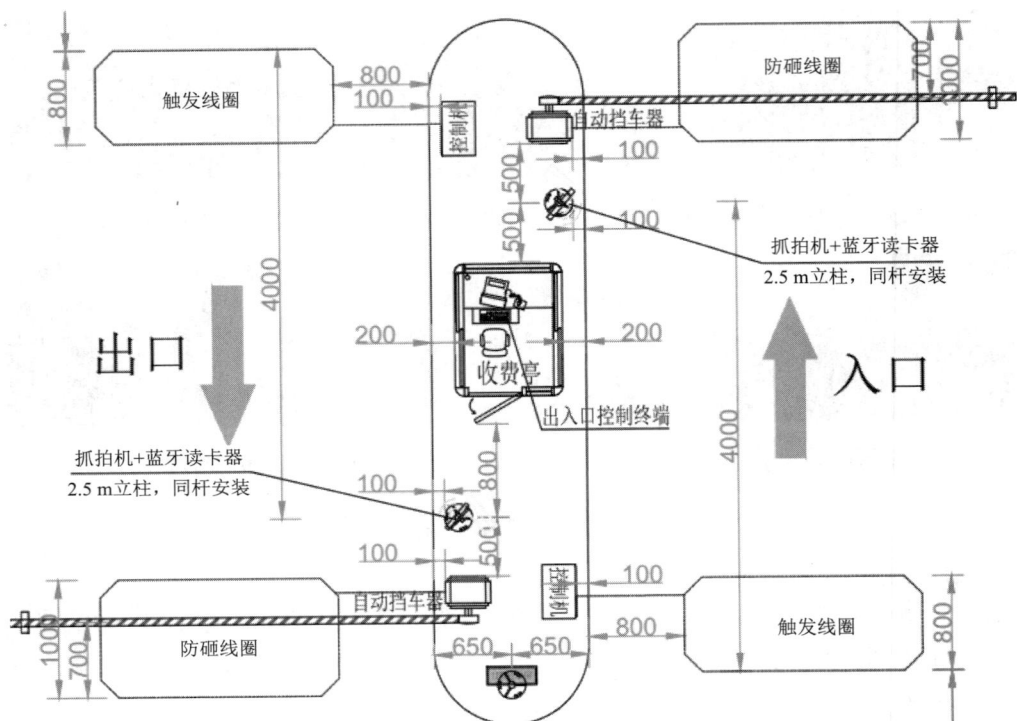

图 2-4-30　施工方案图纸

四、系统设计

完成系统勘测，进一步确认用户需求后，需要进行系统方案的设计，指导后续系统的具体实施。系统设计阶段需要完成系统总体逻辑架构设计，设备选型，绘制拓扑图、连线图和布局图，具体系统设计任务工单如表 2-4-3 所示。

表 2-4-3　系统设计任务工单

序号	工 作 要 求	工 作 内 容	验 收 方 式
1	系统总体设计	设计系统总体逻辑架构	逻辑架构图
2	设备选型	为系统选择相应的设备	列出设备清单(包括序号、设备名称、型号、功能和数量)
3	系统详细设计	绘制拓扑结构、安装连线图和布局图	拓扑结构图、设备连线图和布局图

依据系统具体设计方案进行系统所需设备的选型，完成设备选型任务工单，如表 2-4-4 所示。

表 2-4-4 设备选型任务工单

序号	设 备	型 号	功 能	数 量

五、系统布线

1. 安全岛施工

1) 确认路面材质

浇筑安全岛或设备基础前需要确认路面材质。水泥地面不需要特殊处理，如图 2-4-31 所示。在水泥地面可直接根据设计的安全岛大小打下数量不等的膨胀螺栓，再准备支模①。

图 2-4-31 水泥地面的施工

沥青路面需先将沥青地面挖开，露出底下坚固的路基，再按照水泥地面的浇筑方法进行施工，如图 2-4-32 所示。

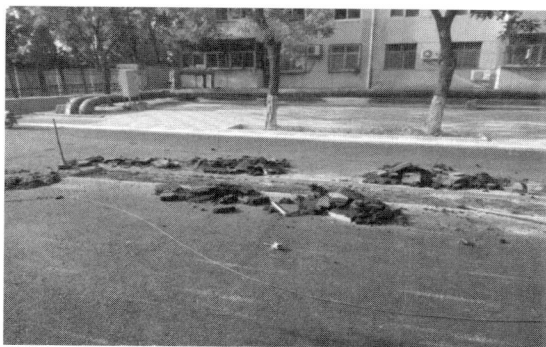

图 2-4-32 沥青路面的施工

---

① 支模：安装模板。

　　绿化带地面需先挖开绿化带至少 0.5 m 深，再浇筑混凝土固定作为设备安装基础或安全岛，如图 2-4-33 所示。

图 2-4-33　绿化带地面的施工

砖砌地面需先掀开砖块，再按照绿化带地面的浇筑方法进行施工，如图 2-4-34 所示。

图 2-4-34　砖砌地面的施工

2）安全岛支模

根据设计的安全岛位置先搭好模具框架，安全岛外围模具现场施工情况如图 2-4-35 所示。

图 2-4-35　外模模具施工示例

制作内模模具，主要是岛头形状。将按设计尺寸要求提前弯好的镀锌钢管或 PVC 管扎堆捆好，放置在模具中，管道出口位置符合方案设计位置要求，现场施工情况如图 2-4-36 所示。

图 2-4-36　内模模具施工示例

3）安全岛浇筑

支模完成后，用混凝土进行浇筑，浇筑过程如图 2-4-37 所示。

图 2-4-37　浇筑过程示例

浇筑完成后要保证岛面水平平整，静置数日等待混凝土凝固，现场浇筑情况如图 2-4-38 所示。

图 2-4-38　浇筑好的安全岛示例

2. 地感线圈施工

1) 地感线圈的尺寸

线圈长度由车道宽度决定，距离车道边侧各间隔 0.3～1 m，且最大不超过 5 m。

线圈宽度由过车类型决定，小型轿车(底盘低)通行的线圈宽度为 1 m；大型车、挂车、油罐车等通行的线圈宽度为 1.5 m。

2) 地感线圈材料选择

地感线圈要求耐高温、抗腐蚀、防水，宜采用多芯、低阻抗的软铜线电缆，外包聚丙烯或交联聚乙烯作为绝缘层。

封槽材料建议使用速凝环氧树脂或沥青，严禁采用水泥封槽，以免导致线圈破裂损伤，影响使用效果。

3) 线槽切割

通常线槽切割宽度为 4～8 mm，深度为 5～8 cm，要求开槽断面齐整且保持各线槽深度和宽度均匀一致。

为了避免切割线槽直角处磨损线圈，降低线圈使用寿命，应在线槽切割转角处做 15 cm × 15 cm 的倒角(45°倒角)处理，如图 2-4-39 所示。

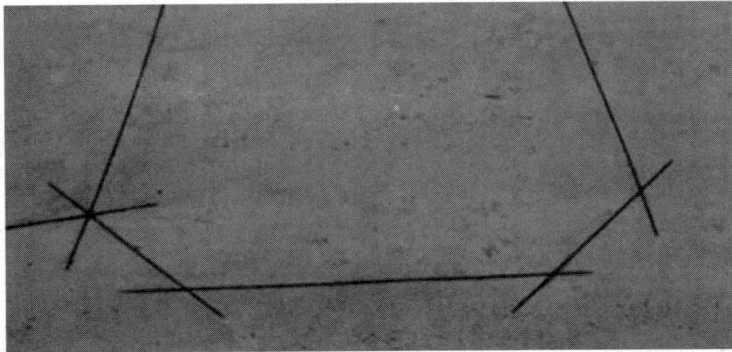

图 2-4-39　线圈倒角示意图

引线线槽要切割至安全岛或路边手井的范围内。因引线必须采用双绞线，所以引线线槽通常比线圈线槽要宽。

4) 线圈敷设

线槽切割、清洗和干燥后，按以下步骤制作地感线圈：

(1) 在已完成清洁的槽底先铺一层 0.5 cm 厚的细沙，防止槽底坚硬棱角割伤线圈线。

(2) 在线槽中按顺时针方向放入 5～6 圈线圈线，放入槽中的线圈线应按自然状态松弛放线，不能有应力，且要一圈一圈压紧至槽底。

(3) 线圈的引线按顺时针方向双绞(每米大于 20 绞)放入引线槽中，在安全岛或路边手井出线时留 1.5 m 长的线头；线圈线中间不能有接头，一旦线圈线有损伤，必须重新敷设。

(4) 圈线及引线在槽中压实后，铺上一层 0.5 cm 厚的细沙，防止线圈外皮被高温熔化。

(5) 用胶带对环线的两个端头进行密封，防止水汽进入。

线圈敷设如图 2-4-40 所示。

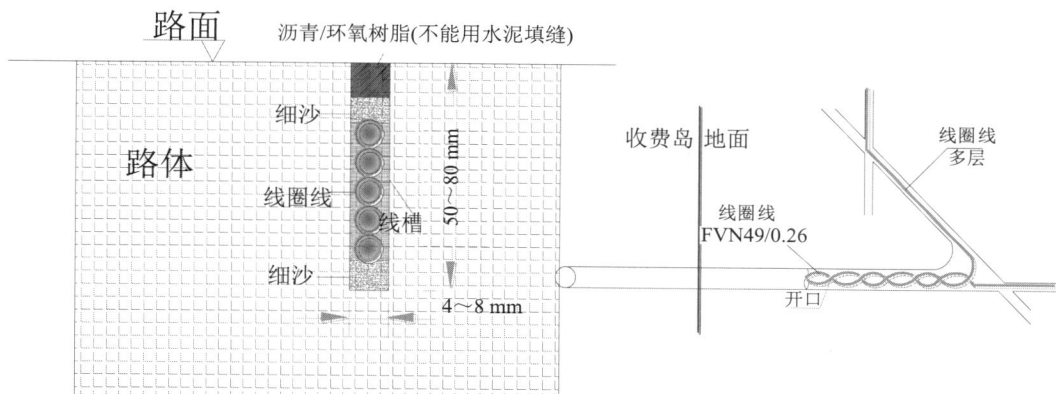

图 2-4-40　线圈敷设示意图

5) 线圈性能检测

线圈放线完成后，要对线圈进行电感和电压检测。通过万用表电感挡检测线圈电感值是否在 100～300 μH 之间，通过交流毫伏挡检测电压值是否小于 2 mV，若不符合则需要整改。

6) 封槽

线圈敷设完毕后应及时进行封槽处理，用熔化的沥青或者环氧树脂浇注已敷好线圈的线槽，避免石子落入损伤线圈。浇筑过程需反复 3 次，直至冷却凝固后的线槽浇筑面与路面平齐。封槽完成后，对路面进行清理，如图 2-4-41 所示。待浇筑材质完全凝固后方可通车。

图 2-4-41　线圈封槽及路面清理

六、系统安装

1. 抓拍设备安装

1) 立柱安装

立柱安装一般有膨胀螺栓固定和预制基础件固定两种方式，建议采用膨

出入口系统
设备安装

胀螺栓固定。根据设计图纸确定立杆的安装位置，在立杆安装基础(安全岛)上标注好立杆底盘的安装孔位，并选择合适的冲击钻头进行打孔。打孔完成后，将膨胀螺栓打入孔内并拧紧使之不晃动，而后将螺母和垫片取下，放上立柱，对齐安装螺丝放上垫片并拧紧螺母。立柱安装实景如图 2-4-42 所示。

图 2-4-42　立柱安装

2) 出入口抓拍设备安装

出入口抓拍设备可直接插入配套的立杆，并拧紧六角螺丝完成固定，如图 2-4-43 所示。

图 2-4-43　出入口抓拍设备安装示意图

2. 自动挡车器安装

首先，选取安装位置时确保闸机安装后机箱与水平地面垂直。然后，将强电和弱电线缆分别用线管穿好埋到相应位置。最后，按照说明书中的底座孔位图钻孔并打入膨胀螺栓，将机箱底座穿过膨胀螺栓并使用压条固定，依次放入垫圈、螺母，拧紧固定，安装效果如图 2-4-44 所示。

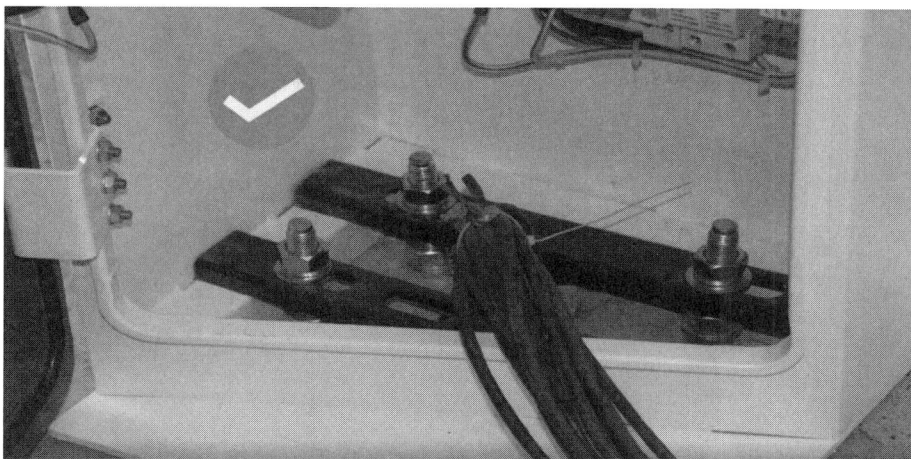

图 2-4-44　自动挡车器安装示意图

3. 雷达安装

触发雷达的安装位置应距离抓拍设备 4 m 左右，使用配套的雷达立柱，采用膨胀螺栓进行固定，如图 2-4-45 所示。

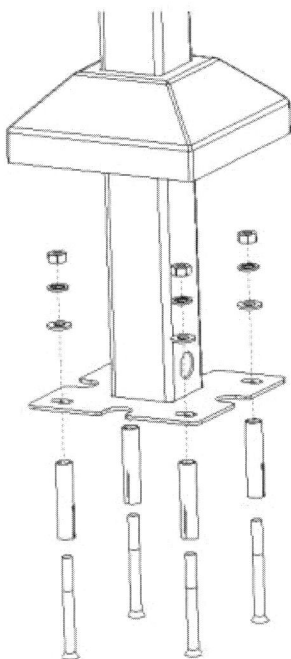

图 2-4-45　触发雷达立柱安装

将雷达背板用两只法兰螺丝固定在支架立柱上，再将雷达用 4 个 M4 螺丝固定在雷达背板上。支架立柱上有 6 个圆孔，雷达线束套上护线套从最近的一个圆孔穿入立柱，其余 5 个圆孔用孔塞堵住即可，如图 2-4-46 所示。

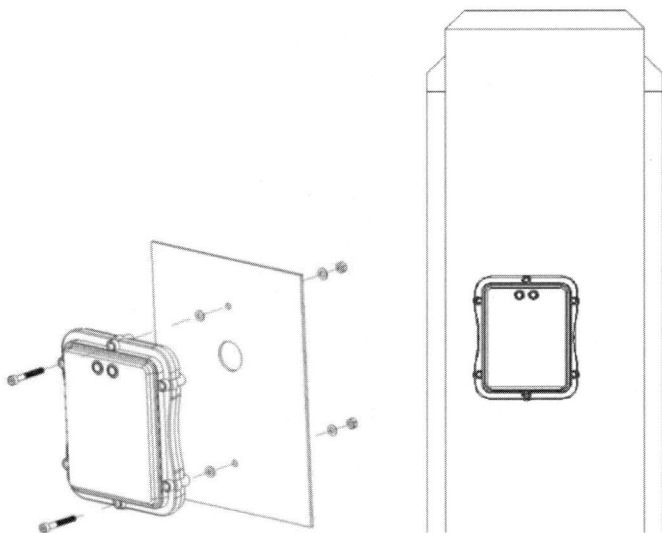

图 2-4-46   触发雷达安装效果图

　　防砸雷达安装在自动挡车器箱体侧壁上，提前打好对应的螺丝孔径和线束孔位，将雷达线束穿到自动挡车器箱体内，雷达通过螺丝等配件固定在自动挡车器机箱壁上，注意在雷达和箱体之间安装防水垫片。雷达安装效果如图 2-4-47 所示。

图 2-4-47   防砸雷达安装效果图

七、系统接线

出入口系统接线

1. 抓拍设备接线

　　在停车场系统中，抓拍设备一般需要接入车检器(线圈车检器或雷达)和自动挡车器。

触发输入信号即 I/O 口接车检器，触发抓拍设备抓拍识别；继电器输出信号(RELAY OUT 接口)接自动挡车器,控制自动挡车器开关。抓拍设备线缆接口和接线示意图分别如图 2-4-48 和图 2-4-49 所示。

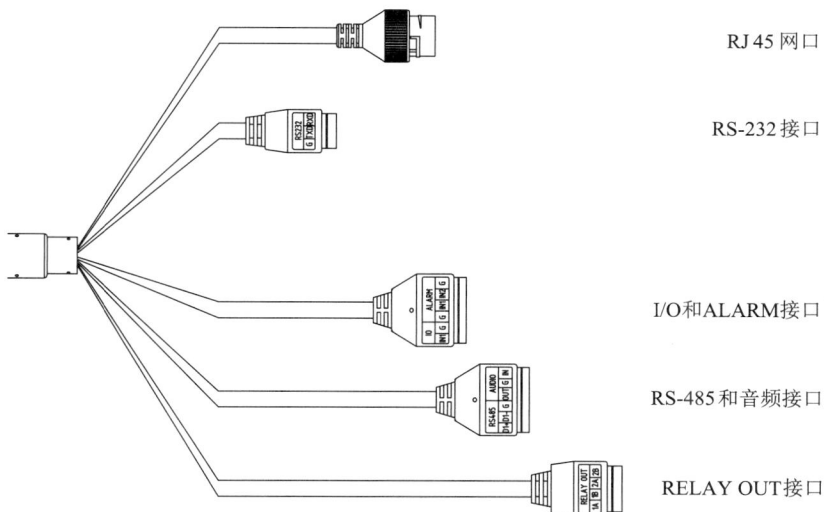

RJ 45 网口

RS-232 接口

I/O 和 ALARM 接口

RS-485 和音频接口

RELAY OUT 接口

图 2-4-48　抓拍设备线缆接口示意图

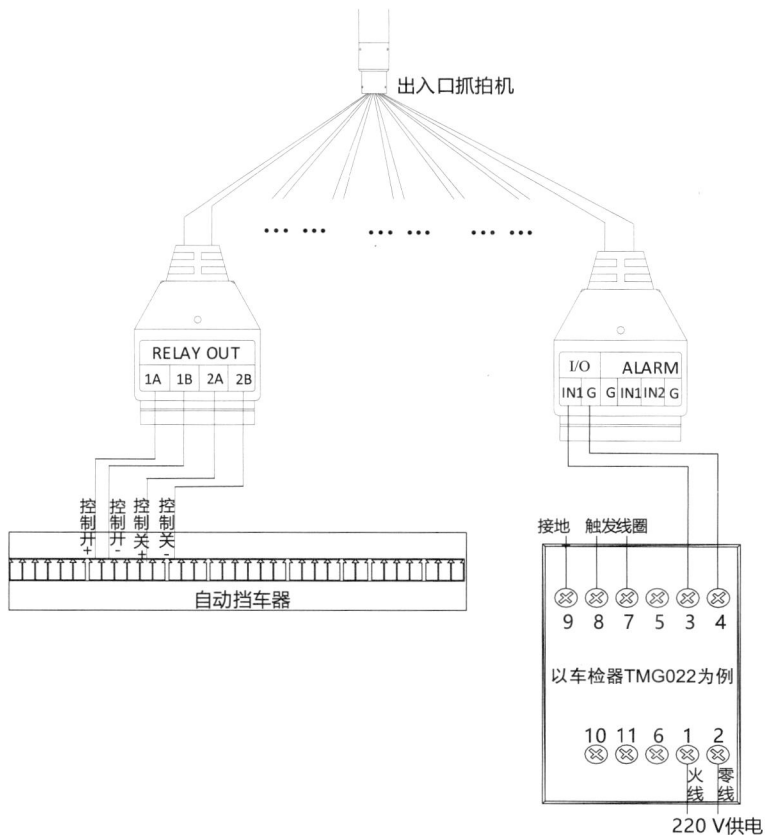

图 2-4-49　抓拍设备接线示意图

2. 自动挡车器接线

抓拍设备继电器输出信号接自动挡车器的开关信号输入，实现抓拍设备控制自动挡车器开关闸。防砸车检器(线圈车检器或雷达)接自动挡车器的防砸信号输入，实现有车防砸和离车自动落杆功能。自动挡车器接线如图 2-4-50 所示。

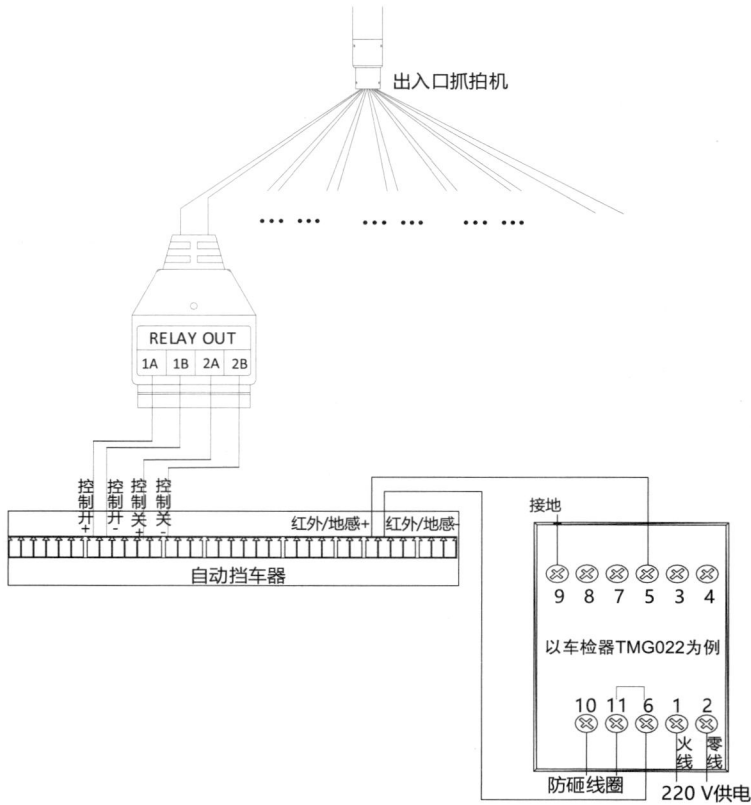

图 2-4-50　自动挡车器接线示意图

3. 雷达接线

雷达端口如图 2-4-51 所示。J1-1(棕色)、J1-2(黄色)为继电器输出端；J2-1(白色)、J2-2(紫色)为程序加载控制线；T/R−(绿色)、T/R+(蓝色)为 RS-485 通信端；GND(黑色)、+12 V(红色)为雷达 12 V 供电端。雷达接线示意图如图 2-4-52 所示。

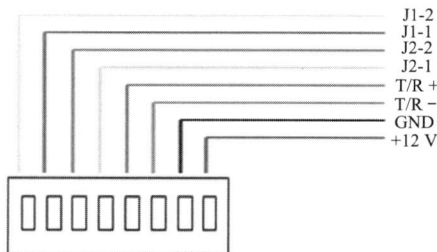

图 2-4-51　雷达端口

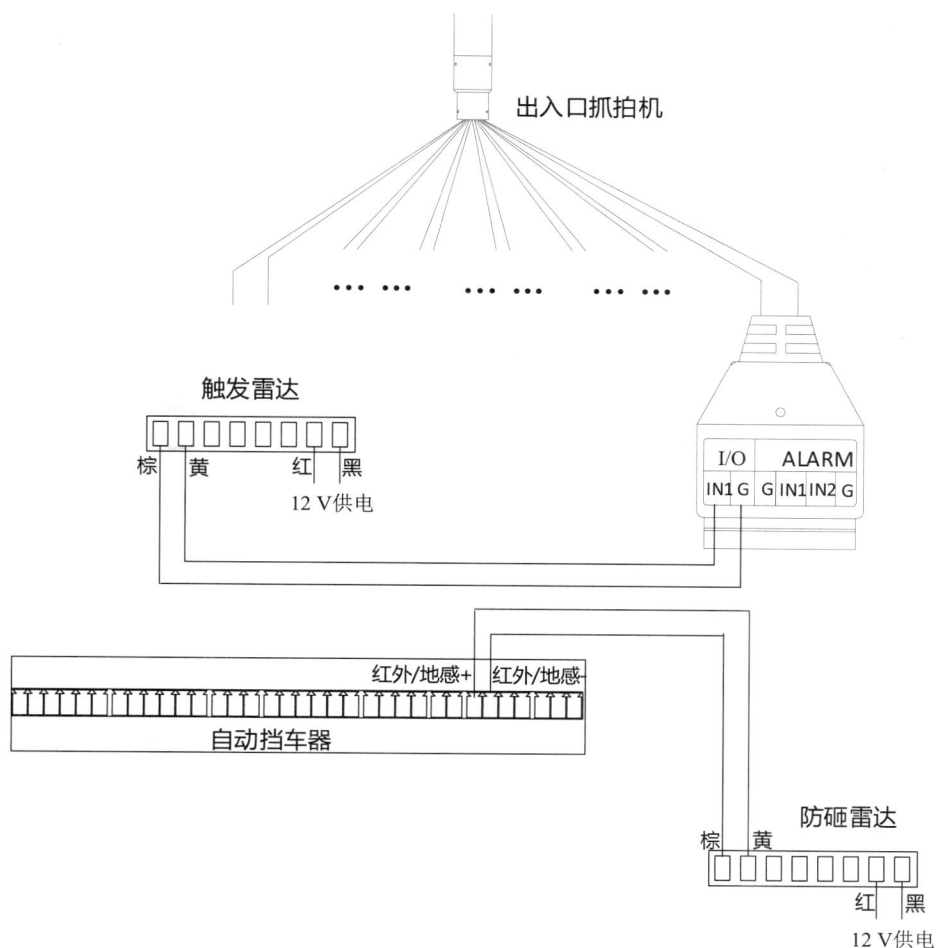

图 2-4-52　雷达接线示意图

八、系统调试

　　出入口系统调试流程分为抓拍机调试、车检器调试、雷达调试、道闸调试、管理软件调试、过车测试、功能确认和参数优化，具体流程如图 2-4-53 所示。

出入口系统
设备调试

图 2-4-53　出入口系统调试流程

1. 抓拍机调试

1）抓拍角度

调试抓拍角度的操作步骤为单击"实时收图"，沿着相机中轴线顺时针逆时针旋转，使抓拍图像满足以下条件：

(1) 使车辆进入抓拍区域。

(2) 识别位置，车牌在画面中且高度位于抓拍机图像的下 1/3 处。

(3) 车牌与图像下边沿保持水平。

相机角度调整方式参考图 2-4-54。

图 2-4-54　相机角度调整方式

2) 镜头调节 I

镜头调节的操作步骤为：单击"快速配置"→"基本配置"，选择"图像调节"，单击 ![] / ![] 调节焦距，单击 ![] / ![] 进行聚焦，使抓拍图像的车牌横向像素点在 140～160 范围内。镜头调节方式如图 2-4-55 所示。

图 2-4-55　镜头调节方式

3) 镜头调节Ⅱ

调试镜头时将车辆停在触发位置(视频触发一般将车停在离相机 4 m 的位置)。

(1) 识别位置：抓拍机抓拍位置在整体图像的下 1/3 处效果最佳，如图 2-4-56 所示。

图 2-4-56 最佳抓拍画面

(2) 车牌像素点：使用 Windows 自带画图工具打开抓拍图片，在图片中截取车牌，截图工具下方显示车牌像素点，如图 2-4-57 所示，确认像素点是否符合标准。

图 2-4-57 车牌像素点确认方式

4) 参数设置|应用模式

(1) 操作步骤：单击"配置"→"设备配置"→"应用模式"，如图 2-4-58 所示。

图 2-4-58 应用模式设置

(2) 触发类型：视频检测。

(3) 图片类型。

① 无车牌识别：勾选后可抓拍无车牌车辆。

② 场景图：抓拍一张场景图和一张车牌图。

③ 场景图+特写：抓拍一张场景图、一张车牌图和一张特写图。

(4) 场景模式。

① 收费站场景：大车多，车头看不全场景。

② 地下停车场场景：全天比较暗场景。

③ 普通出入口场景：除以上场景外。

5) 参数设置|绘制区域

(1) 操作步骤：单击"配置"→"设备配置"→"应用模式"→"绘制区域"绘制车道线、车道右边界线和触发线。

① 抓拍车牌时，车牌本身必须在识别区域内部。

② 识别区域包含抓拍前的轨迹区域。

③ 无关区域不要过分绘制，会影响识别速度。

(2) 注意：识别区域一定要根据现场实际场景绘制，禁止使用默认区域或者随意乱画。绘制识别区域如图 2-4-59 所示。

图 2-4-59　绘制识别区域

6) 参数设置|抓拍参数

(1) 牌识参数：当抓拍检测的环境比较复杂，比如有不同方向车辆、不同类型车辆等经过时，可设置牌识参数。

(2) 操作步骤：单击"配置"→"设备配置"→"抓拍参数"→"牌识参数"。

(3) 车牌方向：视频触发如果仅需要抓拍单向车牌，可选择正向车牌识别/背向车牌识别，混行车道用正向识别。

(4) 虚假车牌过滤：视频触发模式下生效，勾选后可过滤虚假车牌。

抓拍参数设置如图 2-4-60 所示。

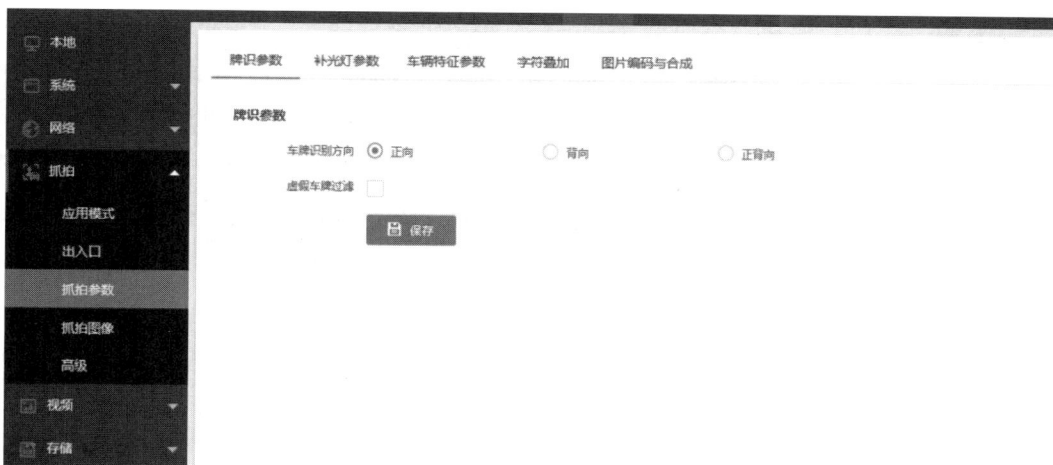

图 2-4-60　抓拍参数设置

7) 参数设置|图像参数

当图像亮度、对比度不协调造成图像不清晰时，可通过图像参数设置优化图像。操作步骤：单击"配置"→"设备配置"→"图像参数"→"通用参数/配置"→"设备配置"→"图像参数"→"视频图像参数"。

图像参数的含义如下：

① 饱和度：色彩的纯度。纯度越高，画面越鲜艳；反之，则越淡。

② 锐度：图像边缘锐利程度的数值。锐度越高，图像平面上的细节对比度也越高，看起来更清楚。过高的锐度会使图像失真，物体边缘会有严重的锯齿，同时也会增加噪点。

③ 白平衡：若图像存在偏色，可选择白平衡模式并设置白平衡等级。白平衡等级越高图像越红，等级越低图像越蓝。

④ 宽动态：开启宽动态，设备自动平衡监控画面中最亮和最暗部分的画面，提升整体画面的动态范围，以便看到更多监控画面细节。

⑤ 镜头类型：在自动模式下，可根据当前光线强度自动调节光圈。在手动模式下，需手动调节光圈。

⑥ 亮度：调节图像的平均亮度。白天过曝可以适当降低，夜间不要进行调整。

⑦ 对比度：在曝光不足或者过度的情况下，图像的亮度可能会局限在一个很小的范围内，这时会看到一个模糊不清、没有层次的图像。对比度可调节图像的层次和通透性。画面发蒙可以适当提高，暗处过暗可以适当降低。

⑧ 快门：快速移动物体场景，可选择高速快门，避免拖影。选择慢快门可增加进光量。

⑨ 增益：限制图像信号放大的上限值。照度不足的场景建议增大信号增益，这样可以提升画面亮度，同时噪点也会被增益放大；有强点光源的场景建议降低增益，抑制点光源过曝。

8) 效果验证|抓拍功能

(1) 登录抓拍机网页,预览画面后点击"布防",过车看是否正常抓拍,操作如图 2-4-61 所示。

图 2-4-61 布防抓拍

(2) 过车抓拍测试，如图 2-4-62 所示。测量抓拍车牌的成像效果及像素点是否符合标准。

图 2-4-62 过车抓拍

2. 车检器调试

1) 车检器拨码设置

(1) 线圈灵敏度。

① 小车场景：灵敏度中低。

② 大车场景：灵敏度中高。

(2) 频率。

相邻线圈接入不同车检器需错频。

例如，一进一出场景共 4 个线圈，两个车检器，须错频错至最大，防止互相干扰。A

车检器频率低，B 车检器频率高(或 A 车检器频率高，B 车检器频率低)。

(3) 逻辑。

非混行车道设置 OFF/OFF，混行车道设置 ON/OFF 到达线圈 1 抓拍或 OFF/ON 到达线圈 2 抓拍。

2) 车检器逻辑拨码

(1) 线圈接线。

① 触发线圈接至 7、8 口线圈 1 模拟量输入。

② 逻辑线圈接至 10、11 口线圈 2 模拟量输入。

(2) 线圈混行逻辑。

① 当车辆从上往下进入出入口系统，车辆到达触发线圈 1 时，将触发抓拍。

② 车辆通过触发线圈后进入逻辑线圈，抓拍机已抓拍，逻辑不生效。

③ 车辆经过逻辑线圈后进入防砸区域，通过防砸后道闸落杆。

④ 当车辆经过防砸到达触发线圈 2 时，车身还有部分压在逻辑线圈 2 上，此时再次压触发线圈抓拍机不会抓拍，从而达到混行车道区分入车和出车的目的。

3. 雷达调试

1) 雷达 Wi-Fi 修改

为防止现场多个雷达 Wi-Fi 信号无法区分，需在单个雷达上修改 Wi-Fi 名称。在系统信息界面输入新 Wi-Fi 名称(建议使用字母和数字，中文可能会乱码)。

(1) 默认 Wi-Fi 名称。

① 旧名称：AWHST_DZ_01。

② 新名称：RADAR+13 位设备序列号。

(2) 默认密码：123456789。

2) 雷达最大距离检测

(1) 防砸雷达：雷达到闸杆尾部水平距离减去 0.2 m。

(2) 触发雷达：车道宽度减去 0.2 m。

3) 雷达栏杆方位

(1) 触发雷达，选触发模式。

(2) 直杆、曲臂杆道闸防砸，选单杆防砸。

(3) 栅栏杆、广告杆道闸，面对雷达判断闸杆选位于雷达左右侧。

4) 雷达检测宽度

(1) 雷达左侧检测宽度，无干扰默认为 1 m。

(2) 雷达右侧检测宽度，无干扰默认为 1 m。

(3) 单杆模式：建议检测总宽度(左侧宽度+右侧宽度)不小于 1 m。

(4) 栅栏杆模式、广告杆模式：有杆一侧默认为 1 m(无法修改)，无杆一侧不低于 0.5 m(低于 0.5 m 修改无效)。

5) 雷达注意事项

特殊栅栏杆、广告杆搭配防砸雷达，雷达无法安装在机箱上(或第三方道闸开孔安装)，雷达距离闸杆一定要在 20～30 cm 内。

栅栏杆、广告杆搭配防砸雷达，车辆正确通行顺序是先过雷达再过闸杆。

6) 雷达功能验证

(1) 先将道闸上的防砸外接信号拔除，防止雷达测试造成砸车风险。

(2) 上电后观察红色指示灯是否正常，正常供电情况下，红色指示灯会常亮。

(3) 车辆进入雷达检测区域，绿灯亮；车辆离开雷达检测区域，绿灯灭。此为正常状态，否则不正常。

(4) 不同底盘高度的车辆通行均能正常检测(在大车安装高度 0.7 m、小车安装高度 0.6 m 的前提下选择测试车辆)。

(5) 车辆缓慢通过雷达检测区域，保证车身不同部位在雷达检测区域内均能稳定检测。

7) 拓展——雷达绿点查看和过滤条件

(1) 绿点。雷达检测范围内检测到物体后反射形成的能量点。

(2) 绿点查看。连接 Wi-Fi 后，进入系统信息点击开启，可以读取绿点信息。

(3) 过滤条件。

① 道闸开启情况下，上电后检测范围内无目标，但绿灯常亮，可剔除虚警点。

② 道闸开启情况下，上电后检测范围内有目标，但目标无法移开导致常亮，观察绿点位置后，通过修改检测范围规避绿点。

③ 如果观察是道闸杆产生的绿点导致的绿灯常亮，先确定栏杆是否安装标准，再确认栏杆方位。

4. 道闸调试

1) 调试流程

在道闸杆安装完毕后，为了确保反应灵敏，需要对道闸进行调试，调试流程如图 2-4-63 所示。道闸安装完毕后上电，道闸自动进行开到位自检，停止后，可控制道闸。

图 2-4-63　道闸调试流程

(1) 手自动切换：注意断电操作。

(2) 平衡调整：正式运行前一定要调整好弹簧。

(3) 限位学习：杆子到位状态确认在竖直水平的位置。

(4) 遥控学习：一个道闸可以学习多个遥控器。

2) 手自动挡切换

(1) 道闸上电时无法切换到手动挡，需断电切换手动挡。

(2) 将如图 2-4-64 所示的 L 型扳手插入箱体六角孔，杆子开到位时，顺时针转动 L 型扳手为手动挡；杆子关到位时，逆时针转动 L 型扳手为手动挡。

(3) 转动 L 型扳手使杆子在非到位状态即为手动挡；杆子在开到位和关到位时即为自动挡。

图 2-4-64 L 型扳手

3) 平衡调整

(1) 平衡标准：将杆件拉至与地面成约 20°夹角后松手，杆子能被自动拉起至杆件与地面的夹角成 60°±5°。

(2) 道闸平衡调试前要先断电。

(3) 调试步骤。

① 旋转 L 型扳手，切换到手动模式，检查是否符合平衡标准。

② 若杆件无法抬起到与地面成 60°±5°，则弹簧过松，需在机芯底部位置将螺丝逆时针拧紧直至符合平衡标准；若杆件抬起角度超过成 60°±5°，则弹簧过紧，需在机芯底部位置将螺丝顺时针拧松直至符合平衡标准。

4) 限位学习

(1) 正常情况下不需要手动限位学习。道闸会自动判断，若未学习过，上电会自动进入学习限位运行状态，先往关方向运行，再往开方向运行。若已经学习成功过，则上电会往开方向运行，找到开到位位置后停止运行，进入正常待机状态。正常出厂前已经学习过，现场就不会自动进入学习状态。

(2) 道闸开限位微调操作步骤。

① 在开到位状态下，长按学习键，直到数码管显示 H0，短按一次关按键，数码管显示 H1。长按学习键，数码管显示 OL，代表进入开到位位置调整状态。

② 按住开按键，可以看到杆子会往开方向继续运行，松开停止；按住关按键，可以看到杆子会往关方向继续运行，松开停止。

③ 短按学习键保存当前位置为新的开到位位置，并退出当前设置菜单。

需要注意的是，该功能只能微调开到位位置，须先确保道闸安装位置水平。

(3) 道闸关限位微调操作步骤。

① 在关到位状态下，长按学习键，直到数码管显示 H0，短按一次关按键，数码管显示 H1。长按学习键，数码管显示 CL 代表进入关到位位置调整状态。

② 按住开按键，可以看到杆子会往开方向继续运行，松开停止；按住关按键，可以看到杆子会往关方向继续运行，松开停止。

③ 短按学习键保存当前位置为新的关到位位置，并退出当前设置菜单。

需要注意的是，该功能只能微调关到位位置，须先确保道闸安装位置水平。

5）遥控学习

道闸出厂自带两个遥控器，已默认学习该道闸。

(1) 遥控器学习。遥控器出厂已完成学习。如果要更换遥控器，则需要重新学习，具体步骤如下：

① 按开按键，让道闸处于开到位状态。

② 长按学习键，显示 H0。短按关按键，调整到 H4。

③ 长按学习键，显示 PA。

④ 短按遥控器按键 2 次，显示 00，完成学习。

(2) 遥控器清码。若当前遥控器需要替换，则可进行清对操作，具体步骤如下：

① 按开按键，让道闸处于开到位状态。

② 长按学习键，显示 H0。短按关按键，调整到 H4。

③ 长按学习键，显示 PA。

④ 长按停按键，显示 H4，完成清对。

⑤ 短按学习键，退出设置。

6）效果验证

(1) 杆子抬起时处于竖直状态，关闭时处于水平状态。

(2) 杆子到位时平稳不抖动。

(3) 断电后杆子不会自动抬起。

(4) 控制盒主板和遥控器可正常控制自动挡车器起落。

5. 出入口管理软件调试

出入口管理软件具体调试流程如图 2-4-65 所示。

图 2-4-65　调试流程

1）基础参数配置

(1) 存储设置：数据保存时间为 0 表示将一直存储数据，一般建议数据保存时间为 3 个月。

(2) 其他配置：本地 IP 地址必须与终端 IP 地址一致，一般情况下本地 IP 都会和终端一致，只有现场修改过终端 IP 和终端 IP 地址不固定的情况才会改变。

2）设备添加

(1) 添加抓拍机。通过添加抓拍单元实现车牌的识别和抓拍。

① 操作路径：单击软件右上方的 ![按钮] 按钮，选择"设备管理"→"添加"→"抓拍单元"。

② 操作步骤。

步骤1：设置基本信息。首先输入设备名称和抓拍机的 IP 地址，然后在端口号中输入"8000"，最后输入抓拍机的用户名及密码。

步骤2：高级设置，道闸控制选择"本机控制"，牌识功能选择"启用"。

步骤3：单击保存完成当前配置。

(2) 添加显示屏。

① 操作路径：单击软件右上方的 ![按钮] 按钮，选择"设备管理"→"添加"→"显示屏"。

② 操作步骤。

步骤1：设置基本信息。输入"设备名称"，显示类型选择"入-显示屏"，控制卡类型选择"LS2014"，通信模式选择"网络通信"，并输出显示屏的 IP 地址(应确认"参数配置"→"参数设置"→"其他配置"→本机 IP 地址中的 IP 地址与计算机 IP 地址一致)。

步骤2：参数设置。设置屏尺寸，宽高与实际对应，单击"设置显示格式"，选择"固定格式"启用固定信息，单击显示内容下的文本框选择具体显示内容，设置文字颜色、显示方式等参数，显示屏将显示选择的内容。

步骤3：单击保存完成当前配置。

3) 停车位配置|设置停车场车位信息

设置停车场车位信息，配置停车场，方便实现停车场出入口的自动化过车与收费管理。

(1) 操作路径：单击软件右上方的 ![按钮] 按钮，选择"参数配置"→"参数设置"→"其他配置"。

(2) 操作步骤：

① 单击"配置停车位"，勾选主停车场并设置相关参数，然后勾选子停车场，设置总车位数为20，剩余车位数为20。

② 单击"保存"。

具体操作如图 2-4-66 所示。

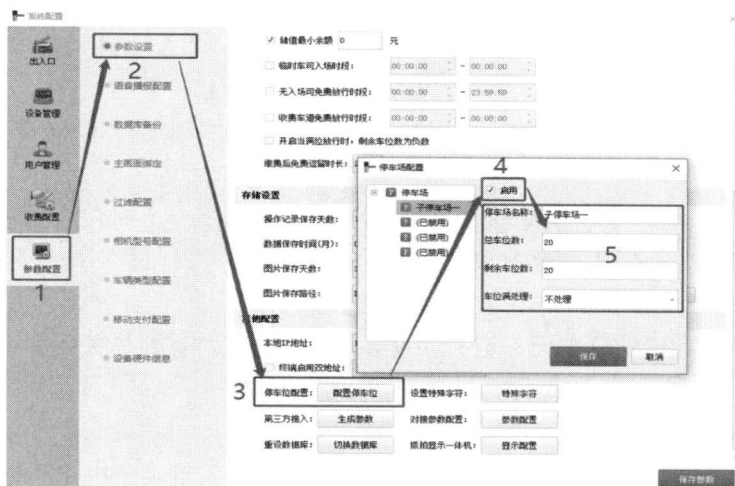

图 2-4-66　停车场车位信息设置

4) 停车场配置|配置车道架构

设置车道架构的操作步骤为：点击左侧"出入口"，进入停车场配置界面→选择并启用出入口→填写"出入口名称""车道名称"→ 选择"隶属停车场"→车卡模式选择"车牌模式"→车道类型选择"入口"→勾选放行规则，具体如图 2-4-67 所示。

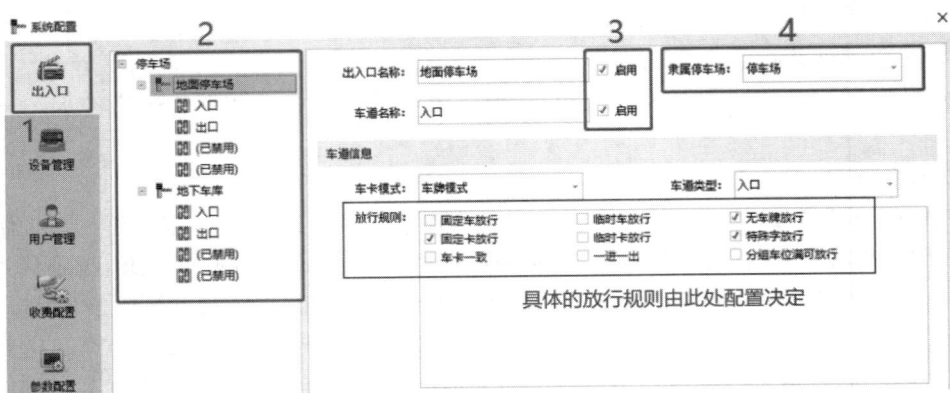

图 2-4-67　车道架构配置

5) 停车场配置|绑定车道设备

车道设备绑定的操作步骤如下：

(1) 停车场车道架构配置完成后，选中车道。

(2) 在"设备绑定"→"未绑定设备"栏目选中与车道对应的设备。

(3) 单击"添加"，设备自动进入"设备绑定"→"已绑定设备"栏目中。

(4) 单击"停止牌识"→"保存并应用"→"启用牌识"。

具体操作步骤如图 2-4-68 所示。

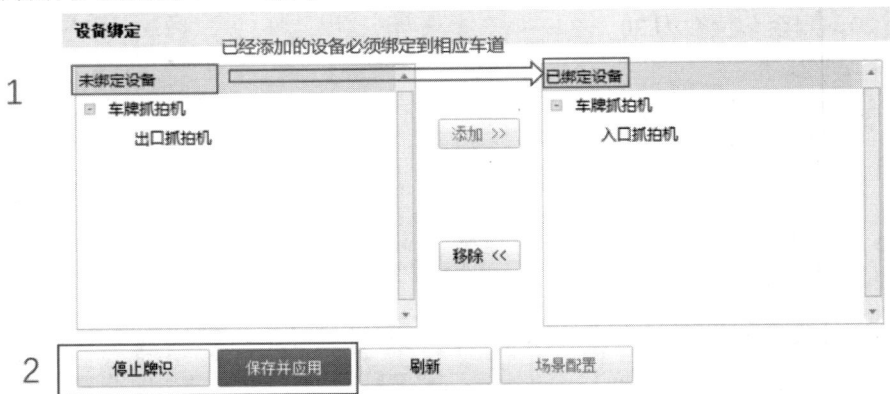

图 2-4-68　车道设备绑定

需要注意的是，设定停车场车道关联设备、放行逻辑时需要先关闭牌识，修改好之后再开启。

6) 收费规则配置

(1) 配置流程。根据场景配置不同的收费规则，根据车辆类型绑定不同的收费规则，收费规则配置流程如图 2-4-69 所示。

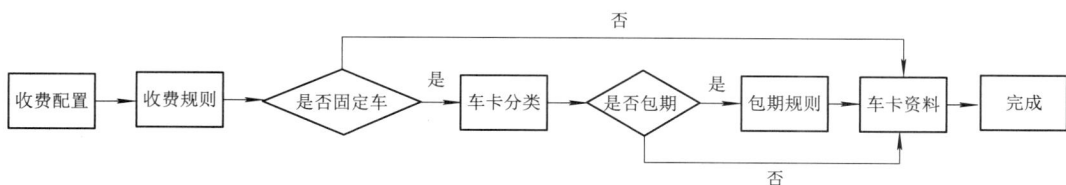

图 2-4-69 收费规则配置流程

(2) 添加临时车收费规则。

① 操作路径：单击软件右上方的 ⚙ 按钮，选择"收费配置"→"收费规则"。

② 操作步骤：

步骤 1：单击"增加"→临时车匹配选择"匹配临时车"→车辆类型选择"不区分类型"→规则名称设置为"XX 停车场收费规则"→收费类型选择"按单位时段收费"。

步骤 2：单击"规则验证"可对当前收费规则进行验证，最后单击"确定"按钮。

具体操作步骤如图 2-4-70 所示。

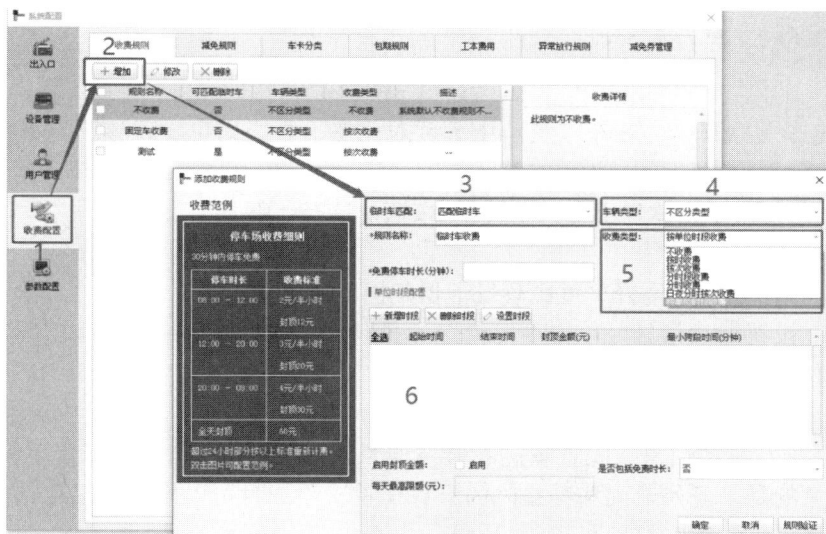

图 2-4-70 添加临时车收费规则

(3) 添加固定车收费规则。

① 操作路径：单击软件右上方的 ⚙ 按钮，选择"收费配置"→"收费规则"。

② 操作步骤：

步骤 1：单击"增加"→临时车匹配选择"不匹配临时车"→车辆类型选择"不区分类型"→规则名称设置为"固定车收费"→收费类型选择"按次收费"。

步骤 2：单击"规则验证"可对当前收费规则进行验证，最后单击"确定"按钮。

(4) 添加车卡分类。需要在车卡分类中关联固定车收费规则，才能进行固定车收费。

① 操作路径：单击软件右上方的 ⚙ 按钮，选择"收费配置"→"车卡分类"。

② 操作步骤：单击"增加"→分类名称配置为"月卡"→临时车可匹配选择"否"→可入场时段配置为 08:00:00-18:00:00→勾选规则名称"固定车收费"→单击"确定"，具

体操作步骤如图 2-4-71 所示。

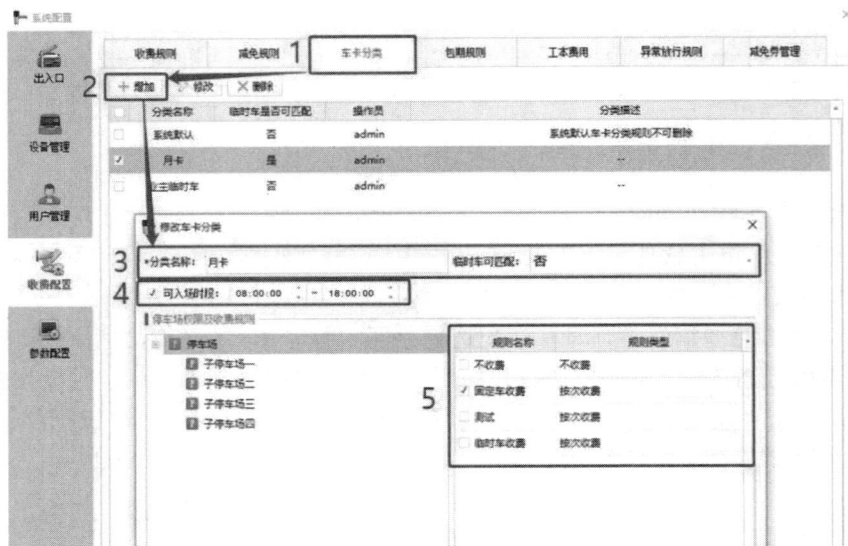

图 2-4-71   车卡分类设置

(5) 固定车关联车卡。在车卡资料中关联对应车卡分类即可实现该固定车按照设定的规则收费。

① 操作路径：单击软件上方的 <u>车卡管理</u> 按钮，选择"新增"。

② 操作步骤：

步骤 1：发卡器类型选择"近距离发卡器(D8)"。

步骤 2：设置卡片信息，单击"发卡"，获取卡号信息→卡片类型为"固定卡"→设置开始时间和截止时间等参数。

步骤 3：配置车辆信息，配置车牌号码。

步骤 4：配置车主信息，配置车主姓名→车卡分类配置"月卡"→配置手机号码。

需要注意的是，开始时间和截止时间只有在首次添加时可以修改，保存完成后不可随意修改。车牌号码必须完整填写省份+号码。

(6) 添加固定车包期规则。包期期限内的车辆通过车牌识别自动放行，且出入次数不受限，适用于固定车的收费管理。

① 操作路径：单击软件右上方的 <u> </u> 按钮，选择"收费配置"→"包期规则"。

② 操作步骤：单击"增加"→包期名称为"一年包期"→包期金额为"1200"→包期类型为"一年"→单击"确定"。

(7) 充值固定车卡。对现有车卡进行充值，实现对固定车续期。

① 操作路径：单击车卡数据行，可在右侧查看更多信息。

② 操作步骤：单击"充值"→充值倍数为"30"，包期类型为"1 天"，充值金额为"300 元"。

6. 调试任务工单

依据系统调试所学内容，完成表 2-4-5 所示的系统调试任务工单。

表 2-4-5　系统调试任务工单

问 题 描 述	原 因 分 析	解 决 办 法
过车时设备停电		
过车时道闸不开闸		
过车后不落杆		

任务 5　入侵报警系统

[任务描述]

智慧园区具有占地面积大、公共区域多、人员密集、访客众多、组织复杂等特点，给园区安全运营管理带来了极大的挑战。

入侵报警系统是智慧园区的一个重要组成部分，其利用传感器技术和电子信息技术，使园区主管部门实时、准确地探测非法进入情况，实现智慧园区安防集成管理。

[知识准备]

一、入侵报警系统

认识入侵报警系统

入侵报警系统主要应用于智能楼宇、大型场馆、企业园区的入侵探测及周界防范，如博物馆、办公楼、银行、校园、监狱、火车站、机场、园区等。

以企业园区为例(图 2-5-1)：围墙外部装有红外探测器，用于探测非法入侵园区人员；各个楼层楼道天花板装有三鉴探测器，用于探测非法闯入人员；各个楼层装有烟雾探测器，用于探测火情。中心控制机房装有报警主机等控制设备，可联动报警输出。

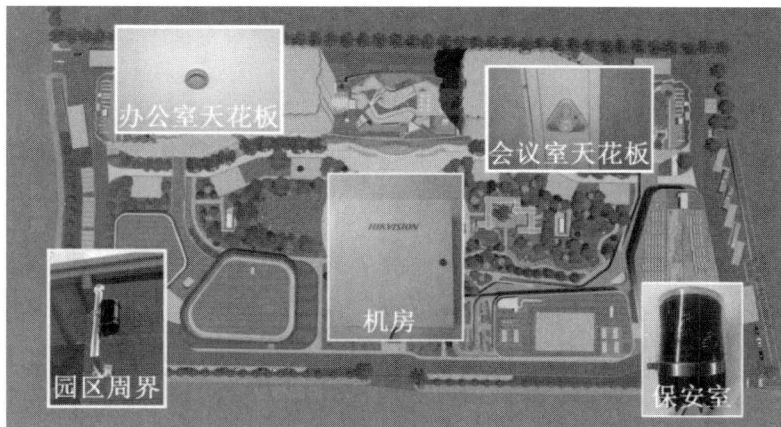

图 2-5-1　入侵报警系统企业园区应用实例

1. 系统结构

入侵报警系统主要由前端设备、管理控制设备、执行设备和中间的传输部分组成，具体结构如图 2-5-2 所示。

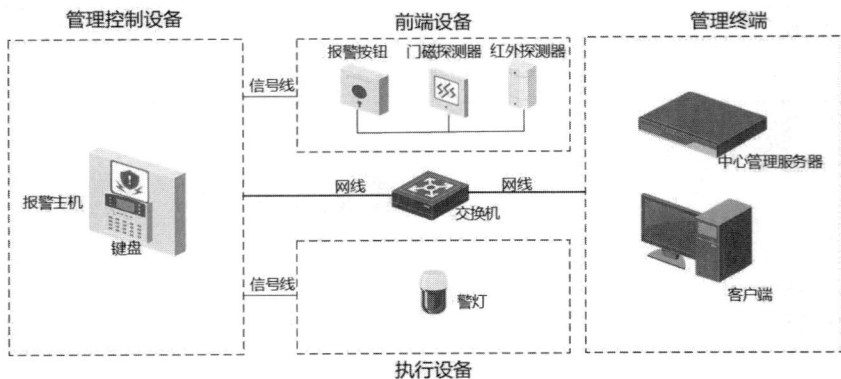

图 2-5-2　入侵报警系统的结构

前端设备指前端探测器，如红外探测器、门磁探测器等。管理控制设备指报警主机，用于报警信息的处理分析，常搭配键盘使用。执行设备指声光报警器或键盘，用于警情实时反馈记录。

2. 基本概念

(1) 防区。

从探测器的角度来说，一个探测器所防范监测的区域或者物体就是一个防区；对主机来说，每个报警输入端口就对应一个防区，如图 2-5-3 所示。左侧图示为探测器角度的防区，右侧图中主机报警输入端口 Z1 和 Z2 分别对应一个防区。

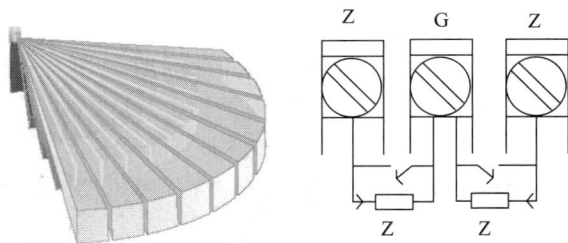

图 2-5-3　防区

(2) 防区回路。

防区回路由探测器、线尾电阻和主机报警输入端口共同构成，如图 2-5-4 所示。

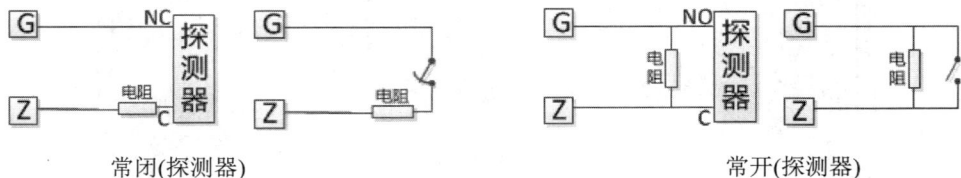

图 2-5-4　防区回路

布防是指操作人员执行了布防指令后，入侵报警系统中所有防区均处于工作状态，当防区探测器触发时，系统产生报警。

(3) 撤防。

撤防是指操作人员执行了撤防指令后，入侵报警系统探测器不能进入警戒工作状态，或从警戒状态下退出，探测器触发不会产生报警。

(4) 旁路。

旁路是指系统中暂时使某个防区失效不再进入警戒状态，以便剩下的防区可以被正常布防。

(5) 24 小时防区。

该类型防区只要触发就会报警，不受布撤防影响，不能被旁路。

(6) 即时防区。

主机在布防状态下，若该类型防区被触发，就会立即报警，在撤防状态下触发不报警。

(7) 延时防区。

退出延时：若系统存在延时防区，系统布防后提供一段时间，在该时间段内触发带有延时功能的防区，系统不会发出报警；但在延时结束时，防区触发立即报警。

进入延时：若系统存在延时防区，当系统处于布防状态时，触发带有进入延时功能的防区，系统不会马上报警，允许操作者在该时间内对系统撤防，否则延时结束时系统立即报警。

(8) 防区故障。

防区故障是指报警主机在撤防状态下被检测到防区触发(故障状态下，不能被布防)。

(9) 子系统。

子系统是报警主机单独划分出来的独立区域，这些区域相当于一套独立的控制系统，可以独立进行布撤防。

(10) 公共子系统。

公共子系统是可以被其他子系统共享的特殊子系统，通常用于管理其他子系统控制区域重叠的公共区域；当公共子系统相关联的子系统全部布防时，公共子系统自动布防；当公共子系统相关联的子系统中的任意一个撤防时，公共子系统自动撤防；用户也可以单独对公共子系统进行布撤防操作。公共子系统如图 2-5-5 所示。

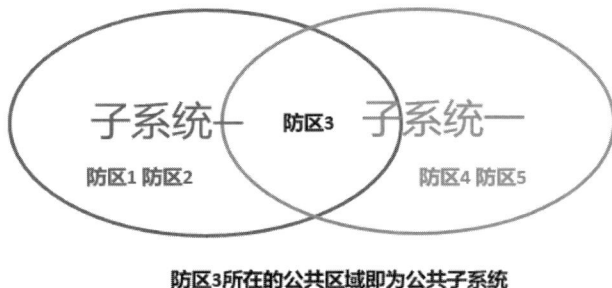

防区3所在的公共区域即为公共子系统

图 2-5-5　公共子系统

二、前端探测设备

前端探测设备负责采集入侵信号，把探测到的温度、震动、声响等物理量转换成系统所需的信号量，并传给报警主机。下面对常用的前端探测设备作详细介绍。

1. 红外对射探测器

一组红外对射探测器由投光器和受光器组成，投光器产生红外光束，受光器接收红外光束。在投光器和受光器之间，多束互射式红外光束形成隐形防线，当所有光束被遮断时，受光器端会输出报警信号。

常见的对射类型有双光束红外对射、三光束红外对射、四光束红外对射等，其中三光束红外对射探测器如图 2-5-6 所示。双光束红外对射室外探测距离可以达到 100 m，三光束、四光束红外对射探测器室外探测距离可以达到 250 m。

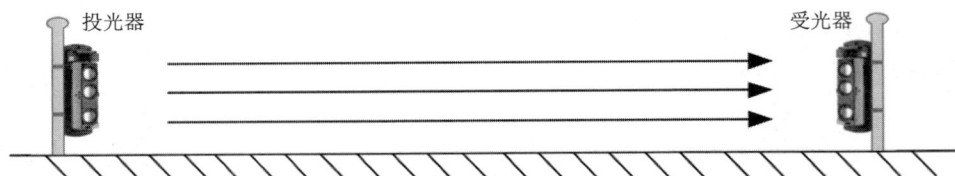

图 2-5-6　三光束红外对射探测器

红外对射探测器常用于周界防范，可安装在小区周围的围墙、办公园区周界等位置。

2. 被动红外探测器

被动红外探测器本身不发射任何能量，被动接受探测环境发出的红外辐射。探测器检测到人体红外辐射后，其器件产生电信号，经过内部处理器转换为报警信号输出。红外辐射的强度与温度的高低相关，可以认为探测器通过探测人体进入环境带来的温度变化来判定是否报警。

不同形态的探测器覆盖范围不一样，大部分吸顶安装的被动红外探测器可覆盖 360°，半径可以达到 6 m 以上；大部分壁挂安装的被动红外探测器覆盖范围从 10°～90° 之间不等，探测距离从几米到几百米不等。

被动红外探测器的适用范围较广，室内室外皆可安装，如博物馆、办公大楼、家庭住宅的天花板、屋檐下等。小角度的被动红外探测器也称为幕帘探测器，覆盖范围在 15° 左右，常用于窗户警戒。被动红外探测器的外形如图 2-5-7 所示。

图 2-5-7　几种被动红外探测器的外形

3. 玻璃破碎探测器

玻璃破碎探测器通过高精度麦克风对探测区域的声音进行采样，当敲击玻璃而玻璃还未破碎时，会产生一个低于 20 Hz 的声音；当玻璃破碎时，会发出 10～15 kHz 的声音。当探测器同时检测到这两种声音频率时就会产生报警。

由于声音传播会在空气中衰减，玻璃破碎探测器有探测距离限制，最大有效检测距离可达 10 m，角度为 120°左右。它一般安装在安全等级较高的场所，如博物馆、珠宝店、陈列室等玻璃防护装置的场景。它不能安装在嘈杂的环境中，会因受环境影响产生误报。玻璃破碎探测器的外形如图 2-5-8 所示。

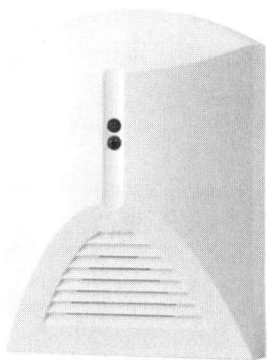

图 2-5-8　玻璃破碎探测器的外形

4. 门磁探测器

门磁探测器主要由开关和磁铁两部分组成：较小的部件为永磁体，内部有一块永久磁铁，用来产生恒定的磁场；较大的是门磁主体，内部有一个干簧管。干簧管的玻璃管内封入惰性气体，两根强磁性簧片置于管内两端，以一定间隙彼此相对，触点部位镀铑或铱以防活性化。干簧管利用永磁体为簧片诱导出 N 极和 S 极，实现吸合。当磁场解除时，由于簧片所具有的弹性，触点即刻恢复原状并打开电路。门磁探测器的外形如图 2-5-9 所示，其结构原理如图 2-5-10 所示。

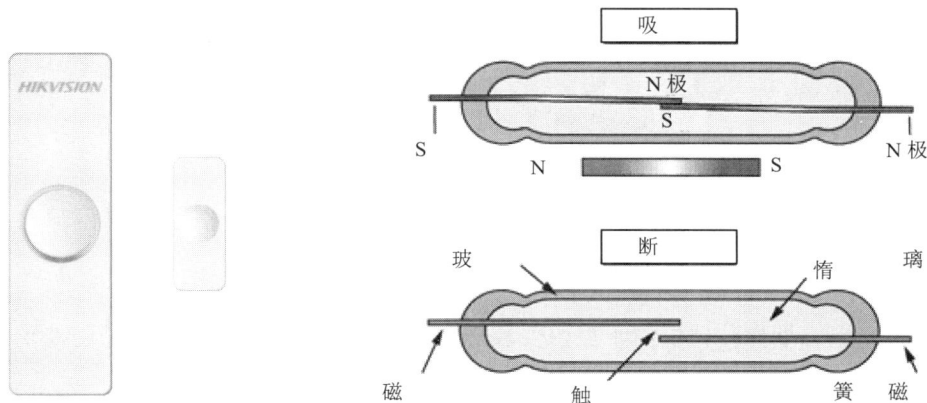

图 2-5-9　门磁探测器的外形

图 2-5-10　门磁探测器结构原理图

门磁探测器常见的报警触发距离为 3 cm 左右，常用于门、窗户、抽屉的开关检测。

5. 振动探测器

振动探测器以破坏活动产生的振动信号作为报警依据。它通过对振动信号的强弱、持续时间、敲击次数等信号处理和分析，区分是真正的破坏还是环境震动，进而输出报警信号。

根据使用的振动传感器不同，振动探测器可分为压电式振动探测器、应变式振动探测器等多种类型。压电式振动探测器以压电石英晶体或压电式陶瓷为敏感元件，频率响应高、量程宽，适用于高频率的敲击信号测量，比如金库、ATM 机等；应变式振动探测器利用金属应变片或者半导体作为敏感元件，具有灵活的结构，输出阻抗低，易与后续电路匹配，在航天、车辆、桥梁建筑等方面有极高的应用价值。

振动探测器的外形如图 2-5-11 所示，常安装在金库、ATM 机、保险柜等安全等级较高的场景。

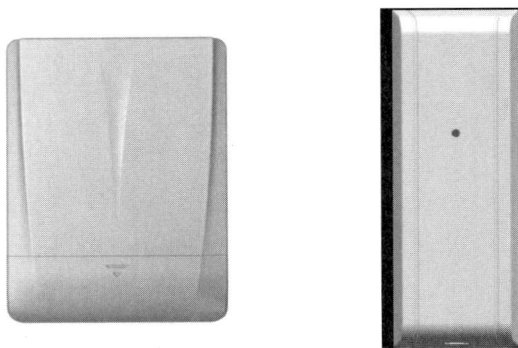

图 2-5-11　振动探测器的外形

6. 点型光电感烟探测器

点型光电感烟探测器也称烟雾探测器，通过监测烟雾的浓度来实现火灾预警。烟雾进入探测器内部使红外管发射的红外光发生散射，散射的红外光被接收管接收，在后续电路产生电压输出，烟雾越大，则散射越强，产生的电压就越高。当这个电压达到预定值时，探测器发出报警信号。点型光电感烟探测器的外形如图 2-5-12 所示。

图 2-5-12　点型光电感烟探测器的外形

点型光电感烟探测器仅用于室内安装，如办公大楼、住宅、银行等消防要求较高的场所中。

7. 可燃气体探测器

可燃气体探测器是一种安装在爆炸性危险环境的点型气体探测设备，它可以对单一或多种可燃气体浓度(如甲烷、煤气等)进行响应。当气体达到一定浓度时，探测器进行反应输出报警信号。

可燃气体探测器的外形如图 2-5-13 所示，一般用于室内，可安装在可燃气体厂、加气站等火灾风险较高的场所。

图 2-5-13　可燃气体探测器的外形

8. 双鉴、三鉴探测器

双鉴和三鉴探测器在被动红外探测器单一探测技术的基础上增加了一项或者多项技术，双鉴和三鉴探测器的外形如图 2-5-14 所示。

图 2-5-14　双鉴探测器(左)和三鉴探测器(右)的外形

双鉴探测器在被动红外技术的基础上融合了微波探测技术。其原理是探测器发出微波并接收反射回的微波信号，当探测区内的目标移动时，原发射信号与反射信号之间会有频率差异，探测器从而判断有入侵，可避免由于气温变化带来的误报。

三鉴探测器在双鉴探测器的基础上采用了微处理技术(智能算法)，可以避免体积较小的物体(如狗、猫、老鼠、小鸟等)引发的误报。

三、报警主机

报警主机是报警系统的"大脑"，负责接受处理探测器的报警信号，控制声光报警器，并将报警信息上传给报警管理中心，可搭配键盘、遥控器或管理软件实现对报警系统的布撤防。

　　常见的报警主机由设备电源、防区输入接口、MBUS 主板、GPRS 模块、PSTN 模块、键盘、报警输出接口、网口组成，如图 2-5-15 所示。防区输入接口位于主板下方，一般用于连接前端探测设备，代表支持的防区数量；MBUS 主板仅总线报警主机所有，为一个单独的设备接口，用于扩展防区、报警输出等；GPRS 模块和 PSTN 模块是独立的模块接口，用于报警事件的上传，GPRS 为无线传输所用，支持手机 SIM 方式上传报告，PSTN 采用国际标准的 CID 协议，可以直接上传事件给国际标准的接警设备；键盘接口仅支持 RS485 协议，可接入报警键盘、RS485 扩展的防区输入、报警输出设备等。

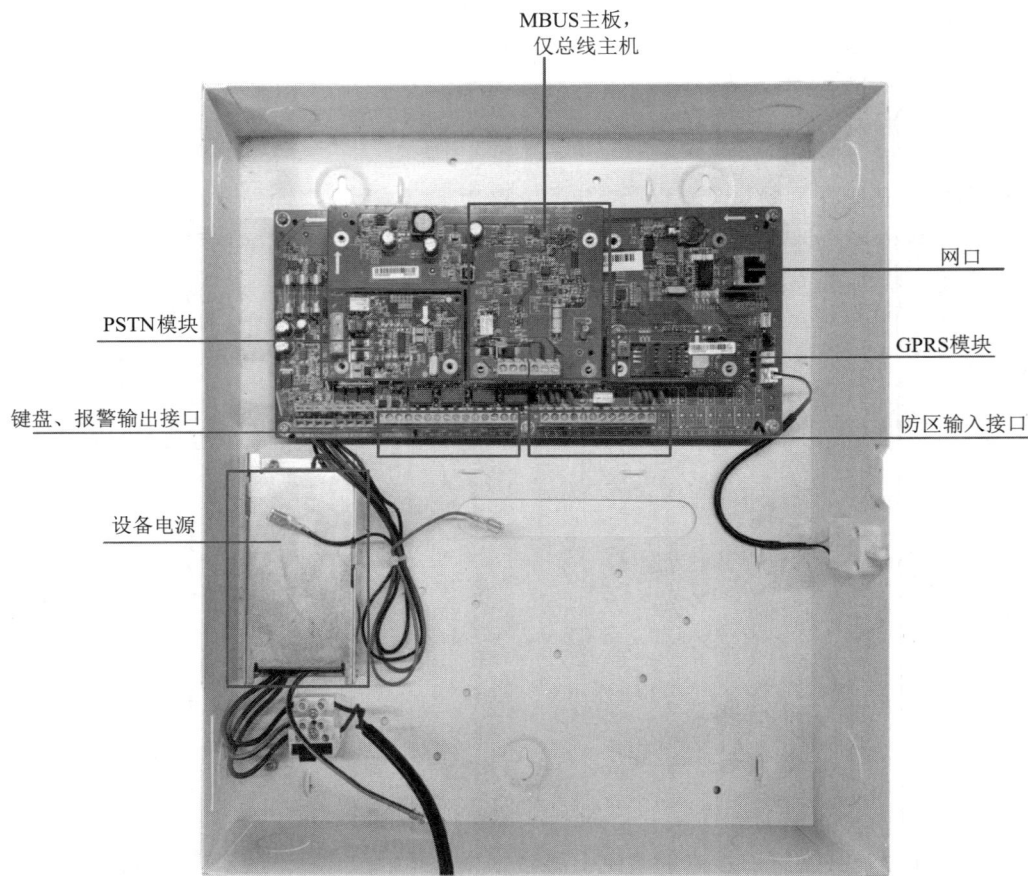

图 2-5-15　报警主机

　　报警主机的类型根据信号传输方式分为总线制、分线制和无线制 3 种。以海康威视某报警主机为例，总线制报警主机除了本地的输入输出接口外，还支持通过总线扩展模块扩展出更多路防区，可通过总线直接对扩展模块进行供电，不再需要对扩展模块单独进行供电，防区数量最多可达 256 个，传输距离最大可达 2.4 km。分线制报警主机支持输入和输出设备直接接到本地对应接口，支持通过 RS485 协议扩展，防区数量最多可达 48 个，传输距离最大可达 800 m。无线制报警主机通过无线传输的方式与无线探测器连接，空旷场所下传输距离可达 400 m。

1. 总线制报警主机

总线制报警主机支持通过总线扩展模块扩展出更多路防区。总线扩展模块可分为输入和输出两种，总线输入模块用于连接前端探测器，总线输出模块用于连接执行设备。总线制报警主机系统架构如图 2-5-16 所示，报警主机通过总线与扩展模块相连，各类探测器通过该模块接入系统。使用总线制报警主机进行传输不仅减少了线缆敷设的工程量，使前端施工布线更加灵活，也有效增大了系统的整体探测范围。总线扩展模块采用 MBUS 协议连接总线制报警主机，它的类型有有线防区扩展模块、有线继电器扩展模块和总线防区输入输出模块。

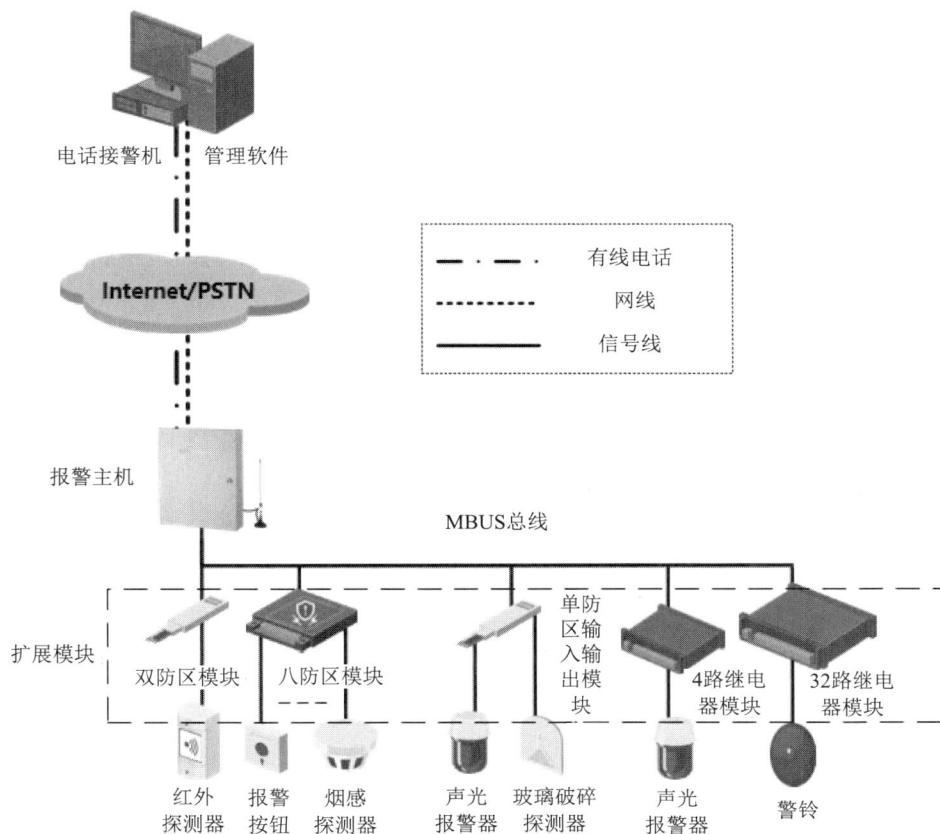

图 2-5-16 总线制报警主机系统架构

2. 分线制报警主机

分线制报警主机系统架构如图 2-5-17 所示。报警信号通过各自的专线传输，即便出现故障也互不干扰。但是当系统规模变大时，线材的使用量及敷设工程量相应增加，报警主机端的线路接入也变得复杂。分线制报警主机也可搭配分线扩展模块使用，通过 RS485 方式通信，模块有有线防区扩展模块和有线继电器扩展模块两种。

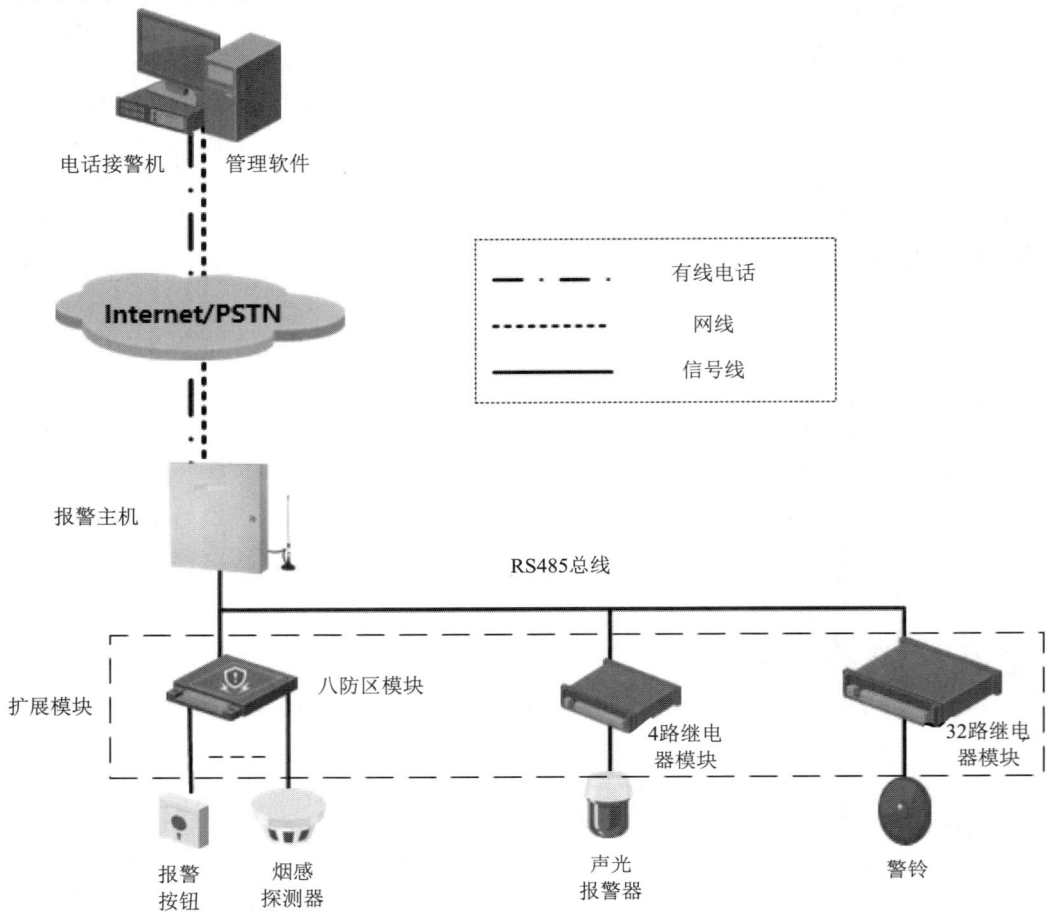

图 2-5-17   分线制报警主机系统架构

3. 无线制报警主机

无线制报警主机与探测器、声光报警器等装置通过无线方式通信，其系统架构如图 2-5-18 所示。无线入侵报警系统的安装非常简单，工程量小，适合于布线困难、需要移动或者临时性布设的场合，但易受外界环境干扰，在建筑较多的场景下传输距离受限。该系统可包含无线扩展模块，无线扩展模块分别有无线防区扩展模块、无线继电器输出模块和无线中继器。其中，无线中继器将收到的无线信号放大后再发射出去，用于延伸无线网络的覆盖范围。

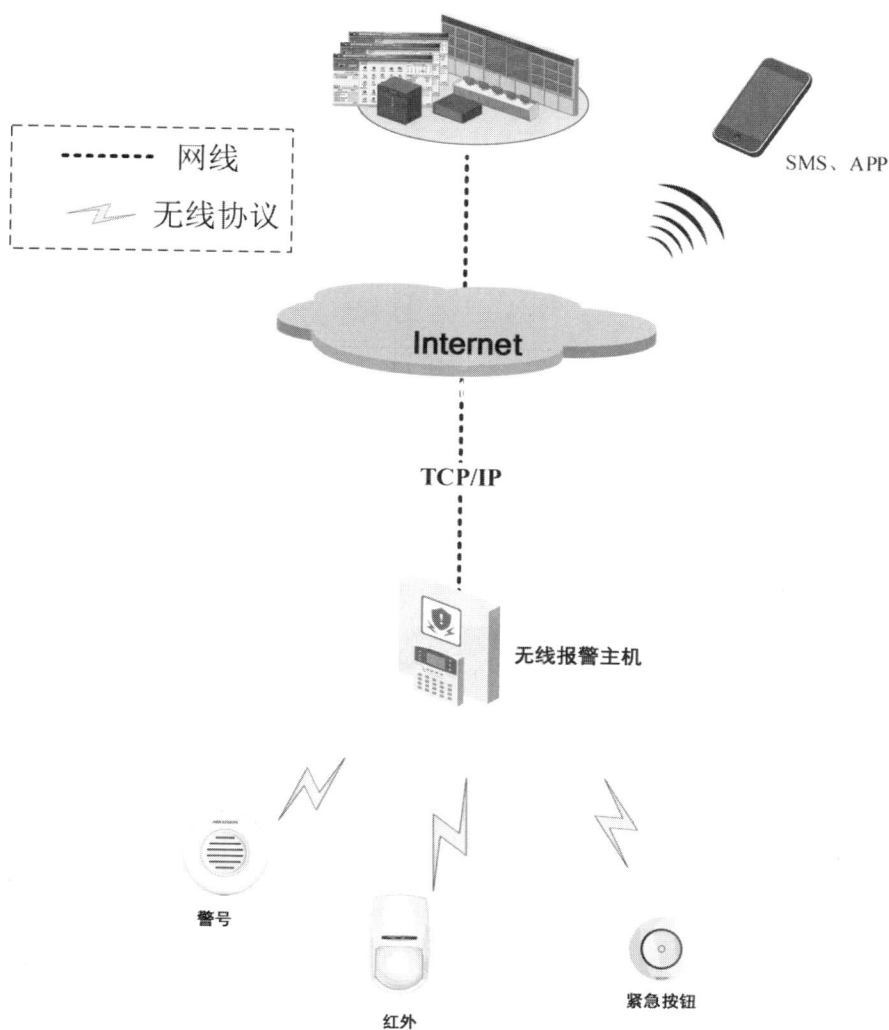

SMS、APP

网线

无线协议

Internet

TCP/IP

无线报警主机

警号

红外

紧急按钮

图 2-5-18　无线制报警主机系统架构

常见扩展模块及其作用如表 2-5-1 所示。

表 2-5-1　扩展模块

扩展模块类型	实　物　图	描　　述
有线防区扩展模块		用于总线或者分线报警主机扩展防区输入

扩展模块类型	实 物 图	描 述
无线防区扩展模块		用于无线报警主机扩展防区输入
总线防区输入输出模块		用于总线报警主机同时扩展一路输入及一路输出
有线继电器扩展模块		用于总线或者分线报警主机扩展报警输出
无线继电器输出模块		用于无线报警主机扩展报警输出
无线中继器		可以将收到的无线信号再发射出去，延伸无线网络的覆盖范围

　　键盘的外形如图 2-5-19 所示。键盘可展示防区的报警信息，也可配合报警主机使用，展示报警主机的状态等信息，并实现对报警主机防区布撤防、消警、旁路等功能。

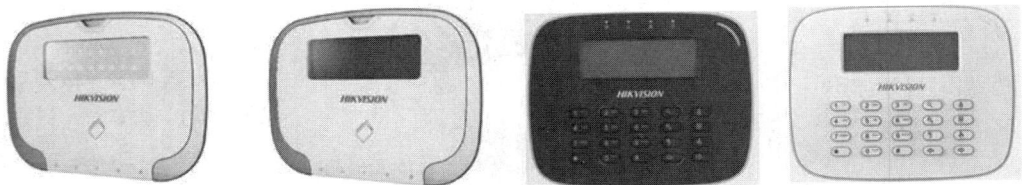

图 2-5-19　键盘的外形

四、执行设备

执行设备用于实时反馈和记录警情，是入侵报警系统中不可或缺的部分。常见的执行设备包含警灯、警铃以及声光报警器，如图 2-5-20 所示。执行设备通常安装于监控室、保安亭、值班室等有人值守区域。它们均连接到报警主机的报警输出接口上，当报警主机接收到探测器传来的报警信号时，报警主机会控制执行设备打开，通过灯光或报警音提示安保人员进行紧急处理。

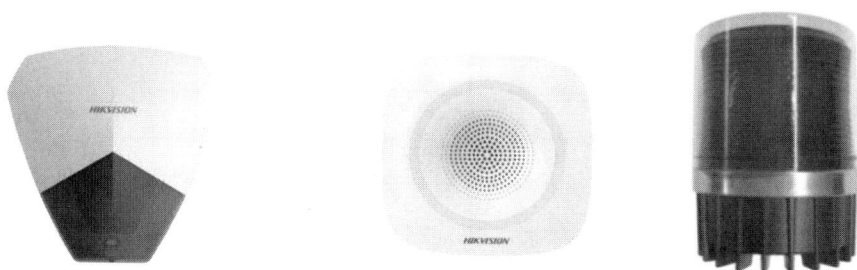

图 2-5-20 从左至右依次为警灯、警铃、声光报警器

声光报警器作为报警输出设备，连接到报警主机的输出口。当联动的防区发生报警时，通过灯光和报警音提示报警。声光报警器的外形如图 2-5-21 所示。

图 2-5-21 声光报警器的外形

报警系统可通过无线或有线方式上传报警信息到平台或客户端等接警软件。通过接警软件可以远程接收到实时警情，做出快速响应；也可以对报警事件做出记录，用于警情的回溯。此外，键盘也可作为一个显示设备使用，显示报警和主机状态等信息。

[任务实施]

一、系统实施流程

入侵报警系统的具体实施流程主要包括需求分析、系统勘测、系统设计、系统布线、系统安装、系统接线和系统调试 7 个阶段，具体如图 2-5-22 所示。

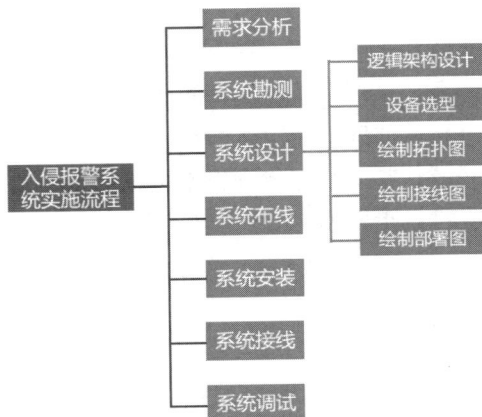

图 2-5-22   入侵报警系统实施流程

1．需求分析

需求分析是入侵报警系统任务中的一个关键而基础的环节，其任务是分析智慧园区综合安防项目背景和现状问题，从而确定入侵报警系统的主要功能和性能指标等。

需求分析的基本任务是准确回答"系统工程必须做什么"。通过需求分析逐步细化系统工程的功能和性能。

2．系统勘测

系统勘测是根据用户提出的初步需求进行现场勘测，进一步确认项目的需求；通过勘测可以确定现场系统实际要部署的物理环境情况。经过系统勘测，可以使方案设计更贴合现场需求，提前规避可能影响系统施工或引起系统故障的不利因素，确保设备在最佳环境中稳定运行。

3．系统设计

系统设计主要是基于用户的需求分析和现场环境的勘测情况，完成具体方案的设计，包括设计系统整体逻辑架构、完成设备选型、绘制系统具体的拓扑结构图、绘制系统各设备间的具体连线图以及系统实际部署图。

4．系统布线

系统布线主要是依据不同类型设备对应线材的选择标准，选择入侵报警系统设备间合适的通信线缆，并参考综合安防系统布线施工规范进行具体的布线施工。

5．系统安装

系统安装要基于系统具体的方案设计完成系统各设备的安装。

6．系统接线

系统接线是在系统安装好后，依据设备接口接线说明以及完成的系统接线图，完成设备间的接线。

7．系统调试

系统调试是对安装好的系统进行相关配置调试，以保障系统各项功能满足用户需求和系统的稳定运行，并保障顺利完成系统交付。

二、系统需求分析

入侵报警系统应用领域非常广泛，在企业园区、学校、小区等场景中均有应用，但不同的场景下对系统软、硬件和性能的要求有所差异，所以在本任务智慧园区入侵报警系统建设前，要充分了解园区用户对于系统的具体需求，做好需求分析，才能确保入侵报警系统高效、智能地服务于园区安全管理工作，保障系统后期的正常交付。智慧园区入侵报警系统主要从以下三个方面进行需求分析，同时完成需求分析任务工单。

1. 背景和现状问题分析

1) 背景分析

在智慧城市这一先行概念的引导之下，"智慧园区"的理念也进入了公众视野。智慧园区是智慧城市的重要表现形态，其体系结构与发展模式是智慧城市在一个小区域范围内的缩影，既反映了智慧城市的主要体系模式与发展特征，又具备了一定不同于智慧城市的发展模式的独特性。

随着云计算、物联网、大数据、人工智能、5G 等为代表的技术迅速发展和深入应用，"智慧园区"建设已成为园区发展的新趋势。近年来，党中央和国务院更加注重智慧园区的建设与发展，相继出台了多项政策推动智慧园区的建设，智慧产业园区、智慧社区等新业态和新模式不断涌现。

在"十四五"规划中，明确提出要"加快数字化发展"，加快产业园区数字化改造，并对此作出了系统部署。为了顺应"十四五"规划号召，推动园区数字化发展，建设园区安防管控可视化平台势在必行，使用入侵报警系统可对区域进行安全管控，准确记录报警数据，解决重要场所的安全问题，加强场所安全保障。

2) 现状分析

智慧园区占地面积大、公共区域多、人员密集、访客众多、组织复杂，安全管理工作是园区管理工作中最基本也是最重要的一项管理工作。在园区的日常管理中，要确保园区周界和园区内重点区域的安全监测。

如果采用人工监测，无法保障监测的精准性、时效性，并且会增加人员成本。一些传统报警系统以电话线作为上报方式，上报慢、费用高、远程控制困难。如果采用网络化入侵报警系统，利用已有网络环境，几乎没有费用，且网络上报速度快，产生的报警只需 1～2 s 即可传送到中心，通过网络获取前端主机状态进行远程控制。

在智慧园区综合安防系统建设过程中，一套网络化的入侵报警系统必不可少。

2. 系统功能指标

入侵报警系统通过安装的电子围栏将实体围墙划分为不同防区，实现分组、分区、分权限管理，支持按照不同时间布撤防，对防区入侵事件进行侦测，支持通过报警主机进行集中管理和操作控制。

3. 系统性能指标

1) 稳定性需求

应保障系统数据存储与处理的稳定性，避免因某个服务或节点故障影响系统运行和业务应用使用。系统要具备稳定、可靠运行的能力。系统能够连续 7×24 小时不间断工作，出现故障应能及时告警。系统故障恢复应具备自动或手动恢复措施，以便在发生错误时能够快速恢复正常运行。

2) 可扩展性需求

随着各种数据的不断汇聚，系统将积累越来越多的数据资源，对这些数据资源的整合、存储、组织、管理和分析将是一个任务不断加重的过程。当整个系统容量需要扩充时，系统应具备良好的可扩展性。

3) 响应时间

响应时间指探测器触发到系统响应发出报警的整个过程的时间。响应时间越小，入侵报警系统的可靠性越高。

4) 错误率

错误率指系统在运行情况下，入侵报警失败的概率，错误率 = (失败的事务数/事务总数) × 100%。

在系统需求分析阶段，完成如表 2-5-2 所示的需求分析任务工单。

表 2-5-2　需求分析任务工单

项目名称				项目代号	
调研对象			调研人		调研日期	
调研目的					
调研内容	背景分析				
	现状分析				
	系统功能指标				
	系统性能指标				

三、系统勘测

在入侵报警系统方案设计和施工前进行充分的现场勘测可以进一步与客户确认需求，使方案设计更贴合现场环境，提前规避可能影响系统施工或引起系统故障的不利因素，确保设备在最佳环境中稳定运行。勘测环节主要完成环境确认和设备安装位置的确认。

1. 环境确认

在环境确认环节需要与用户进行需求沟通确认，包括但不限于表 2-5-3 中所示的覆盖范围、实现需求、前期选址等内容。

表 2-5-3　需求沟通确认表

需求类别	需求内容
覆盖范围	探测器安装位置及走线方式(明装、暗装)
实现需求	探测器与声光报警器的关联关系，平台展示效果等
前期选址	设备放置的位置，模块拨码等信息提前进行规划

2. 探测器安装位置确认

不同探测器的工作原理不同，安装标准也有所不同。依据表 2-5-4 中的探测器安装标准完成探测器安装位置的确认。

表 2-5-4　探测器安装标准

探测器类型	安装标准
红外对射探测器(含双鉴、三鉴)	安装位置高于地面或围墙 50 cm 以上，安装环境避免有物体遮挡
被动红外探测器	安装高度建议 2 m 左右(具体以厂家手册为准)；安装位置不建议正对门窗等强光直射场景，通风口等环境温差较大的场景或环境温度过高的场景
玻璃破碎探测器	安装在玻璃对面的墙或天花板上，尽量靠近所要保护的玻璃；安装环境尽量远离噪声干扰源；玻璃上尽量不要安装厚重的百叶窗或窗帘
振动探测器	安装位置需要是大理石、墙面等硬质且表面平整物体，不建议安装在能量衰减厉害的墙体，比如砖混结构的墙体、石膏墙体等
点型光电感烟探测器	安装位置不宜在有较大粉尘、水雾、蒸气、油雾等场所；不宜安装在通风口等位置
可燃气体探测器	安装位置建议在阀门、管道接口、出气口或易泄漏处附近 2 m 内，避免高温、高湿环境

四、系统设计

完成系统勘测，进一步确认用户需求后，需要进行系统方案的设计，指导后续系统的具体实施。系统设计阶段需要完成系统总体逻辑架构设计、设备选型、拓扑图绘制、连线图绘制和布局图绘制。系统设计任务工单如表 2-5-5 所示，设备选型任务工单如表 2-5-6 所示。

表 2-5-5　系统设计任务工单

序号	工 作 要 求	工 作 内 容	验 收 方 式
1	系统总体设计	设计系统总体逻辑架构	逻辑架构图
2	设备选型	为系统选择相应的设备	列出设备清单(包括序号、设备名称、型号、功能、数量)
3	系统详细设计	绘制拓扑结构、安装连线图和布局图	拓扑结构图、设备连线图、布局图

表 2-5-6　设备选型任务工单

序号	设 备	型 号	功 能	数 量

五、系统布线

入侵报警系统通用布线参考综合安防系统布线施工规范。不同类型的设备对应的线材标准如表 2-5-7 所示。

表 2-5-7　布线标准

设备类型	线材要求	线芯	线径/mm²	最大传输距离/m	说明
探测器	RVV	2	0.5	100	单独供电
键盘	RVV	2	0.5	800	单独供电
声光报警器	RVV	2	0.75	10	—
扩展模块	RVV	2	1	1600	—
	RVV	2	1.5	2400	—

键盘与报警主机采用 RS485 通信,所以要用 RVV2×X(X 表示导线截面积)的铜芯线材(两根信号线),截面积一般不低于 0.5 mm²,最长距离不得大于 800 m。

1. 探测器和报警器

探测器到报警主机间(对于总线报警主机来说是到防区扩展模块)的信号线采用 RVV2 × X 的铜芯线材,截面积一般不低于 0.5 mm²,最长距离不超过 100 m。为保证最远距离的探测器正常工作,探测器的供电模式(报警主机供电/集中供电)和供电线材要根据实际情况选择,例如探测器个数、最远探测器距离等。

声光报警器(或其他报警输出设备)线材建议选择 RVV2 × 0.75 mm²。报警主机上的"BELL"(声光报警器)接口内部已经串接了电源输出,所以声光报警器接该接口时,不需要在回路中串接电源。

2. 总线

总线使用 RVV2 × 1.5 mm²,最长距离不超过 2400 m;若使用 RVV2 × 1.0 mm² 的线,最长距离不超过 1600 m(模块到总线的距离也计算在总线长度中)。

报警主机扩展模块接入总线选择手拉手接线方式,如图 2-5-23 所示。

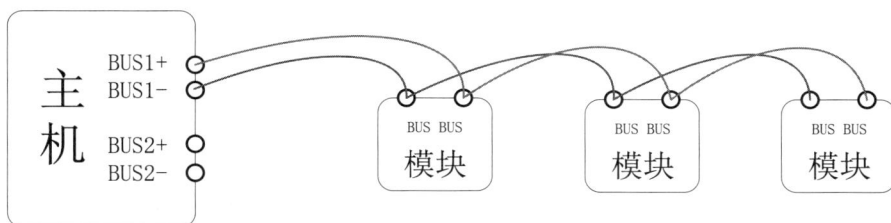

图 2-5-23 模块手拉手接线

六、系统安装

报警设备的安装需要操作人员具备弱电方面的基础知识和操作技能,对所安装的设备,尤其是探测器的形态、功能、适用场景有一定了解,能够根据现场环境灵活选择合适位置并设计安装方案。

安装常用工具为螺丝刀组或电动螺丝刀组。安装前须确认包装箱内设备完好,所有部件齐全,且安装位置符合安装准备中的要求。

入侵报警
系统安装

1. 探测器安装

1) 红外对射探测器

红外对射探测器应在实体墙或杆柱处安装,安装时的注意事项如下:

(1) 禁止安装在基础不稳定、表面不结实的位置。

(2) 禁止安装在能阻断射束的地方,例如能被风移动的植物或晾晒的衣服地点附近。

(3) 禁止安装在灯光或阳光直射的地方,需防止其光线直射产品内部的光学装置。

(4) 安装时需调整上下角,调整螺钉及水平内托架,完成光轴调整。

(5) 当多组对射堆叠或长距离应用时,可调整拨码选择特定光束频率,避免相互间探测串扰。

红外对射探测器安装如图 2-5-24 所示。

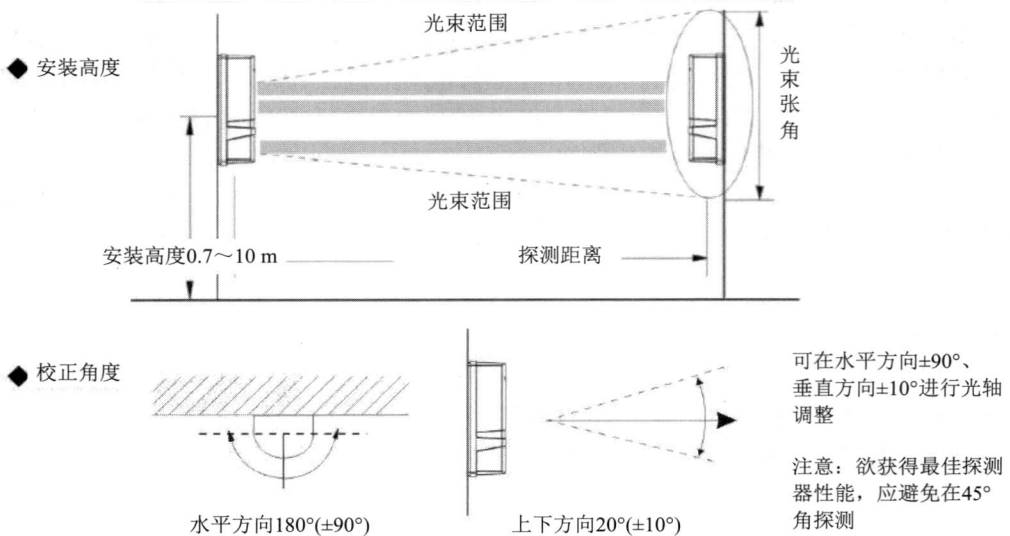

图 2-5-24 红外对射探测器安装

2) 被动红外探测器

被动红外探测器一般需要先用螺丝将支架固定好，然后将产品机身与支架衔接，最后调整合适角度，如图 2-5-25 所示。

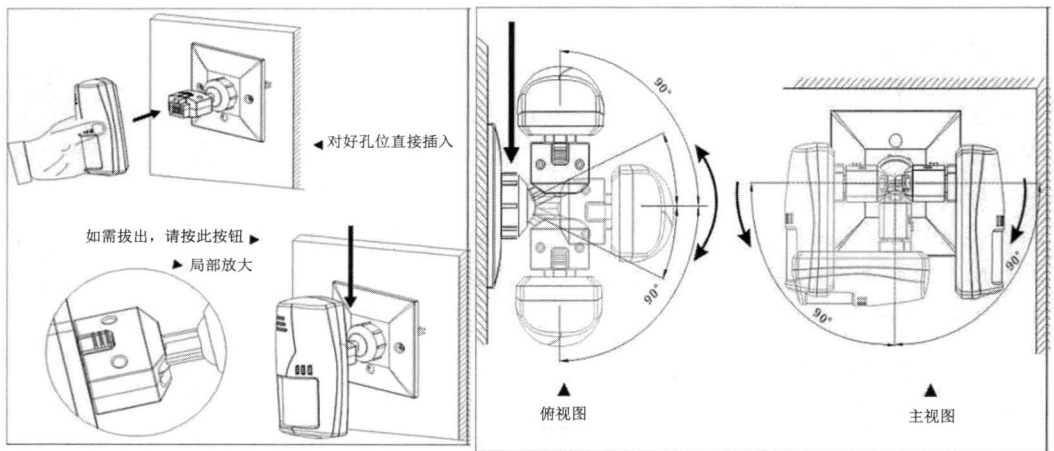

图 2-5-25 被动红外探测器安装

被动红外探测器安装时的注意事项如下：

(1) 探测器应安装在能使探测器感应外来入侵者的位置，尽量使入侵者横穿探测区域。

(2) 安装位置应避免靠近空调、电风扇、电冰箱、烤箱等可引起温度迅速变化的物体，避免太阳光直射在探测器上。

(3) 探测器前面不应有物体遮挡，否则将影响到探测效果。

3) 玻璃破碎探测器

用螺丝将玻璃破碎探测器底座固定在有效检测距离内的墙或天花板上，再把前盖固定在底座上即可。

(1) 吸顶装：距离玻璃 1～3 m(最远 8 m 半径范围)之间安装探测器为佳。

(2) 壁挂装：为获得最佳性能，将探测器安装在检测范围内尽可能高且对着玻璃的位置。

安装时需要注意的是，玻璃破碎探测器不能直接安装在玻璃上，可能会因受到外部环境干扰而产生误报。玻璃破碎探测器的安装如图 2-5-26 所示。

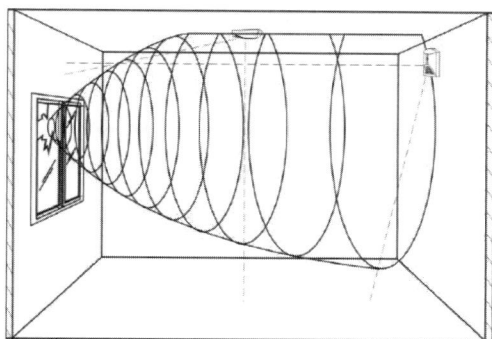

图 2-5-26　玻璃破碎探测器安装

4) 门磁探测器

门磁探测器由无线发射器和磁块两部分组成，分别固定于门和门框边缘。一般采用明装方式，通过螺丝安装。门磁探测器适合木门、铁门、铝合金门。

5) 振动探测器

用螺丝将探测器固定在需保护的设备表面上，如 ATM 机保护面上。若使用胶水粘贴，须将保护面油漆刮干净。

需要注意的是，一般振动探测器可采用旋钮或跳帽等方式调整其灵敏度。

6) 烟雾探测器

烟雾探测器针对尖顶式天花板和平顶式天花板有不同的安装要求，推荐按照图 2-5-27 所示的烟雾探测器安装方式安装。

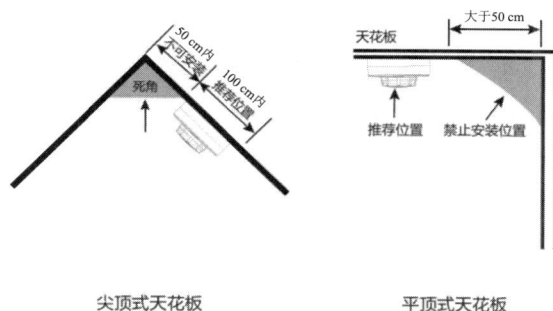

图 2-5-27　烟雾探测器安装

7) 可燃气体探测器

可燃气体探测器的安装位置一般为气源上方的天花板上,距离气源 2 m 左右,如图 2-5-28 所示。

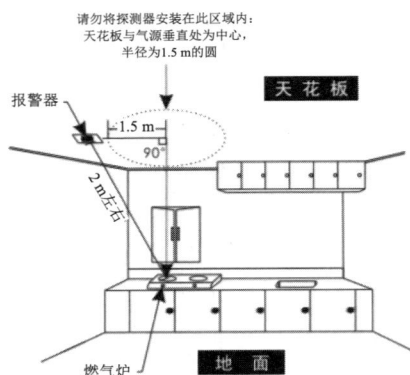

图 2-5-28   可燃气体探测器安装

可燃气体探测器安装时的注意事项如下:

(1) 安装位置不能离燃气炉太近,以免探测器受到炉具火焰的烘烤造成设备损坏。

(2) 不能安装在油烟大的地方,以免引起误报警或者导致探测器的进气孔进气不畅而影响探测器的灵敏度。

(3) 不能安装在排气扇、门窗边或者浴室水汽较大的地方。

2. 主机安装

1) 报警主机安装

报警主机建议使用 UPS 供电并良好接地。在建筑物安装配线中,报警主机需要独立供电。为减少火灾或电击危险,尽量避免报警主机受雨淋或受潮。报警主机安装在墙壁或天花板时,须确保固定牢固。

报警主机建议采用壁挂方式安装:设备机箱上有壁挂固定螺丝孔,可先确定安装壁挂的位置,打好膨胀螺丝,再将设备进行壁挂,如图 2-5-29 所示。

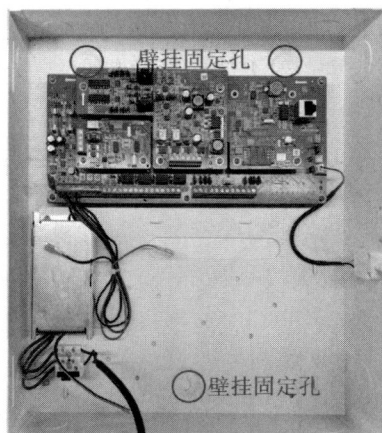

图 2-5-29   报警主机安装

2）键盘安装

松开键盘底部紧固螺丝，用一字小螺丝刀沿键盘下方中部打开，取下后壳，将后壳通过螺丝固定于 86 盒或墙面上，如图 2-5-30 所示。

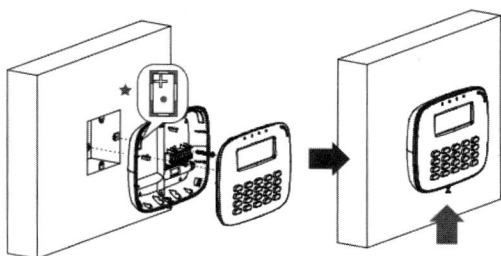

图 2-5-30　键盘安装

报警主机接入多台键盘时，通过拨码进行区分。在系统上电前，通过键盘的拨码开关给键盘设置地址，在键盘上设置 0～31 之间的任一地址值，所选地址值超出规定范围(0～31)将不被接收。键盘地址不可重复。图 2-5-31 所示的二进制拨码值为 00010，则十进制值为 2，即地址值为 2。

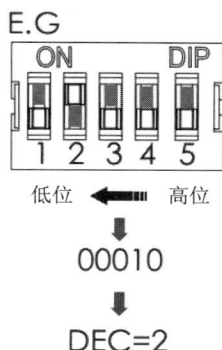

图 2-5-31　键盘拨码示意图

七、系统接线

入侵报警系统总接线示意图如图 2-5-32 所示。

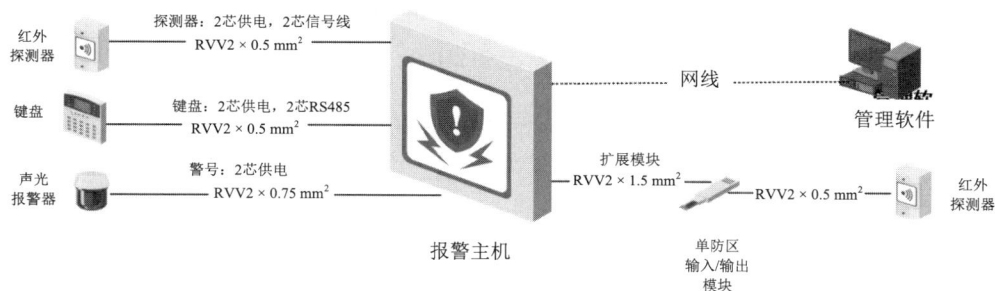

图 2-5-32　入侵报警系统接线示意图

1. 探测器接线

探测器到报警主机间(对于总线制报警主机来说是到防区扩展模块)的接线是探测器的报警输出接口 NO/NC 和 COM(有些探测器为两个 alarm 接口)接入报警主机的 Z、G 接口，视情况串联或者并联电阻到主机的 Z、G 接口上。探测器常开，则并联电阻；探测器常闭，则串联电阻。电阻接在探测器端(本地防区电阻 2.2 kΩ，防区扩展模块电阻 8.2 kΩ)，如图 2-5-33   电阻接法所示。

图 2-5-33   电阻接法

为避免探测器被拆除，导致无法正常报警，可以选择将探测器防拆信号接入回路当中。探测器触发和探测器被拆除时，都会上报报警信息给报警主机。

报警主机接入探测器，若需要同时检测探测器防拆状态，可以参考图 2-5-34 所示的探测器防拆接线方法。

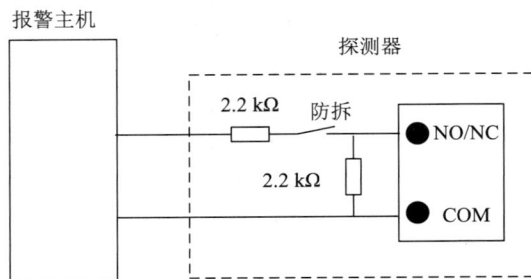

图 2-5-34   探测器防拆接线

2. 键盘接线

确认键盘端口位置，将键盘的 D+、D-、+12 V、GND 分别接到报警主机端口 D+、D-、+12 V、GND 上，键盘接线如图 2-5-35 所示。

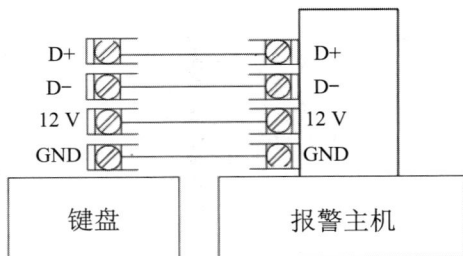

图 2-5-35   键盘接线

当一个报警主机接多个键盘时，建议采用手拉手的接线方式，所有键盘接线长度不得大于 800 m。

系统配用的每一个报警键盘都必须有一个地址，这些地址不能重复。当更换报警键盘时，须确保更换的报警键盘与前一个报警键盘地址相同。在系统上电前，通过键盘的拨码开关给键盘设置地址，拨码为 0 的键盘为全局键盘，即可对所有子系统进行布撤防、消警等的键盘。拔码非 0 的键盘为子系统键盘(LCD 键盘地址为 1～31；LED 键盘地址为 1～7)。

3. 声光报警器接线

接报警主机 BELL 口，将声光报警器的 12 V 接到 BELL 12 V 上，将 GND 接到 BELL GND 上。

接报警主机继电器口，将声光报警器的 12 V、GND 串联一个 12 V 的电源接到报警主机 NO/NC、COM 上，并且继电器的跳帽选择跳到 NO。

声光报警器接线如图 2-5-36 所示。

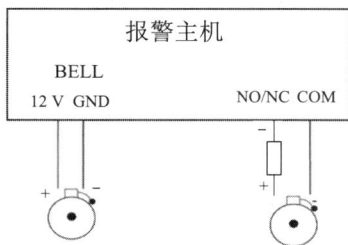

图 2-5-36　声光报警器接线

4. 扩展模块接线

将扩展模块总线接到 MBUS 主板上的 BUS1-、BUS1+ 或 BUS2-、BUS2+ 上。总线不分极性，两端电压为 36 V。两组总线口都可使用。

模块接到总线前，报警主机应断电并设置好模块地址拨码，地址拨码范围为 1～253，不能使用 0、254、255。推荐手拉手接线方式。

八、系统调试

1. 调试流程

报警系统联调指在完成前端各单产品调试后，通过配置应用软件，将所有设备功能进行组合，实现整套业务的实际应用需求。以 iVMS-4200 软件为例，具体调试流程如图 2-5-37 所示。

入侵报警
系统调试

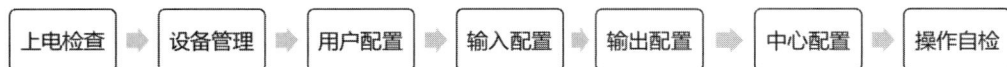

上电检查 ➡ 设备管理 ➡ 用户配置 ➡ 输入配置 ➡ 输出配置 ➡ 中心配置 ➡ 操作自检

图 2-5-37　系统调试流程

iVMS-4200 客户端为海康网络安防设备管理开发的软件应用程序，适用于报警主机、门禁设备等，提供设备管理、回放、预览功能。软件界面如图 2-5-38 所示，下载方式如图 2-5-39 所示。

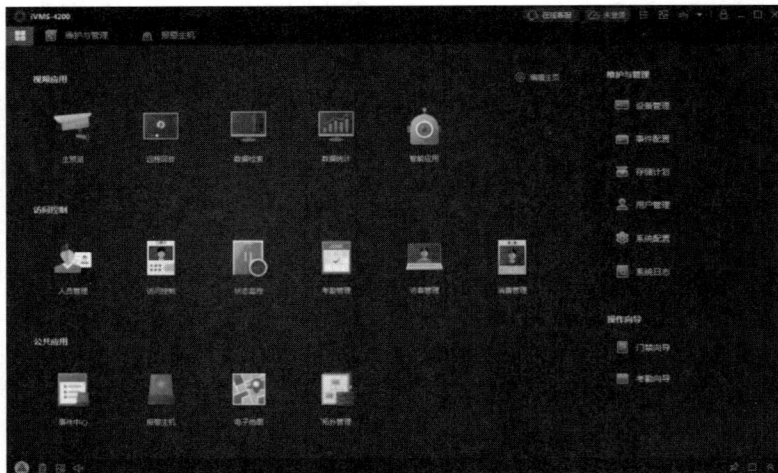

图 2-5-38 iVMS-4200 软件界面

iVMS-4200
V3.9.0.5 | 313.43MB | 2023/01/18

iVMS-4200客户端是海康威视推出的一款与嵌入式
网络监控设备配套使用的应用软件。它可与DVR、
NVR、IPC、IPD、DVS、网络存储设备、报警设

图 2-5-39 iVMS-4200 下载方式

2. 参数配置

1) 上电检查|总线报警主机启动

(1) 上电 30 s 内，完成报警键盘注册；1 min 后完成系统启动，进入正常工作状态。

(2) 单击"设备管理"→"设备"→"在线设备"查找当前在线设备，查看报警主机设备信息，如图 2-5-40 所示。

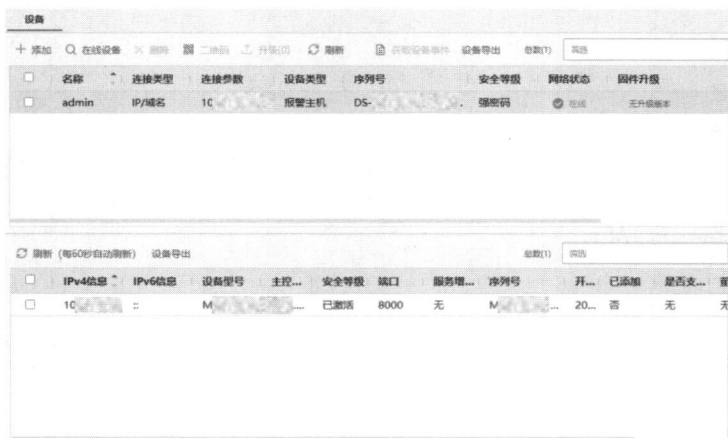

图 2-5-40 设备查看

2) 上电检查|键盘启动

若 LCD 键盘上电后 32 s 内没有收到主机注册，则连续发音提示键盘注册失败。系统启

动中显示"HIKVISION"LOGO，界面如图 2-5-41 所示。

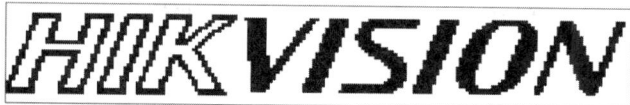

图 2-5-41 启动界面

若 LED 键盘上电后 20 s 内没有收到主机注册，则连续发音提示键盘注册失败。键盘注册成功后，运行指示灯绿色常亮。

总线报警主机只能配备 LCD 键盘，其他报警主机既可以配 LCD 键盘，也可以配 LED 键盘。

3) 设备管理|设备激活

设备安装完成后，需要先激活，再配置相关功能。

(1) 前提条件。

① 电脑与设备接入同一网段的局域网内。

② 获取并安装 iVMS-4200 软件。

(2) 操作步骤。

① 运行 iVMS-4200 软件。

② 单击"维护与管理"→"设备管理"→"设备"→"在线设备"查找当前在线设备。

③ 选择列表中状态为未激活的设备。

④ 在激活设备处输入密码和确认密码。

⑤ 单击激活。

4) 设备管理|设备添加

为了对报警主机进行配置，需要将报警主机添加到 iVMS-4200 软件中。操作步骤如下：

(1) 选中需要添加的在线设备，单击"添加"按钮。

(2) 填写报警主机名称、IP、端口号、用户名、密码，单击"添加"按钮进行设备添加，如图 2-5-42 所示。

图 2-5-42 设备添加

5）用户管理|权限说明

（1）操作步骤。

① 单击"设备管理"→"设备"，选中报警主机，单击进入配置界面。

② 单击"系统"→"用户"，可添加、修改、删除用户，如图 2-5-43 所示。

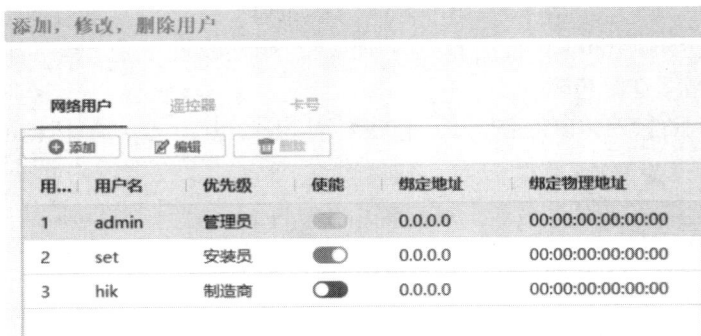

图 2-5-43　用户管理

（2）权限说明。

① admin 用户拥有管理设备的所有权限，且 admin 用户不能删除。

② 管理员用户支持对设备除恢复默认参数之外的所有权限。

③ 普通用户权限可按需分配，但不支持分配恢复默认参数权限。

6）用户管理|添加用户

（1）操作步骤。

① 单击"设备管理"→"设备"，选中报警主机，单击 ⚙ 按钮进入配置界面。

② 单击"网络用户"→"添加"，在弹出的对话框中设置用户参数，如图 2-5-44 所示。

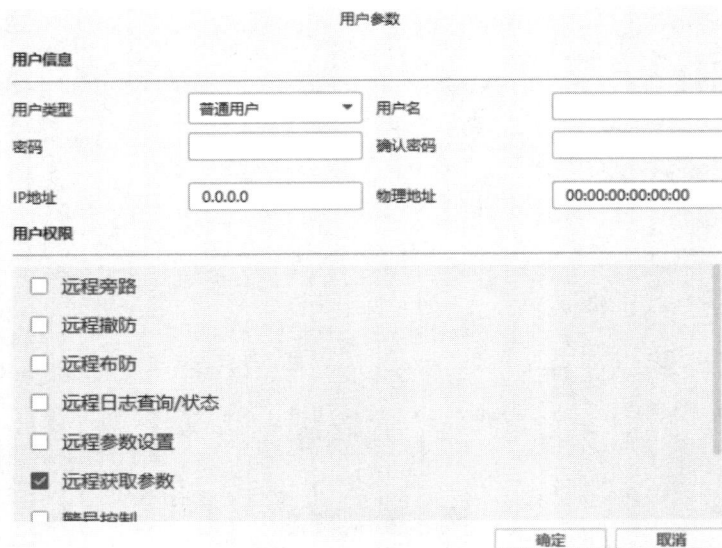

图 2-5-44　添加用户

（2）参数说明。

① 用户类型：设置所添加网络用户的类型，分为普通用户和管理员。

② 用户名：添加用户的登录名称。

③ 密码：登录密码。

④ IP 地址绑定：设定用户只能在指定 IP 地址的电脑上登录，如果登录电脑 IP 地址不匹配，则禁止登录。需要注意的是，**非必要安全管控，此处勿配置，建议保持全 0 值配置**。

⑤ 物理地址绑定：设定用户登录网络报警主机，添加用户只能在指定的设备登录，如果物理地址不匹配，则禁止登录。需要注意的是，**非必要安全管控，此处勿配置，建议保持全 0 值配置**。

7）用户管理|修改用户

（1）操作步骤。

① 单击"设备管理"→"设备"，选中报警主机，单击进入配置界面。

② 单击"网络用户"→"编辑"，在弹出的对话框中修改用户参数，如图 2-5-45 所示。

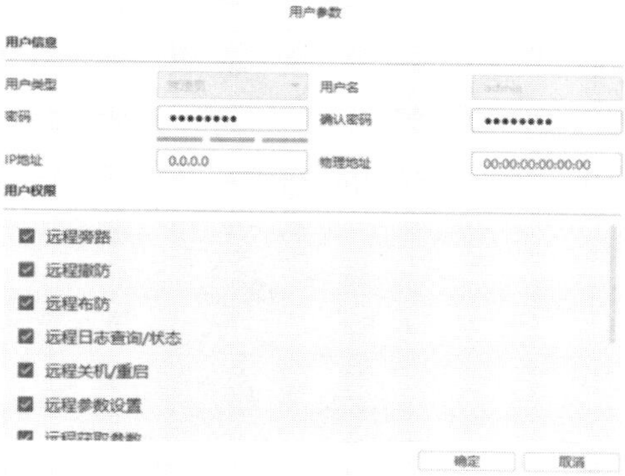

图 2-5-45　修改用户

（2）用户说明。支持修改用户的登录密码、绑定 IP 地址、绑定物理地址。

8）用户管理|删除用户

（1）操作步骤。

① 单击"设备管理"→"设备"，选中报警主机，单击 ⚙ 按钮进入配置界面。

② 选中需要删除的用户，单击"删除"按钮即可删除指定的用户，如图 2-5-46 所示。

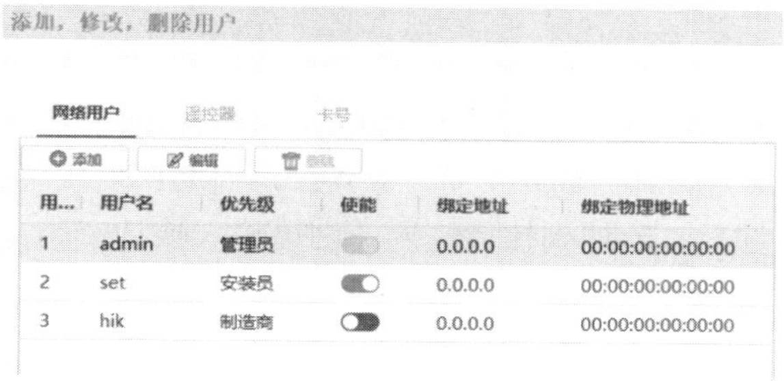

图 2-5-46　删除用户

(2) 用户说明。

① admin 为管理员用户。

② set 为默认安装员用户。

③ hik 为默认制造商用户。

④ 普通用户需要管理员添加。

9) 输入配置|子系统配置 I

(1) 操作步骤。

① 单击"设备管理"→"设备"，选中报警主机，单击 ⚙ 按钮进入配置界面。

② 单击"输入配置"→"子系统"，可在该界面划分主机子系统，对子系统相关参数以及布撤防计划进行配置，如图 2-5-47 所示。

图 2-5-47　子系统基本配置

(2) 参数说明。

① 子系统：网络报警主机最多支持 8 个子系统，对子系统操作就是对该子系统中所有防区进行操作。

② 单防区布撤防：对子系统的单个防区开启布撤防权限。

③ 警情提示音输出延时：主机警号接口输出持续时间，输出延时时间范围为 0～5999 s。

④ 一键布防使能：是否开启同时布防子系统中所有防区的权限。

⑤ 挟持报告：勾选后，若遇到挟持情况，则可输入挟持密码，系统会自动上传挟持报告。

⑥ 布撤防报告上传提示音：键盘提示布撤防报告上传成功。

⑦ 手动测试报告上传提示音：键盘提示手动测试报告上传成功。

⑧ 钥匙防区使能：是否开启钥匙防区布防权限。

⑨ 上传钥匙防区报告：钥匙防区布防时是否发送报告。

⑩ 关联：分配防区、键盘或键盘用户到指定子系统。

10）输入配置|子系统配置Ⅱ

子系统配置Ⅱ的参数说明如下：

(1) 日常布撤防计划：配置日常布撤防计划参数，如图 2-5-48 所示。

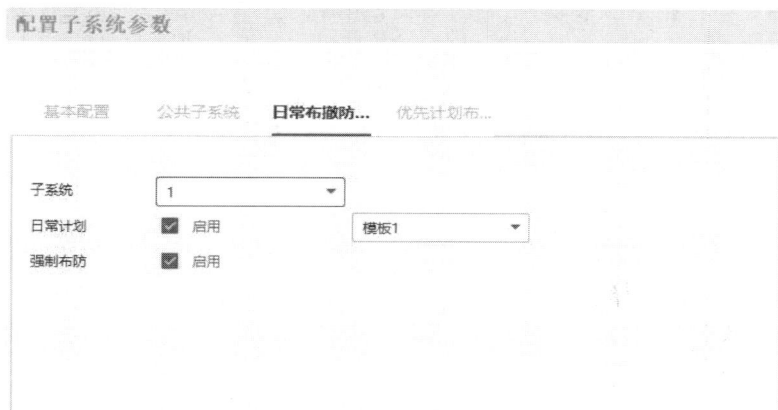

图 2-5-48　日常布撤防计划参数配置

(2) 子系统：选择要配置的子系统编号。

(3) 日常计划：勾选启用定时布撤防计划。

(4) 强制布防：勾选启用布防定时时间到屏蔽故障防区。

配置计划模板在日常布撤防计划界面，单击模板下拉框，进入模板选择界面，可在左侧列表中直接选择一个布撤防计划模板，也可编辑一个新的布撤防计划模板，如图 2-5-49 所示。

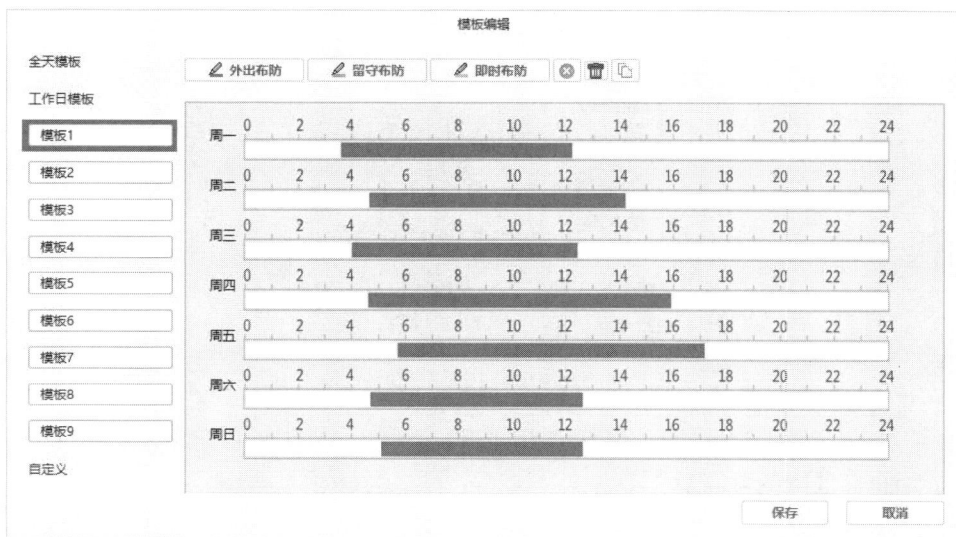

图 2-5-49　配置计划模板

11）输入配置|防区配置

（1）操作步骤。

① 单击"设备管理"→"设备"，选中报警主机，单击 ⚙ 按钮进入配置界面。

② 单击"输入配置"→"防区"→"基本配置"，单击 ✏ 按钮对防区类型、联动输出规则等参数进行配置，如图 2-5-50 所示。

（2）参数说明。

① 探测器类型：指示报警输入口接入的探测器类型，支持多种探测器类型。

② 支持组旁路：勾选后，若当前时段为留守布防，则支持旁路的防区会自动旁路。

③ 上传报警恢复报告：勾选后，防拆恢复时上传报告。

④ 关联警号：选择子系统防区触发报警后相关联的警号。

⑤ 关联继电器：选择子系统防区触发报警后相关联的报警输出。

⑥ 复制到…：可以将相同的参数设置复制到其他防区。

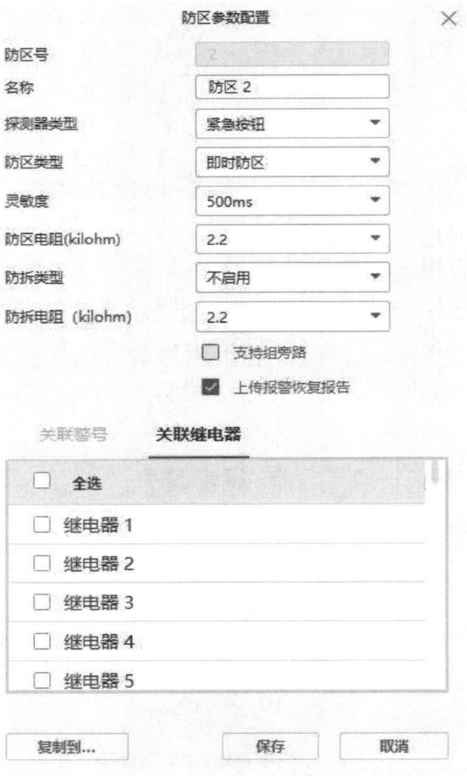

图 2-5-50　防区配置

12）输出配置|警号配置

（1）操作步骤。

① 单击"设备管理"→"设备"，选中报警主机，单击 ⚙ 按钮进入配置界面。

② 单击"输出配置"→"警号"，设置事件与警号联动，如图 2-5-51 所示。

(2) 参数说明。

① 启用：开启警号输出使能。

② 名称：设置警号的名称。

③ 防区报警事件：选择触发报警时联动警号的防区。

④ 子系统事件：选择触发报警的具体子系统操作。

⑤ 全局事件：选择触发报警的具体全局事件。

图 2-5-51　警号配置

13) 输出配置|继电器配置

(1) 操作步骤。

① 单击"设备管理"→"设备"，选中报警主机，单击 ⚙ 按钮进入配置界面。

② 单击"输出配置"→"继电器"，在基本配置列表中选择需要修改的继电器，双击继电器名称，可在弹出的继电器参数配置对话框中设置联动继电器事件(子系统事件及全局事件)和继电器输出时间，如图 2-5-52 所示。

(2) 参数说明。

① 名称：修改继电器名称。

② 防区报警事件：选择触发报警时联动警号的防区。

③ 进入延时：若在进入延时的指定时间内没有撤防，则触发报警。

④ 退出延时：布防后，在退出延时的设定时间内需离开防区，否则会触发报警。

⑤ 子系统事件：勾选后，指定子系统事件发生时会触发报警。

⑥ 全局事件：勾选后，指定全局事件发生时会触发报警。

图 2-5-52　继电器配置

14) 输出配置|时控输出

时控输出的操作步骤如下:

(1) 单击"设备管理"→"设备",选中报警主机,单击 ⚙ 按钮进入配置界面。

(2) 单击"输出配置"→"时控输出",单击 ✎ 按钮在弹出的对话框中勾选启用,选择继电器,并绘制启用时间,设置继电器开启/关闭的时间段,如图 2-5-53 所示。

图 2-5-53　时控输出配置

15) 中心配置|上报策略

(1) 操作步骤。

① 单击"设备管理"→"设备",选中报警主机,单击 ⚙ 按钮进入配置界面。

② 单击"上报配置"→"上报策略",选择需要配置的中心组,勾选"启用",设置上传报告的内容和对应的报告传输方式,如图 2-5-54 所示。

图 2-5-54　上报策略配置

(2) 参数说明。

① 中心组:可以实现 6 个接警中心相互组合接收报警信息。

② 防区报警报告:所选防区的防区报警报告将会上传。

③ 非防区报警报告:勾选的非防区类型的报警报告将会上传。

④ 上传方式配置:对中心组的上传通道进行配置。T、N、G 分别表示电话、有线网络、无线网络上传方式。

16) 中心配置|网络中心配置

网络中心配置的操作步骤如下:

(1) 单击"设备管理"→"设备",选中报警主机,单击 ⚙ 按钮进入配置界面。

(2) 单击"网络"→"常用",取消勾选"自动获取",可设置报警主机的网络参数,如图 2-5-55 所示。

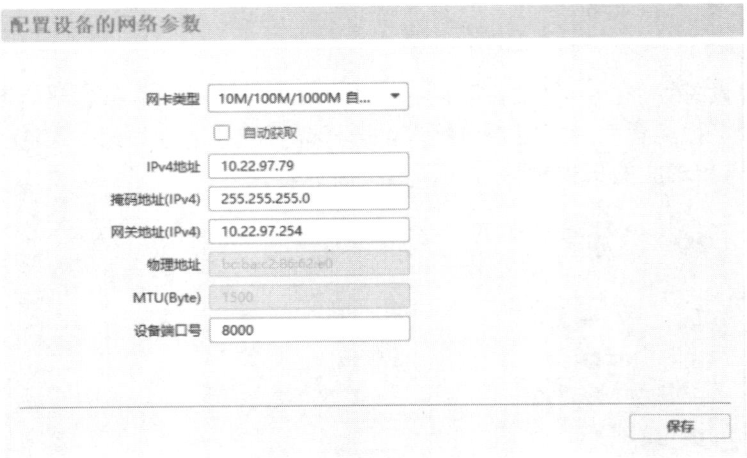

图 2-5-55　网络中心配置

17) 中心配置|电话中心配置

电话中心配置的操作步骤如下：

(1) 单击"设备管理"→"设备"，选中报警主机，单击 ⚙ 按钮进入配置界面。

(2) 单击"网络"→"电话中心配置"，勾选"启用测试报告上传"，设置测试报告上传周期和第一条测试报告上传时间，如图 2-5-56 所示。

图 2-5-56　电话中心配置

18) 故障处理

(1) 操作步骤。

① 单击"设备管理"→"设备"，选中报警主机，单击 ⚙ 按钮进入配置界面。

② 单击"其他"→"故障处理"，勾选需要检测的系统故障检测项，如图 2-5-57 所示。

图 2-5-57　故障处理

(2) 参数说明。

① 故障检测：设置需要检测的系统故障检测项。

② 关联配置：设置故障检测需要关联哪些键盘输出，并以什么形式输出(键盘灯或者键盘声音)。

19) 键盘操作

在进行键盘配置操作前，须进入编程模式状态，管理员密码为*0#。键盘常用操作和指令如表 2-5-8 所示。

表 2-5-8　键盘操作指令

常用操作	键盘指令	指令示例(密码以 1234 为例)
外出布防	密码+#	1234#
强制布防	密码+旁路#	1234 旁路#
触发报警	触发探测器或短接防区	键盘显示报警：001
撤防	密码+#	1234#
消警	密码+*1#	1234*1#
旁路防区	密码+旁路+防区号(3 位)	1234 旁路001#
挟制撤防	密码(末尾数字±1)+#	1233#或 1235#
全局键盘进入子系统	*3N#(N=子系统 1~8)	*31#(进入 1 号子系统)
退出	*#	*#

20) 恢复出厂参数

恢复出厂参数的操作步骤如下：

(1) 单击"设备管理"→"设备"，选中报警主机，单击 ⚙ 按钮进入配置界面。

(2) 单击"系统"→"系统维护"→"恢复默认参数"，主机将恢复出厂配置，如图 2-5-58 所示。

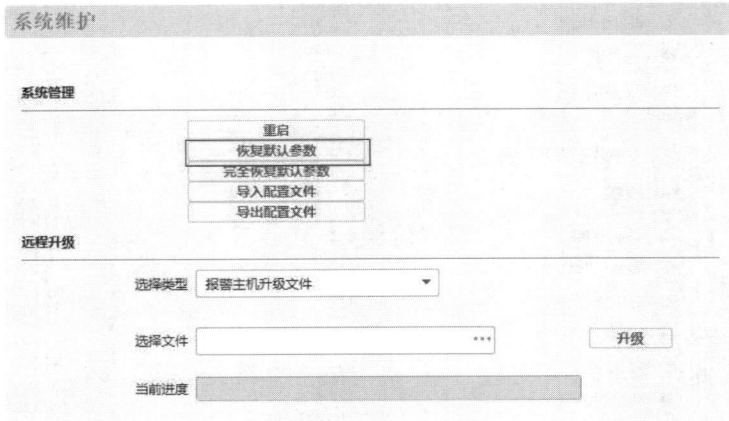

图 2-5-58　恢复出厂参数

21) 报警管理|子系统

子系统的操作步骤如下：

(1) 单击"设备管理"→"设备"，选中报警主机，单击 ⚙ 按钮进入配置界面。

(2) 单击"报警管理"→"子系统"，可查看子系统布防、报警状态。单击 ▤ 按钮可查看该子系统下防区状态，如图 2-5-59 所示。

(3) 如果防区状态不符，则可选中指定子系统进行布撤防、消警、旁路等操作。

图 2-5-59　子系统报警管理

22) 报警管理|防区

防区的操作步骤如下：

(1) 单击"设备管理"→"设备"，选中报警主机，单击 ⚙ 按钮进入配置界面。

(2) 单击"报警管理"→"防区",可查看防区所属子系统的报警、布防、旁路、故障、报警记忆、防拆、探测器电量和连接状态,如图 2-5-60 所示。

(3) 如果防区状态不符,则可选中指定防区进行布撤防、旁路等操作。

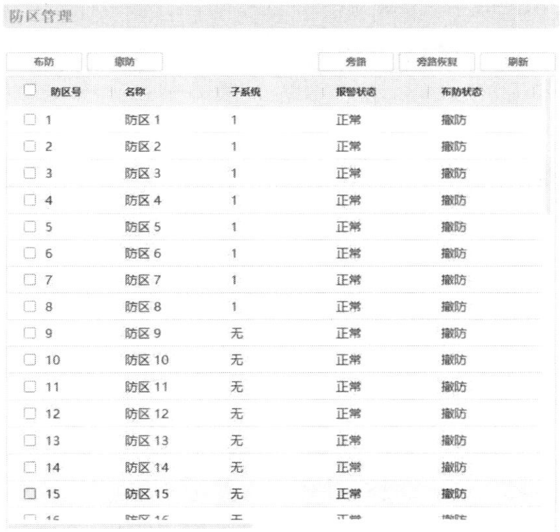

图 2-5-60 防区报警管理

23) 报警管理|继电器

继电器的操作步骤如下:

(1) 单击"设备管理"→"设备",选中报警主机,单击 ⚙ 按钮进入配置界面。

(2) 单击"报警管理"→"继电器",可查看继电器状态,如图 2-5-61 所示。

(3) 如继电器状态不符,则可选中继电器进行开启/关闭。

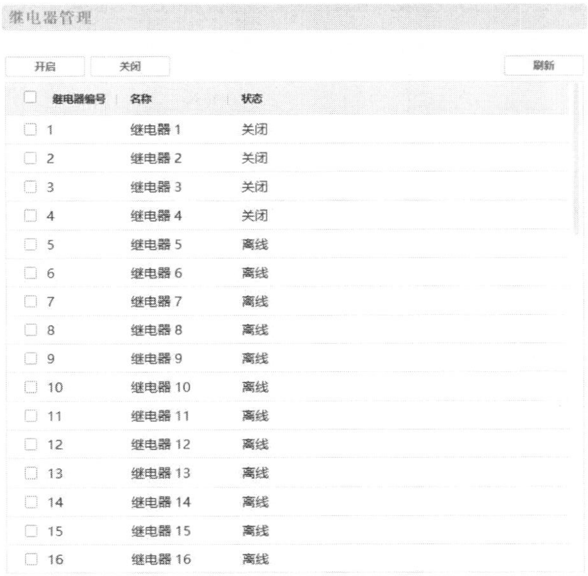

图 2-5-61 继电器报警管理

3. 功能验证

功能验证的操作步骤如下:

(1) 事件查询。在 iVMS-4200 中按照"远程配置"→"子系统"→"布防"进行设置,当防区触发后,可在 iVMS-4200 的事件中心查看防区报警事件,如图 2-5-62 所示。

(2) 警号触发。若报警主机的警号端子接警号,则在防区触发后警号响即可。

(3) 继电器触发。若报警主机的防区关联了继电器,继电器串联电源,并连接警号,防区触发后继电器会动作,并且警号响。

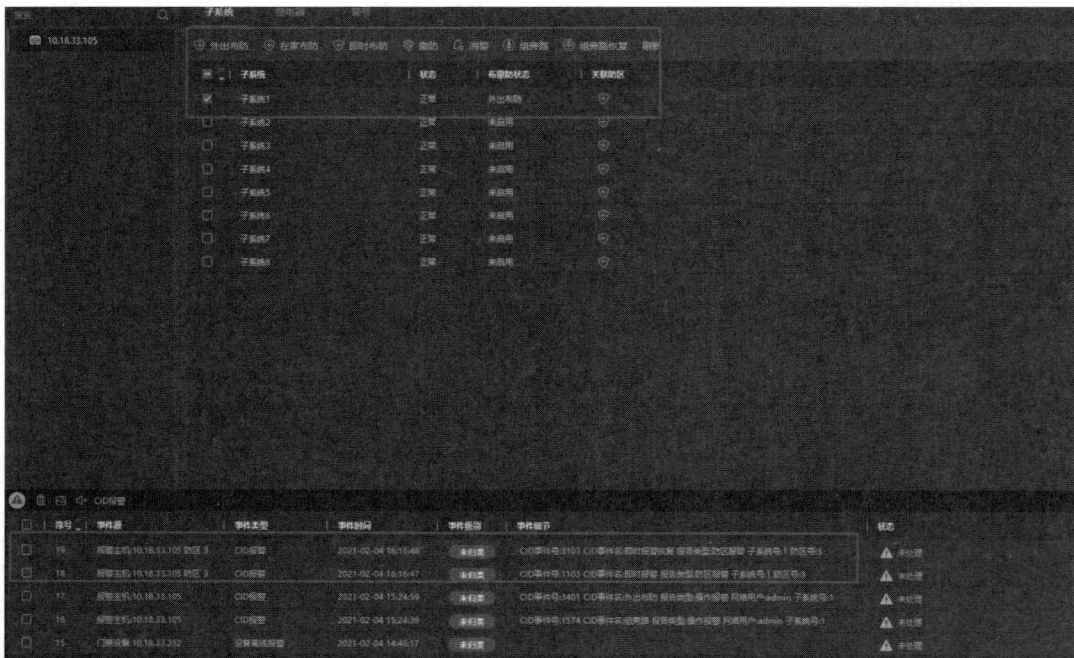

图 2-5-62   事件查询

[项目考核]

项目考核表(参考)

类别	考 核 点	考 核 标 准	得分
知识	综合安防系统结构	能说出综合安防系统包含的主要子系统、主要功能	
	综合安防系统常用设备	能写出综合安防系统常用设备	
	视频监控系统概念、技术	能写说出视频监控系统用到的主要技术	
	门禁系统概念、技术	能说出门禁系统用到的探测技术	
	出入口系统勘测方法	能写出出入口系统勘测步骤	
	入侵报警系统勘测方法	能写出入侵报警系统勘测步骤	

类别	考 核 点	考 核 标 准	得分
技能	综合安防系统设备布局	能设计安防系统的硬件设备布局	
		能制定传感器部署方案	
		能绘制出综合安防系统拓扑图、连线图	
	视频监控系统安装与调试	能选择合适的视频监控设备	
		能绘制出视频监控系统连线图	
		能稳定固定视频监控系统设备	
		能独立对视频监控系统设备进行调试	
	门禁系统安装与调试	能选择合适的门禁系统设备	
		能绘制出门禁系统连线图	
		能稳定固定门禁系统设备	
		能独立对门禁系统设备进行调试	
	出入口系统安装与调试	能选择合适的出入口系统设备	
		能绘制出出入口系统连线图	
		能稳定固定出入口系统设备	
		能独立对出入口系统设备进行调试	
	入侵报警系统安装与调试	能选择合适的入侵报警系统设备	
		能绘制出入侵报警系统连线图	
		能稳定固定入侵报警系统设备	
		能独立对入侵报警系统设备进行调试	
	安防系统数据存储和备份	能对安防系统的数据进行存储和备份	
素质	培养规范及标准意识	设备连线的线色是否按照 V+红、V− 黑、信号线蓝黄绿规范接线。连线是否走线槽	
	培养交流及沟通能力、团队合作能力	小组成员参与的人数	
	工位卫生、工具收拾	每节课结束后工位卫生干净、工具归位	

参 考 文 献

[1] 宋宝山，代丽杰，苏永智. 智能家居设备安装与调试[M]. 北京：中国人民大学出版社，2023.

[2] 孙新贺. 智能家居系统搭建入门实战[M]. 北京：中国铁道出版社，2022.

[3] 安一宁. 物联网技术在智能家居领域的应用[M]. 天津：天津人民出版社，2020.

[4] 马伯康，杨和林. 综合安防系统建设与运维(初级)[M]. 北京：人民邮电出版社，2024.

[5] 程国卿，于征，程伟. 安防系统工程方案设计[M]. 3 版. 西安：西安电子科技大学出版社，2024.

[6] 杨埙，姚进. 物联网项目规划与实施[M]. 北京：高等教育出版社，2018.

[7] 廖建尚，王艳春，彭昌权. 物联网工程规划技术[M]. 北京：电子工业出版社，2021.